新世纪电工电子实验系列规划教材

数字电子技术实验与课程设计指导

（第2版）

主　编　许小军

副主编　龚克西　王　玫

东南大学出版社

·南　京·

内 容 简 介

本书在总结数字逻辑实验与课程设计方面的教学经验基础之上，阐述了常用的基于SSI通用集成芯片进行数字逻辑系统设计的传统方法，以及基于可编辑逻辑器件(CPLD/FPGA)的EDA现代数字逻辑系统的设计方法。深入浅出地介绍了传统数字逻辑系统的设计实例，典型的EDA技术开发工具(Max+plus Ⅱ、Quartus Ⅱ)及其设计实例。本书的特色是力求使传统的实验设计、计算机仿真实验设计与基于EDA技术的实验设计相结合，软件仿真与硬件设计实现相结合，形成数字逻辑系统的系列设计方法。同时实验与课程设计要求按验证、综合、创新不同层次设立，使读者可由浅至深地掌握不同的数字逻辑系统的设计方法。

本书可作为工科专业电子技术基础课程的实验教学指导用书，也可供相关工程技术人员作参考。

图书在版编目(CIP)数据

数字电子技术实验与课程设计指导/许小军主编.
—2版.—南京：东南大学出版社，2014.1(2023.1重印)
新世纪电工电子实验系列规划教材
ISBN 978-7-5641-4727-3

Ⅰ.①数… Ⅱ.①许… Ⅲ.①数字电路-电子技术-实验-高等学校-教学参考资料 ②数字电路-电子技术-课程设计-高等学校-教学参考资料 Ⅳ.①TN79

中国版本图书馆CIP数据核字(2014)第320143号

数字电子技术实验与课程设计指导(第2版)

出版发行　东南大学出版社
出 版 人　江建中
社　　址　南京市四牌楼2号
邮　　编　210096

经　　销　全国各地新华书店
印　　刷　广东虎彩云印刷有限公司
开　　本　787 mm×1092 mm　1/16
印　　张　12.5
字　　数　320千字
版　　次　2007年10月第1版　2014年1月第2版
印　　次　2023年1月第8次印刷
书　　号　ISBN　978-7-5641-4727-3
印　　数　10001—10500册
定　　价　38.00元

(本社图书若有印装质量问题，请直接与营销部联系。电话：025-83791830)

第2版前言

“数字电路”、“数字逻辑”等专业基础课是高等学校电子、电气信息类的主干课程，具有理论性与工程实践性的特点，因此，实验与课程设计是十分重要的实践环节，对培养学生理论联系实际的实际动手能力、严谨的实验作风有重要的作用。

本书基于课程教学的要求与多年讲授“数字逻辑”课程的经验，根据学生掌握知识的规律，循序渐进，由浅入深，阐述了数字电子技术实验的常用仪器使用、典型集成芯片使用、EWB仿真、EDA软件系统开发工具(Max+plus Ⅱ、Quartus Ⅱ)及基于可编程逻辑器件(CPLD/FPGA)的EDA设计实例等多方面内容。编写了有助于学生理解与巩固基础知识的验证型实验，提高综合应用能力的综合设计型实验，发挥创新思维能力的创新、自选实验，希望以此训练学生数字电路及系统设计与调试的实践技能。本书的特色是力求使传统实验设计、计算机仿真实验设计与EDA技术实验设计相结合，硬件设计与软件仿真相结合。本次修订除了更正原书的错误，增加了EWB软件的升级版：Multisim软件、增加了实验内容、课程设计相关课题，提高对学生的训练广度与深度。

本书实验与课程设计内容适应面广，且针对性强，便于教师与学生根据实际情况实施。

本次再版，全书仍分为6章，第1、2章是常用电子仪器与实验，由王玫、周芸编写；第3、4章为EWB简介与计算机仿真实验，由龚克西、许其清编写；第5、6章为EDA软件开发工具与课程设计，由许小军、宋卫菊编写。全书由许小军统稿，担任主编。

由于编者的水平有限，难免有疏漏之处，恳请各位读者提出批评与改进意见。

编者

2013年10月

目　录

1 常用电子仪器

1.1 DF4325 型示波器

DF4325 型示波器是便携式双通道示波器，不仅可以进行单踪显示，也可以在屏幕上同时显示两个不同电信号的瞬时过程，还可以显示两个信号叠加后的波形。其垂直系统最小垂直偏转因数为 1 mV/div，水平系统具有 0.2 μs/div～0.2 s/div 的扫描速度，并设有扩展×10，可将扫速提高到 20 ns/div。本示波器具有以下特点：

(1) 便携式稳定可靠。

(2) 偏置输出功能。可以方便地观察幅度较大波形的任何部分。

(3) 具有电视信号同步功能。

(4) 交替触发功能可以观察两个频率不相关的信号波形。

(5) CRT 游标测量，数字读出功能等。

基于上述功能、性能特点，该示波器被广泛使用在脉冲数字电路的实验中，用以对单通道或双通道的信号进行各种物理量的测量或对此。

1.1.1 面板上控制键的名称及功能说明

DF4325 型双踪示波器前面板和后面板结构示意图如图 1.1.1 和图 1.1.2 所示。其上分布着许多按键、旋钮，为了使读者易学易记，将它们归纳于表 1.1.1 中，并扼要说明它们的功能。

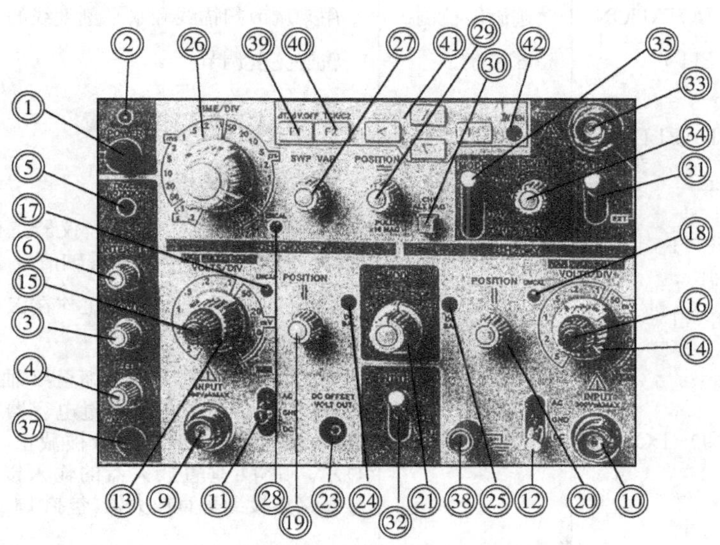

图 1.1.1 DF4325 型示波器前面板示意图

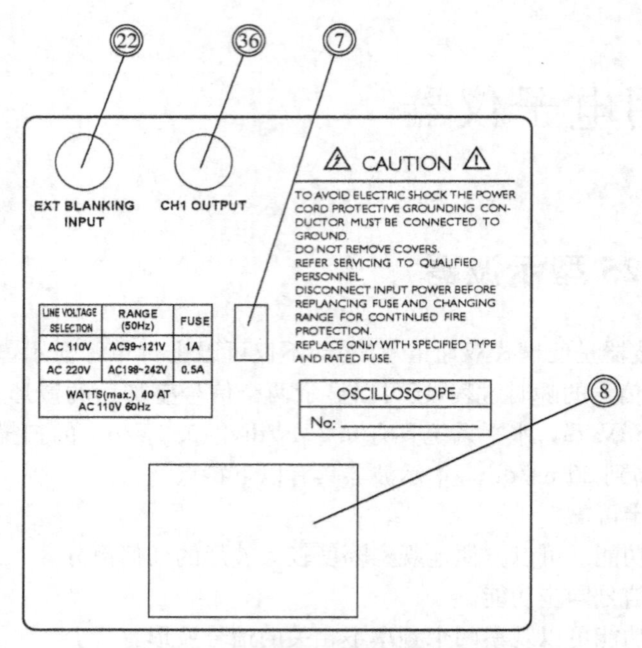

图 1.1.2　DF4325 型示波器后面板示意图

表 1.1.1　控制键的名称和作用

序　号	面板标志	名　称	作　　用
①	POWER	电源开关	按下时电源接通，弹出时关闭
②	POWER LAMP	电源指示灯	当电源在“ON”状态时，指示灯亮
③	FOCUS	聚焦控制	调节光点的清晰度，使其圆又小
④	SCALE ILLUM	刻度照明控制	在黑暗的环境或照明刻度线时调此旋钮
⑤	TRACE ROTATION	轨迹旋转控制	用来调节扫描线和水平刻度线的平行
⑥	INTEN SITY	亮度控制	轨迹亮度调节
⑦	POWER SOURCE SELECT	电源选择开关	110 V 或 220 V 电源设置
⑧	AC INLET	电源插座	交流电源输入插座
⑨	CH1 INPUT	通道 1 输入	被测信号的输入端口，当仪器工作在 X－Y 方式时，此端输入的信号变为 X 轴信号
⑩	CH2 INPUT	通道 2 输入	与 CH1 相同，但当仪器工作在 X－Y 方式时，此端输入的信号变为 Y 轴信号
⑪ ⑫	AC－GND－DC	输入耦合开关	开关用于选择输入信号馈至 Y 轴放大器之间的耦合方式。AC：输入信号通过电容器与垂直轴放大器连接，输入信号的 DC 成分被截止，且仅有 AC 成分显示。GND：垂直放大器的输入接地。DC：输入信号直接连接到垂直放大器，包括 DC 和 AC 成分
⑬ ⑭	VOLTS/DIV	选择开关	CH1 和 CH2 通道灵敏度调节，当 10∶1 的探头与仪器组合使用时，读数倍乘 10

(续表 1.1.1)

序号	面板标志	名称	作用
⑮ ⑯	VAR PULL×5	微调扩展控制开关	当旋转此旋钮时，可小范围的改变垂直偏转灵敏度，当逆时针旋转到底时，其变化范围应大于 2.5 倍，通常将此旋钮顺时针旋到底。当旋钮位于 PULL 位置时(拉出状态)，垂直轴的增益扩展 5 倍，且最大灵敏度为 1 mV/div
⑰ ⑱	UNCAL	衰减不校正灯	灯亮表示微调旋钮没有处于在校准位置
⑲	POSITION PUL DC OFFSET	旋钮	此旋钮用于调节垂直方向位移。当旋钮拉出时，垂直轴的轨迹调节范围可通过 DC 偏置功能扩展，可测量大幅度的波形
⑳	POSITION PULL INVERT	旋钮	位移功能与 CH1 相同，但当旋钮处于 PULL 位置时(拉出状态)用来倒置 CH2 上的输入信号极性。此控制键方便地用于比较不同极性的两个波形，利用 ADD 功能键还可获得(CH1)—(CH2)的信号差
㉑	MODE	工作方式选择开关	此开关用于选择垂直偏转系统的工作方式。CH1：只有加到 CH1 的信号出现在屏幕上。CH2：只有加到 CH2 的信号出现在屏幕上。ALT：加到 CH1 和 CH2 通道的信号能交替显示在屏幕上，这个工作方式通常用于观察加到两个通道上信号频率较高的情况。CHOP：在这个工作方式时，加到 CH1 和 CH2 的信号受 250 kHz 自激振荡电子开关的控制，同时显示在屏幕上。这个方式用于观察两通道信号频率较低的情况。ADD：加到 CH1 和 CH2 输入信号的代数和出现在屏幕上
㉒	CH1 OUTPUT	通道 1 输出插口	输出 CH1 通道信号的取样信号
㉓	DC OFFSET VOLT OUT	直流平衡调控制件	当仪器设置为 DC 偏置方式时，该插口可配接数字万用表，读出被测量电压值
㉔ ㉕	DC BAL	直流平衡调控制件	用于直流平衡调节
㉖	TIME/DIV	扫速选择开关	扫描时间为 19 档，从 0.2 μs/div～0.2 s/div。X－Y：此位置用于仪器工作在 X－Y 状态，在此位置时，X 轴的信号连接到 CH1 输入，Y 轴信号加到 CH2 输入，并且偏转范围从 1 mV/div～5 V/div
㉗	SWP	扫描微调控制	(当开关不在校正位置时)扫描因数可连续改变。当开关按箭头的方向顺时针旋转到底时，为校正状态，此时扫描时间由 TIME/DIV 开关准确读出。逆时针旋转到底扫描时间扩大 2.5 倍
㉘	SWEEP UNCAL LAPM	扫描不校正灯	灯亮表示扫描因数不校正

（续表 1.1.1）

序　号	面板标志	名　称	作　用
㉙	POITION PUL×10MAG	控制旋钮	此旋钮用于水平方面移动扫描线，在测量波形的时间时适用。当旋钮顺时针旋转，扫描线向右移动，逆时针向左移动。拉出此旋钮，扫速倍乘 10
㉚	CH1 ALT MAG	通道 1 交替扩展开关	CH1 输入信号能以×1（常态）和×10（扩展）两种状态交替显示
㉛	INT LINE EXT	触发源选择开关	内(INT)：取加到 CH1 和 CH2 上的输入信号为触发源。电源（LINE)：取电源信号为触发源。外(EXT)：取加到 TRIG INTPUT 上的外接触发器为触发源，用于垂直方向上特殊的信号触发
㉜	INT TRIG	内触发选择开关	此开关用来选择不同的内部触发源。CH1：取加到 CH1 上的输入信号为出发源。CH2：取加到 CH2 上的输入信号为触发源。组合方式 VERT MODE 用于同时观察两个不同频率的波形，同步触发信号交替取自于 CH1 和 CH2
㉝	TRIC INPUT	外触发输入连接器	输入端用于外接触发信号
㉞	TRIG LEVEL	触发电平控制旋钮	通过调节本旋钮控制触发电平的起始点，且能控制触发极性。按进去（常用）是正极性，拉出来是负极性
㉟	TRIG MODE	触发方式选择开关	自动(AUTO)：仪器始终自动触发，并能显示扫描线。当有触发信号存在时，同正常的触发扫描，波形能稳定显示。该功能使用方便。 常态(NORM)：只有当触发信号存在时，才能触发扫描，在没信号和非同步状态情况下，没有扫描线。该工作方式，适合信号频率较低的情况（25HZ 以下）。 电视场(TV－V)：本方式能观察电视信号的场信号波形。 电视行(TV－H)：本方式能观察电视信号中的行信号波形。
㊱	EXT BLANKING	外增辉插座	本输入端用于辉度调节。它是直流耦合，加入正信号辉度降低，加入负信号辉度增加
㊲	PROBE ADJUST	校正信号	提供幅度为 0.5 V，频率为 1 kHz 的方波信号，用于调整探头的补偿和检测垂直和水平电路的基本功能
㊳	GND	接地端	示波器的接地端
㊴	ΔT－ΔV－OFF	电压或时间测量选择开关	按下 ΔT－ΔV－OFF 时，可测量 ΔV 或 ΔT，当选中 ΔT 时可测量时间差，当选中 ΔV 时可测量电压差，当选中 OFF 时，无游标显示

（续表 1.1.1）

序　号	面板标志	名　称	作　用
㊵	TCK/C2	游标选择开关	每次按下 TCK/C2，可操作的游标都被切换，改变方式 C1(cursor1)→C2(cursor2) ↑← TCK(tracking)← ↓
㊶	CURSOR	游标偏移开关	被选定的游标，能按移动箭头所指的方向移动。注：左、右箭头所指方向是改变 ΔT（时间差），上、下箭头所指方向是改变 ΔV（电压差）
㊷	INTEN	电位器	游标和数字亮度控制，顺时针旋转增加亮度，此时，聚焦的特性可能与波形不匹配，调节 FOCUS 控制可得到最佳聚焦
㊸	DISPIAY	显示	此开关用于选择带延迟扫描的工作方式。NORM：主扫描出现在屏幕上，它用于正常工作状态。INTEN：屏幕上显示的扫描为主扫描，但它通过亮度调制指示延迟扫描。DELAY：亮度调制的部分被扩展
㊹	DELAY TIME	延时	此控制用来设置带延迟扫描单时基的起始点，五种延时范 1～10 μs，10～100 μs，100 μs～1 ms，1～10 ms，10～100 ms 可用 DELAY VAR 电位器连续设置

1.1.2 使用说明

1）测定前的检查

为了使本仪器能经常保持良好的状态，请进行测定前的检查。这种检查方法也适用以后的操作方法及应用测量。

使用前请先将各调整旋钮预设置到表 1.1.2 所示的位置。

表 1.1.2 基本操作

旋　钮	预设状态
电源(POWER)	关
辉度(INTEN)	逆时针旋到底
聚焦(FOCUS)	居中
AC—GND—DC	GND
↑↓位移(POSITION)	居中(旋转按进)
垂直工作方式(V. MODE)	CH1
触发(TRIG)	自动
触发源(TRIG SOURCE)	内
内触发(INT TRIG)	CH1
TIME/DIV	0.5 ms/div
←位移(POSITION)	居中

在完成了所有上面的准备工作后，打开电源。15 秒后，顺指针旋转辉度旋钮，扫描线将出现。并调聚焦旋钮置扫描线最细，接着调整“TRACE ROTATION”以使扫描线与水平刻度保持平行。

如果打开电源而仪器不使用，应逆时针旋转辉度旋钮，降低亮度。

注意：在测量参数过程中，应将待校正功能的旋钮置“校正”位置，为使所测的数值正确预热时间至少应在 30 分钟以上。若仅为显示波形，则不必进行预热。

2) 操作方法

(1) 观察一个波形

当不观察两个波形的相位差或除 X－Y 工作方式以外的其他工作状态，可用 CH1 和 CH2。

① 当选用 CH1 时，控制件位置如下：

垂直工作方式(MODE)	通道 1(CH1)
触发方式(TRIG MODE)	自动(AUTO)
触发信号源(TRIG SOURCE)	内(INT)
内触发(INT TRRIG)	通道 1(CH1)

在此情况下，可同步所有加到 CH1 通道上，频率在 25 Hz 以上的重复信号。调节触发旋钮可获得稳定的波形。因为水平轴的触发方式处在自动位置，当没有信号输入或当输入耦合开关处在的(GND)位置时，亮线仍然显示。这就意味着可以测量直流电压。当观察低频信号(小于 25 Hz)时，触发方式(TRIG MODE)必须选择常态(NORM)。

② 当用 CH2 通道时，控制键位置如下：

垂直工作方式(MODE)	通道 2(CH2)
触发源(INT SOURCE)	内(INT)
内触发(INT TRIG)	通道 2(CH2)

(2) 观察两个波形

当垂直工作方式开关置交换(ALT)或断续(CHOP)时就可以很方便地观察两个波形。当两个波形的频率较高时，工作方式用交替(ALT)，当两个波形频率较低时，工作方式用断续(CHOP)。

(3) 信号馈接

① 探头的使用

当高精度测量高频波形时，使用附件中探头。然而应注意到，当输入信号接到示波器输入端被接探头衰减到原来的 1/10 时，对小信号观察不利，但却扩大了信号的测量范围。

② 注意事项：

a. 不要直接加大于 400 V(直接加交流峰峰值)的信号；

b. 当测量高速脉冲信号或高频率信号时，探头接地点要靠近被测点，较长接地线能引起振荡和过冲之类波形的畸变。良好的测量必须使用经过选择的接地附件。

c. V/DIV 读数的幅值乘 10

例如：如果 V/DIV 的读数在 50 mV/div，读出的波形是 50 mV/div×10＝500 mV/div，为了避免测量误差，在测量前应按下式方法进行校正和检查以消除误差。将探头探针接到校正方波 0.5 V(1 kHz)输出端，正确的电容值将产生如图 1.1.3(a)所示的平顶波形。如果波形出现图(b)和图(c)样波形，可调整探头上校正孔的电容补偿，直至获得平顶波形。

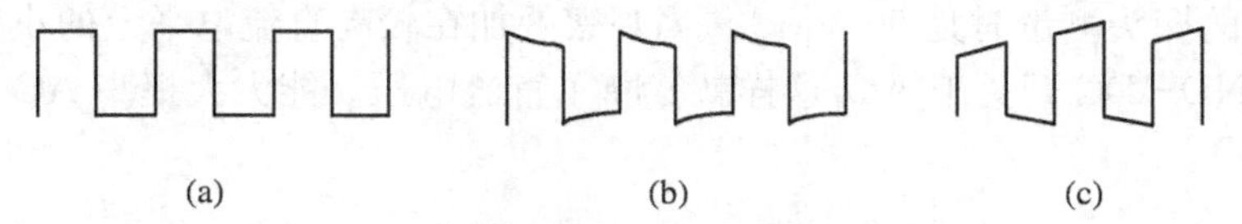

图 1.1.3　调节探头上的微调器，使方波到平顶

③ 直接馈入

当不使用探头 AT—10AK1.5(10∶1)而直接将信号接到示波器时，应注意下列几点，以最大限度减少测量误差。

使用无屏蔽层连接导线时，对于低阻抗，高电平电路不会产生干扰。但应注意到，其他电路和电源线的静态寄生耦合可能引起测量误差。即使在低频范围，这种测量误差也是不能忽略的。通常为使用可靠而不采用无屏蔽导线。使用屏蔽线时将屏蔽层的一端与示波器接地连接，另一端接至被测电路的地线。最好是使用具有 BNC 连接头的同轴电缆线。

当进行宽频带测量时，必须注意下列情况：当测量快速上升波形和高频信号波形时，须使用终端阻抗匹配的电缆。特别在使用长电缆时，当终端不匹配时，将会因振荡现象导致测量误差。有些测量电路还要求端电阻等于测量的电缆特性阻抗。而 BNC 型电缆的终端电阻(50 Ω)可以满足此目的。

为了对具有一定工作特性的被测电路进行测量，就需要用终端与被测电路阻抗相当的电缆。

使用较长的屏蔽线进行测量时，屏蔽线本身的分布电容要考虑在内。因为通常的屏蔽线具有 100 pF/m 的分布电容，它对被测电路的影响是不能忽略的。

当所用的屏蔽线或无终端电缆的长度达到被测信号的 1/4 波长或它的倍数时，即使使用同轴电缆，在 5 mV/div(最灵敏档)范围附近也能引起振荡。这是由于外接线高 Q 值电感和仪器输入电容谐振引起的。避免的方法是降低连接线的 Q 值。可将 100 Ω～1 kΩ 的电阻串联到无屏蔽线或电缆中的输入端，或在其他 V/div 档进行测量。

3) 测量

(1) 测量前的准备工作

调节亮度和聚焦于适当的位置，最大可能地减少显示波形的读出误差，使用探头时应检查补偿电容。

(2) 直流电压的测量

置 AC - GND - DC 输入开关 GND 位置，确定零电平的位置。

置 V/div 开关于适当位置(避免信号过大或过小而观察不出)，置 AC - GND - DC 开关于 DC 位置。这时扫描亮线随 DC 电压的大小上下移动(相对于零电平时)，信号的直流电压是位移幅值与 V/div 开关标称值的乘积。当 V/div 开关指在 50 mV/div 档时，位移的幅值是 4.2 div，则直流电压是 50 mV/div×4.2 div＝210 mV，如果使用了 10∶1 探头，则直流电压为上述值的 10 倍。即 50 mV/div×4.2 div×10＝2.1 V，如图 1.1.4(a)所示。

(3) 交流电压测量

与前述“直流电压的测量”相似。但在这里不必再刻度上确定电平。可以按方便观察的目的调节零电平。

如图 1.1.4(b)所示，当 V/div 开关 1 V/div，图形显示 5 div，则 1 V/div×5 div=5 V_{P-P}（当使用 10:1 的探头测量时是 50 V_{P-P}）。当观察叠加在较高直流电平上的小幅度交流信号时，置 AC - GND - DC 开关于 AC，这样就截断了直流电压。能大大提高 AC 电压的测量的灵敏度。

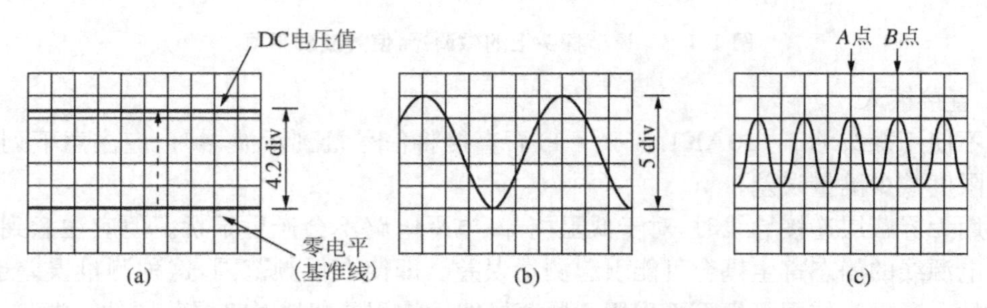

图 1.1.4　直流、交流电压和交流频率、周期测量

(4) 频率和周期的测量

一个周期的 A 点和 B 点在屏幕上的间隔为 2 div(水平方向)见图 1.1.4(c)。

当扫描时间定为 1 ms/div 时：

周期是　　　　1 ms/div×2.0 div=2 ms

频率是　　　　1/2 ms=500 Hz

然而，当扩展乘 10 旋钮被拉出时，TIME/DIV 开关的读数必须乘 1/10，因为扫描扩展 10 倍。

(5) 时间差的测量

触发信号源“SOURCE”为测量两信号之间的时间差提供选择基准信号源。假如脉冲串如图 1.1.5(a)所示，则图(b)是 CH1 信号作触发信号源的波形图，则图(c)是 CH2 信号作触发信号源的波形图。

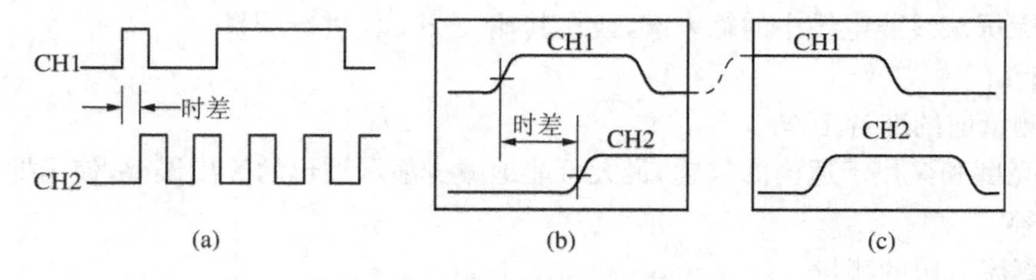

图 1.1.5　时间差测量波形图

图 1.1.5 说明当研究 CH1 信号与滞后它的 CH2 信号时间间隔时，以 CH1 信号作触发信号；反之，则以 CH2 信号作触发信号。换句话说，总是相位超前的信号作为信号源的。否则，被测部分波形有时会超出屏面外，如图(c)所示。

注意：因为脉冲波形包含有许多决定本身脉宽和周期的高频分量(高次谐波)，在处理这类信号时要像对待高频信号那样，要使用探头和同轴电缆，并尽量缩短地线。

(6) 上升(下升时间的测量)

测量上升时间不仅要遵照上述方法，还要注意测量误差。

被测波形上升时间 T_{rx}，示波器上升时间 T_{rs} 和在荧光屏上显示的上升时间 T_{ro} 存在下列关系：

$$T_{ro}^2 = T_{rx}^2 + T_{rs}^2 \quad 即：T_{ro} = \sqrt{T_{rx}^2 + T_{rs}^2}$$

当被测脉冲的上升时间比示波器的上升时间足够长时，示波器本身的上升时间在测量中可以忽略。如果两者相差不多，测量引起的误差将是不可避免的。实际的上升时间应是 $T_{r0}^2 = T_{rx}^2 + T_{rs}^2$。

通常在一般情况下，在无过冲和下凹类畸形波形的电路里，频宽和上升时间之间有下列关系：$f_e \times t_r = 0.35$，这里 f_e 是频带度（单位 Hz），t_r 时上升时间（单位 s）。上升时间和下降时间均有脉冲从 10%～90%幅度之间的宽度（时间距离）确定。示波器在内刻度面板上标有 0%、10%、90%、100%的位置，便于测量。

1.2 SG1641A 型函数信号发生器

SG1641A 函数信号发生器，是一种多功能宽频带信号发生器。它能输出方波、TTL 电平的方波、正向脉冲波、负向脉冲波、正弦波、三角波、正向锯齿波、负向锯齿波。具有正、负向脉冲波及正、负向锯齿波的占空比连续可调的特点。具有 1 000∶1 的电压控制频率（VCF）特性和直流偏置能力。其中的频率计可用于测试本机产生信号和外接信号的频率，所有输出波形和外测信号的频率均由六位数字数码管 LED 直接显示。由于这些功能，使得它在使用上显得方便灵活，在数字电路的教学实验中主要用作信号源和测频。

1.2.1 主要性能

(1) 供电系统：电压范围 220 V±22 V，频率 50 Hz，功率 10 V · A。

(2) 输出量

① 波形：方波、TTL 电平的方波、正向脉冲波、负向脉冲波、正弦波、三角波、正向锯齿波、负向锯齿波。其中方波上升时间<100 ns；TTL 方波高电平>2.4 V，低电平<0.4 V，上升时间<40 ns。

② 阻抗：50 Ω±5 Ω。

③ 幅度：20 $V_{P\text{-}P}$（开路）；10 $V_{P\text{-}P}$（50 Ω）。

④ 衰减：20 dB、40 dB、60 dB（叠加），f<200 kHz±10 kHz。

(3) 频率范围

0.02 Hz～2 MHz 分七挡，并连续可调，数字 LED 直接读出。

(4) 直流偏置

0～±10 V 连续可调（开路）。

(5) 频率计

① 测量范围：1 Hz～10 MHz。

② 输入阻抗：不小于 1 MΩ/20 pF。

③ 灵敏度：50 mV。

④ 最大输入：150 V（AC+DC）（带衰减）。

(6) VCF 特性

① 输入电压：0～5 V±0.5 V DC 反相。

② 最大三控比：1 000 ∶ 1。

1.2.2　面板上按键、旋钮的名称及功能说明

SG1641A 型函数信号发生器的面板结构示意图如图 1.2.1 所示。各按键、旋钮功能说明如下：

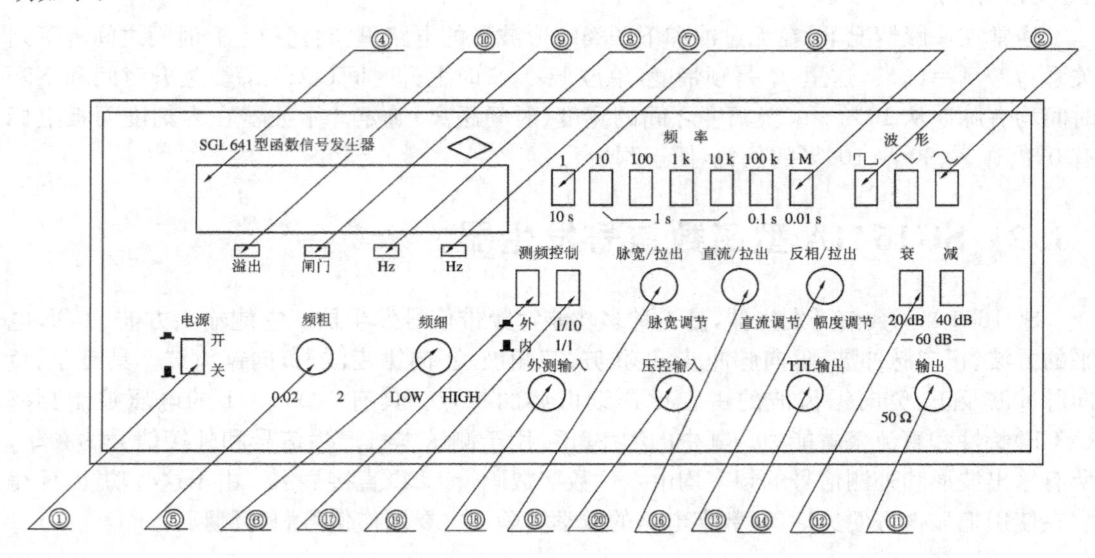

图 1.2.1　SG161A 型函数信号发生器面板结构示意图

① 电源开关：按下开关则接通交流(AC)电源，同时频率计显示 LED 亮。

② 波形选择按键：根据三个按键上方波形图标志(方波、三角波、正弦波)，按下其中任意一个，则输出与之相对应波形，如果三个按键均未按下则无信号输出，此时可精确地设定直流电平。

③ 频率范围按键：在 1 Hz～1 MHz 频率范围内设有七个按键，用于选择所须的频率范围，按下其中任意一个按键，频率计显示与其相对应的数值，即为信号发生器的输出频率。

④ 频率计显示 LED：由 6 位数码管 LED 组成，用来显示本机产生信号频率和外测信号的频率。

⑤ 频率粗调旋钮：旋转该旋钮在标度为 0.02～2 范围内确定一值，便可以从设定某档的频率范围内，选择所需频率，直接从 LED 读出。

⑥ 频率微调旋钮：旋转该旋钮可精确选择频率。

⑦ Hz 赫兹　⑧ kHz 千赫兹：指示频率单位。当按下 1、10、100 频率范围内任一档按键时，则 Hz 灯亮。当按下 1 k、10 k、100 k、1 M 范围内任一档按键时，则 kHz 灯亮。

⑨ 闸门时基指示灯：当频率计正常工作时，闸门灯闪烁。

⑩ 频率溢出显示灯：当频率超过 6 位 LED 所显示范围时，溢出灯即亮。

⑪ 输出端：波形输出端。

⑫ 输出衰减按键：按下 20 dB 或 40 dB 键，输出分别衰减 20 dB 或 40 dB，当两键同时按下时输出衰减 60 dB。

⑬ 幅度调节旋钮及反相/拉出开关:旋转该旋钮可调整输出波形幅度的大小,顺时针转到底输出最大,逆时针转到底输出衰减 20 dB。将该开关拉出,则脉冲波、锯齿波反相输出。

⑭ TTL 输出端:该端输出与主信号频率同步的 TTL 固定电平方波。

⑮ 锯齿波、脉冲波调节旋钮:将该旋钮按下,输出对称波形。拉出并旋转则可以改变输出波形对称性,产生占空比可调锯齿波、脉冲波。

⑯ 直流偏置调节旋钮:拉出该旋钮可设置任何波形的直流电平,旋钮从顺时针到底向逆时针旋转到底直流电平在+10 V~-10 V 连续可调,旋钮按下则直流电平为零。

⑰ 内、外测频率按键:该按键弹出时当内部频率计使用,按下则可测出外接信号频率。

⑱ 外测频率输入端:输入外测信号频率。

⑲ 外测频率输入衰减器:该键在外测信号幅度大于 20 V 时按下,以保证频率计稳定工作。

⑳ 压控输入端:外加电压控制频率(VCF)的输入端。

1.2.3 使用说明

(1) 将仪器接入交流(AC)电源,按下电源开关。

(2) 输出所需频率的方波、正弦波、三角波:按下"波形选择键"中所需的波形键,同时将"频率范围按键"选择在某档,并调节"频率粗调旋钮"和"频率微调旋钮",输出端便输出相应的波形,LED 将显示对应的频率。

(3) 输出锯齿波、脉冲波波形:将"锯齿波、脉冲波调节旋钮"拉出的同时,将"波形选择按键"按在某档,输出端则会产生锯齿波或脉冲波,调节此旋钮,可调节波形的占空比。将"幅度调节旋钮"拉出,则输出反相的锯齿波、脉冲波。

(4) 外测信号频率:将"内外测频率按键"按下,外测信号接到"外测频率输入端",此时频率计显示外测信号的频率,当频率超过六位 LED 指示值时,溢出亮表示有溢出。若输入信号的幅度大于 10 V_{P-P}时,按下衰减"1/10",允许输入信号的最大幅度为 150 V_{P-P}。

SG1641 信号发生器除了以上的使用外,还可用于幅频特性、电压控制频率(VCF)的测量等,鉴于数字电路实验的应用范围,故不再赘述。

1.3 DT98 型数字万用表

DT98 型数字万用表是一种性能稳定,结构合理,高灵敏度,高精度的多功能仪表。可进行直流电压和交流电压、直流电流和交流电流、电阻、电容、电感、频率、三极管、二极管通断、温度等参数的测量,是电工、电子应用的常用仪表之一。

DT98 型数字万用表面板结构如图 1.3.1 所示。其中:

① ——液晶显示器;

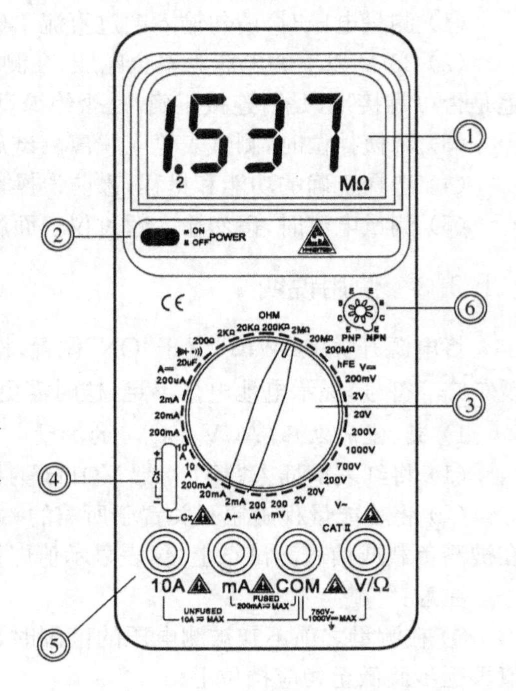

图 1.3.1 DT98 型数字万用表面板结构示意图

⑫ ——功能按键区(电源开关);
⑬ ——功能量程旋钮开关;
⑭ ——电容测试插孔;
⑮ ——测试输入插孔;
⑯ ——晶体管测试插孔。

1.3.1 主要性能

(1) 直流电压测量量程分五挡:0～200 mV;0～2 V;0～20 V;0～200 V 和 0～1 000 V。

(2) 交流电压测量量程分五挡:0～200 mV;0～2 V;0～20 V;0～200 V 和 0～700 V。

(3) 直流电流测量量程分五挡:0～20 μA;0～200 μA;0～2 mA;0～20 mA;0～200 mA和 0～10 A(20 A)。

(4) 交流电流测量量程分五挡:0～20 μA;0～200 μA;0～2 mA;0～20 mA;0～200 mA和 0～10 A(20 A)。

(5) 电阻测量量程分六挡:0～200 Ω;0～2 kΩ;0～20 kΩ;0～200 kΩ;0～2 MΩ;0～20 MΩ。

(6) 最大显示"1999",自动显示极性。超量程最高显示"1"或"－1"其余比划不显示。

1.3.2 安全事项

使用之前,应仔细阅读安全事项,以确保安全使用。

(1) 测量电压时,请勿输入超过直流 1 000 V 或交流 750 V 有效值的极限电压。

(2) 36 V 以下的电压为安全电压,在测量高于 36 V 直流、25 V 交流电压时,要检查表笔是否可靠接地,是否连接正确,是否绝缘良好,以避免电击。

(3) 转换挡位时,测试表笔应脱离测试点。

(4) 选择正确的功能和量程,谨防误操作。

(5) 测量电流时,请勿输入超过仪表面牌上所标识的极限值。

1.3.3 使用说明

将电源开关 POWER 置于"ON"位置,检查 9 V 电池,如果电池不足,则显示屏上会出现"[+ -]"符号,提示电池电量不足,这时需更换电池。

1) 交、直流电压(ACV、DCV)的测量

(1) 将红表笔插入"VΩ"(或"VΩHz")插孔,黑表笔插入"COM"插孔。

(2) 将功能量程旋钮开关置于所需的 ACV 或 DCV 量程范围。并将测试表笔可靠并联在被测负载或信号测试点上,仪表显示值即是被测电压值。

注意:

① 在测量之前不知被测电压的范围时,应将量程开关置于最高量程挡,然后根据显示值再逐步调低至相应挡位上。

② 当仪表只在最高位显示"1"(或"－1")时,说明被测电压已超过量程,须调高挡位。

③ 不要测量高于 DCV 1 000 V 或 ACV 750 V 有效值的电压，测量这类电压时虽然有可能获得读数，但可能会损坏仪表内部线路。

④ 当测量高电压时，人体千万注意避免触及高压部件。

2）交、直流电流（ACA、DCA）的测量

（1）将黑表笔插入“COM”插孔，红表笔插入“mA”插孔或 10 A 插孔（最大测量电流为 10 A）。

（2）将功能量程旋钮开关置于所需的 ACA 或 DCA 量程范围。并将测试表笔可靠串联接入被测电路中，仪表显示值即是被测电流值。

注意：

① 测量前应切断电路电源，在功能挡位及量程范围选择正确后，进行测量时再打开电源。

② 当不知被测电流值大小时，应将量程开关置于最高量程挡，然后根据显示值再逐步调低至最佳量程。

③ 当仪表只在最高位显示“1”（或“－1”）时，说明被测电流已超过量程，须调高挡位。

④ 仪表内设有快速熔断保险丝，若有过载损坏，正常测量无显示值时，须予更换。

⑤ 切勿用测量电流挡位，或当表笔插在电流测量端子时，去测量任何电压。

3）电阻的测量

（1）将红表笔插入“VΩ”（或“VΩHz”）插孔，黑表笔插入“COM”插孔。

（2）将功能量程旋钮开关置于所需的“Ω”量程范围，并将测试表笔可靠跨接在被测电阻两端，仪表显示值即是被测电阻值。

注意：

① 当测试输入端开路时，仪表显示超量程状态“1”。

② 当被测电阻值超过所选的量程值，仪表显示超量程状态“1”，这时需要将功能量程旋钮开关调高挡位再进行测量。

③ 当被测电阻值超过 1 MΩ 时，仪表需要几秒钟后才能稳定读数，对于高阻测量这是正常现象。

④ 测量小电阻时，由于表笔存在的电阻可能会引起测量误差，为消除此误差，可在测量之前将表笔短接，计下此时仪表的显示值，然后再测量被测电阻，将仪表显示值减去先前表笔短接时仪表显示值所得结果即为被测电阻的实际值。

⑤ 请勿在电阻量程输入电压。

⑥ 测量在线电阻时，请先切断电源，并将电容器放电。

1.4　数字电路实验箱

数字电路实验箱是用于数字电子技术实验、数字系统设计及集成电路应用研究的装置。

1.4.1　实验箱的结构

数字电路实验箱通常有连续脉冲信号源，单次脉冲，逻辑开关，LED（数码管）及发光二极管显示，IC 集成块空插座、阻容元件插座等基本配置。有的实验箱还配有逻辑测试笔、秒

脉冲、8421BCD码拨码开关、数据开关、电位器、直流信号源、电源及常用BCD码译码显示、门电路、触发器、555定时器等配置。

DVCC-DZJH通用数字电子实验箱主要用于数字电路实验和数字系统设计，其面板布置示意图如图1.4.1所示。它具有固定连续脉冲、可调连续脉冲、单次脉冲信号源，LED显示及发光二极管显示、常用8421BCD码的译码/显示电路、IC集成电路空插座、阻容元件空插座、电位器（可变电阻）、蜂鸣器、直流电源等配置。

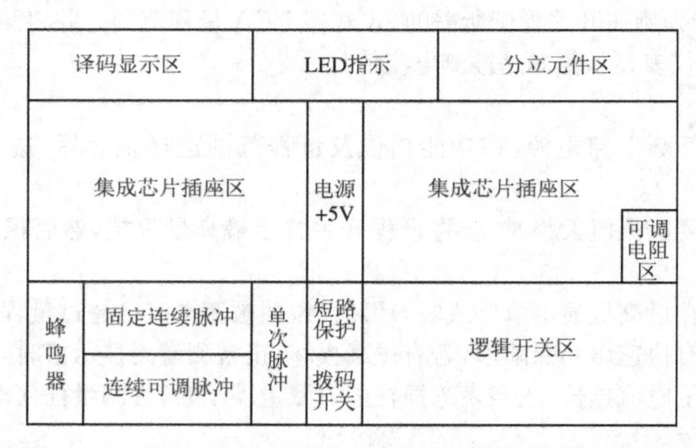

图1.4.1 DVCC-DZJH数字电路实验系统板面布置示意图

1.4.2 使用说明

(1) 实验箱自备+5 V及±12 V电源。通电后，秒脉冲、连续脉冲、单次脉冲、LED、发光二极管和译码/显示电路灯点亮（带一微型开关）。

(2) 按动单次脉冲即产生一个阶跃脉冲输出，并由发光二极管指示其状态，“0”和“1”。

(3) 连续脉冲可由灰色旋钮调节，逆时针调节频率减小，顺时针调节频率增加。

(4) 固定频率脉冲可分别输出频率为：1 Hz（秒脉冲），10 Hz，100 Hz等八个频率的脉冲。

(5) 逻辑开关。K_1～K_{16}向上拨输出为高电平，指示灯亮；向下拨输出为低电平，指示灯灭。

(6) 发光二极管状态显示有16位，4位一种颜色。微型开关在开的位置时，当输入为高电平时，发光二极管点亮；当输入为低电平时，则发光二极管熄灭。

(7) LED显示为四位，其中已含有译码显示，只需外接一根地线即可点亮。

(8) 2位七段共阴极数码管显示器，由abcdefg引入驱动信号，该信号必需为译码器译码后的信号。

(9)译码-驱动-显示电路。它的输入端$Q_DQ_CQ_BQ_A$端加8421BCD码，则数码管显示0～9十个数码。

(10) 电位器RW_1、RW_2、RW_3可分别提供0～10 kΩ、0～22 kΩ、0～100 kΩ连续可调的阻值。

(11) IC插座群。IC插座群和自锁插座群是一一对应的，所以使用时，IC芯片插入插座后，就直接用自锁紧插座输入/输出各自引脚信号。

(12) D、R、C 插座群。可分别插入二极管、电阻、电容等分立元件。

1.4.3 实验注意事项

用数字实验装置进行实验时,应注意如下事项:

(1) 明确实验目的、实验原理和实验所论证电路及逻辑功能。

(2) 明确所用元器件或集成块的电源电压范围,以及外引脚排列。

(3) 将集成电路芯片及元器件插入实验板时,应细心插入插座且用力要均匀,以防管脚折断。

(4) 关断电源,按实验原理图接线,接线的长短应根据线路合理选择和布置。接线检查无误后,方可接通电源。电源电压的输出应和 IC 及电路要求的电源电压值一致。

(5) 实验所用自锁紧接插件,插入时,应加力,以使接触可靠。而拔出时,应向左或向右旋转,然后轻轻向上用力一拔即可拔出,注意不要拉线向上拔。

(6) 实验结束后,应整理现场,做好仪器使用记录。

在进行综合性实验时应注意以下几点:

(1) 器件的选择应考虑经济性、功能性、可靠性,要讲究性价比。

(2) 先将电路分成几部分(或称单元),局部进行调试,并保证各部分逻辑功能的正确。

(3) 各部分正确后进行联调时,不要急于观察电路的最终输出是否合乎设计要求,而要先做一些简单的检查,如检查电源线是否连上;实验电路的复位或置数、输入信号(输入数据、时钟脉冲等)能否加到电路上,输出显示有没有反应等。

(4) 将实验电路设置在单步工作状态,即可给电路输入信号,观察电路工作情况。待单步正确后,即可进行连续运行调试。

2 数字逻辑电路实验

2.1 基本实验

2.1.1 门电路逻辑功能测试

1) 实验目的

(1) 熟悉数字万用表和数字实验箱的功能,并学会使用。

(2) 验证常用 TTL、CMOS 集成门电路逻辑功能,掌握其测试方法。

(3) 熟悉常用门电路的逻辑符号、引脚排列、使用方法和注意事项。

2) 实验原理和参考电路

集成逻辑门电路是最简单、最基本的数字集成元件。目前已有门类齐全的集成门电路,例如"与门"、"或门"、"非门"、"与非门"、"异或门"等。虽然,中、大规模集成电路相继问世,但组成某一系统时,仍少不了各种门电路。因此,有必要熟练掌握它们的使用。

(1) TTL 门电路

TTL 集成电路由于具有工作速度高、种类多、不易损坏而使用较广,特别是进行实验论证,选用 TTL 电路比较合适。因此,本章介绍的实验大多采用 74LS 系列 TTL 集成电路。它的工作电源电压为 5 V±0.5 V,逻辑高电平("1")>2.4 V,低电平("0")<0.4 V。

图 2.1.1 为二输入"与非门"、"异或门"、三输入"与非门"和"三态传输门"的逻辑符号和逻辑表达式。实验所用芯片型号分别是 74LS00 二输入端四"与门"、74LS86 二输入端四"异或门"和 74LS125"三态传输门"。

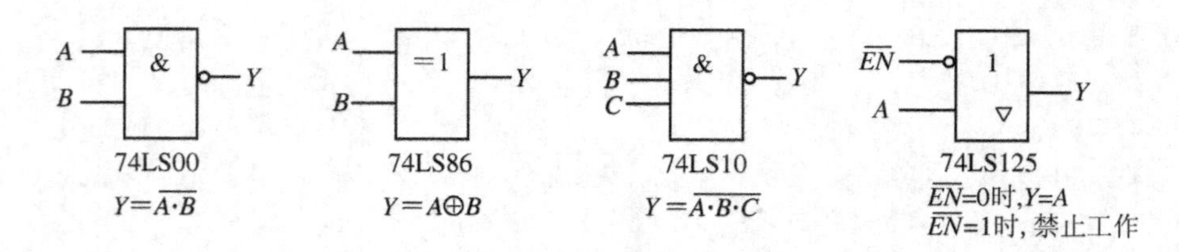

图 2.1.1 与非门、异或门、三态传输门逻辑符号和逻辑式

(2) CMOS 门电路

CMOS 集成电路功耗极低,输出幅度大,噪声容限大,扇出能力强,电源范围较宽,应用很广。但 CMOS 电路应用时,必须注意以下几个方面:① 不用的输入端不能悬空。② 电源电压 VDD 范围为+3 V~+18 V,应使用正确,不得接反。③ 输入信号电平应在 CMOS 标准逻辑电平之内,一般情况下,低电平为 0 V,高电平为 V_{DD}。④ 不得在通电情况下,随意拔插输入接线。⑤ 焊接或测量仪器必须可靠接地。

集成门电路外引脚的识别方法是:将集成块正面面对使用者,以凹口左下边或小标点“·”为起始脚 1,逆时针方向排列为脚 2,脚 3…脚 n,如图 2.1.2 所示。每个引脚端标有不同的符号代表不同的功能。使用时,应查找 IC 手册可知所用芯片各管脚功能。

3) 实验内容和步骤

(1) TTL 门电路逻辑功能验证

① 将“与非门”74LS00 插入实验箱集成块 IC 空插座上,并把它的两个输入端 A、B 分别与实验箱上的两个逻辑开关相连,输出端 Y 接状态显示发光二极管。14 脚接+5 V,7 脚接“地”,如图 2.1.3 所示,即可进行逻辑功能测试。

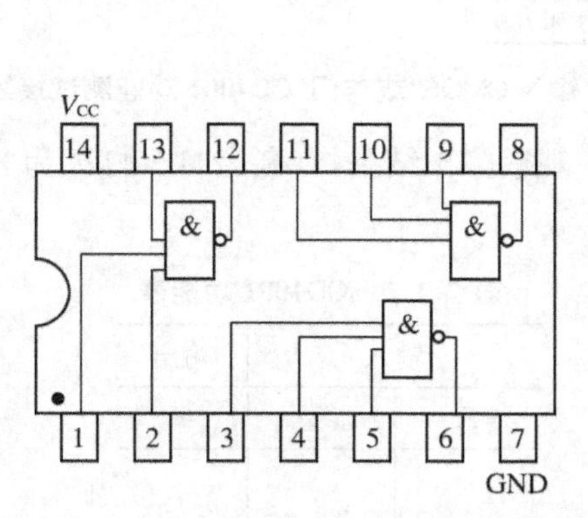

图 2.1.2 三输入“与非门”74LS10 引脚排列图

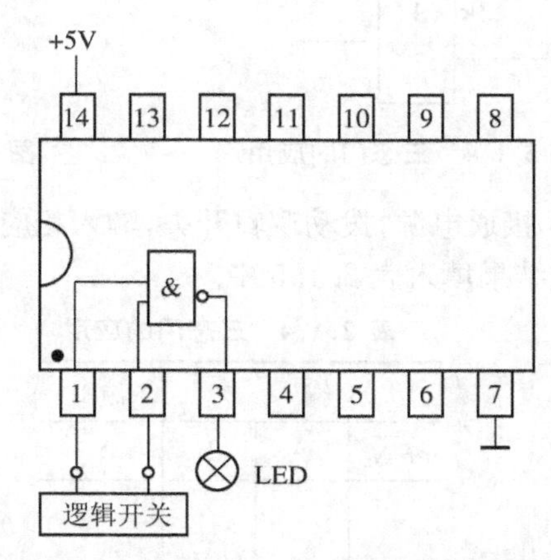

图 2.1.3 二输入“与非门”74LS00 功能测试接线图

② 对应输入 A、B 的不同取值组合信号,观察输出结果,如灯亮填“1”,灯灭填“0”。填入表 2.1.1 中。

③ 按同样方法搭接异或门 74LS86 和三态门 74LS125 的测试电路,测试其逻辑功能,并将测试结果填入表 2.1.2 和表 2.1.3 中。它们的引脚排列图见附录 5。

表 2.1.1 74LS00

输入		输出
A	B	Y

表 2.1.2 74LS86

输入		输出
A	B	Y

表 2.1.3 74LS125

输入		输出
$\overline{EN}$	A	Y

④ 按图 2.1.4 搭接电路,将其功能填入表 2.1.4 中。电路中“非门”用 74LS04,“三态门”用 74LS125,它门的引脚排列图见附录 5。

(2)CMOS 门电路逻辑功能验证

CMOS 门电路的逻辑功能验证方法同 TTL 门电路。选用 CMOS 芯片 CD4001 二输入端四“或非门”测试其逻辑功能。

① 按测试电路图 2.1.5 接线,不用门的输入端接上相应的电平。

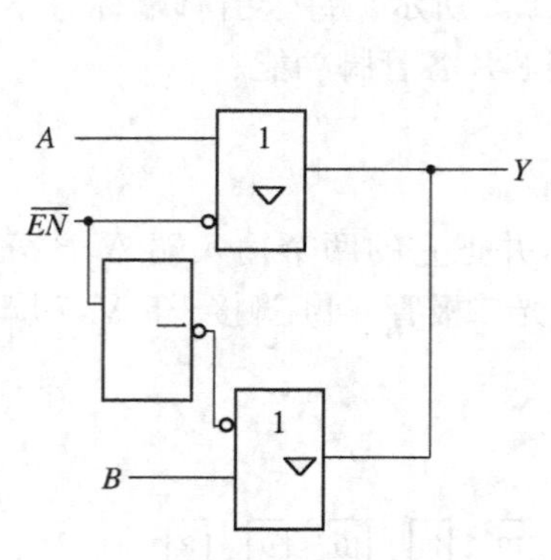

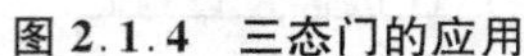

图 2.1.4　三态门的应用

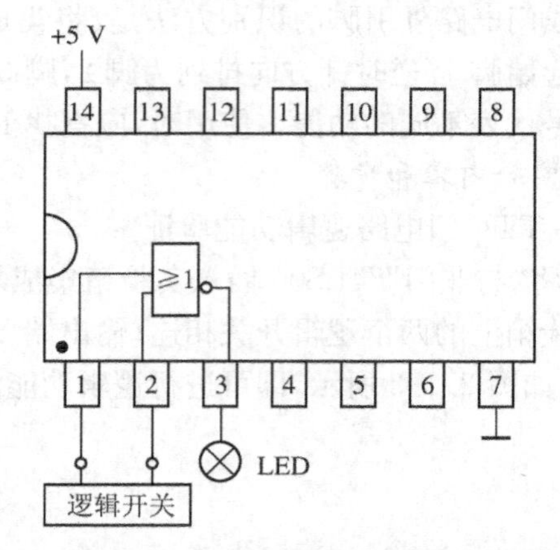

图 2.1.5　二输入 CMOS“或非门”CD4001 功能测试接线图

② 接通电源，拨动逻辑开关，输入相应的信号。观察输出结果，灯亮为“1”，灯灭为“0”。将测试结果填入表 2.1.5 中。

表 2.1.4　三态门的应用

输入			输出
$\overline{EN}$	A	B	Y

表 2.1.5　CD4001 功能表

输入		输出
A	B	Y

注意：在实验时，当输入端需改接连线时，不得在通电情况下进行操作，均需先切断电源改接连线完成后，再通电进行实验。

4）实验器材

(1) 数字电路实验箱 1 台。

(2) 万用表 1 块。

(3) 集成芯片：74LS00、74LS04、74LS86、74LS125、CD4001 各 1 片。

5）预习要求

(1) 了解数字电路实验箱和数字万用表的使用方法。

(2) 熟悉门电路的逻辑功能。熟悉芯片 74CLS00、74LS04、74LS86、74LS125 和 CD4001 的外引脚线排列。

(3) 画好进行实验各芯片管脚图、实验接线图。

(4) 了解 CMOS 电路使用注意事项。

6）实验报告要求

（1）实验目的。

（2）实验电路及原理图。

（3）实验内容及步骤。

（4）填写实验数据及数据分析。

（5）结论。

7）思考题

（1）三态门输出端并联使用时为何两输出端不能同时工作？

（2）CMOS 门电路的输入端为什么不能悬空？

2.1.2 触发器逻辑及应用

1）实验目的

（1）掌握 JK 触发器、D 触发器逻辑功能的测试方法。

（2）学会不同逻辑功能触发器之间的转换。

（3）学会用 JK 触发器构成简单时序逻辑电路的方法。

2）实验原理和参考电路

（1）JK 触发器和 D 触发器的功能

触发器是具有记忆功能的基本单元电路，其种类很多，本实验采用逻辑功能较全，应用广泛的芯片 74LS112 双 JK 触发器和 74LS74 双 D 触发器。

图 2.1.6 是 74LS112 双 JK 触发器的逻辑符号和外引线排列图，它具有置“0”、置“1”、保持和翻转功能。另外还具有异步置“0”和异步置“1”的功能，下降沿触发。其特性方程表示为：

$$Q^{n+1} = J\overline{Q^n} + \overline{K}Q^n \quad (CP\downarrow)$$

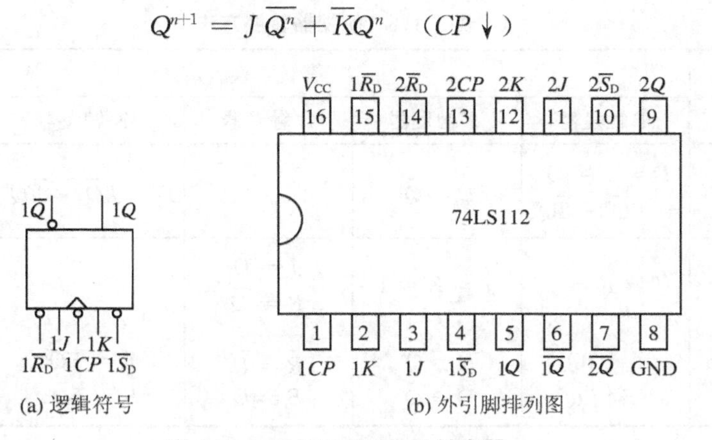

(a) 逻辑符号 (b) 外引脚排列图

图 2.1.6 74LS112 双 JK 触发器

图 2.1.7 是 74LS74 双 D 触发器的逻辑符号和外引线排列图，它具有置“0”、置“1”功能。另外还具有异步置“0”和异步置“1”的功能，上升沿触发。其特性方程表示为：

$$Q^{n+1} = D \quad (CP\uparrow)$$

JK 触发器 74LS112 和 D 触发器 74LS74 的异步置“1”端 $\overline{S}_D$ 和异步置“0”端 $\overline{R}_D$ 都是低电平有效，且与 CP 端状态无关，触发器处于工作状态时，$\overline{S}_D$ 和 $\overline{R}_D$ 必须接高电平。

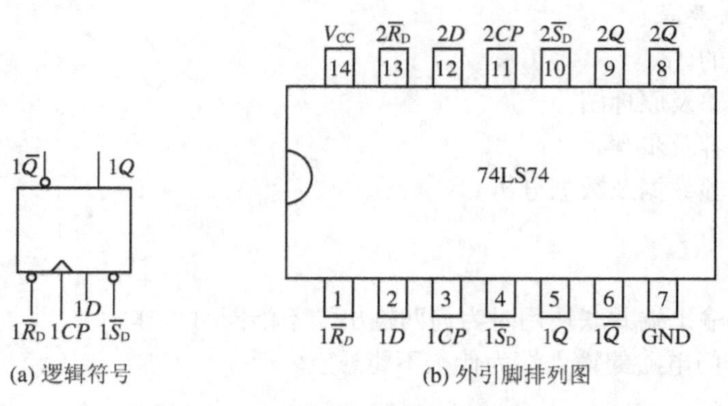

(a) 逻辑符号　　(b) 外引脚排列图

图 2.1.7　74LS74 双 D 触发器

(2) 不同功能触发器的转换

触发器之间的转换在实际中经常用到。目前市场上出售多数是集成的 JK 和 D 触发器,若要实现其他触发器如 T、T′触发器的功能,则需要进行触发器之间的转换。比如 JK 功能的触发器可转换成 D、RS、T、T′型功能的触发器。方法是将两种触发器的特性方程相比较得到 J、K 端的表达式即可。例如将 JK 触发器转换成 D 触发器的功能,写出两触发器的特性方程。

JK 触发器:$Q^{n+1}=J\overline{Q^n}+\overline{K}Q^n$

D 触发器:$Q^{n+1}=D=D(Q^n+\overline{Q^n})=D\overline{Q^n}+DQ^n$

比较两触发器的特性方程,可发现:$J=D, K=\overline{D}$,由此可画出 JK 触发器转换成 D 触发器的电路如图 2.1.8 所示。其他的转换方法可见表 2.1.6。

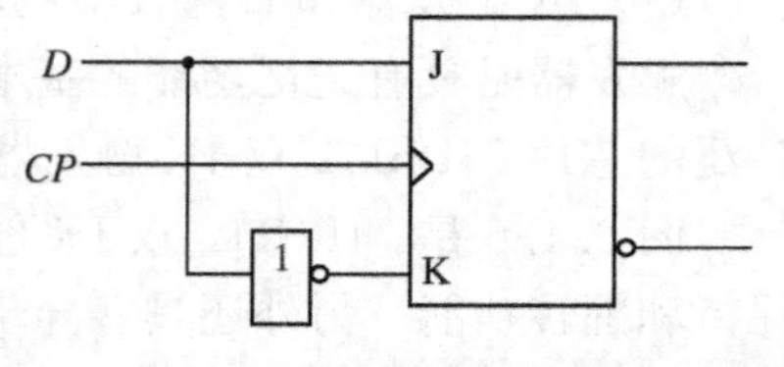

图 2.1.8　JK 触发器转换成 D 触发器

表 2.1.6　触发器转换方法

原触发器	转换成				
	T 触发器	T′触发器	D 触发器	JK 触发器	RS 触发器
D 触发器	$D=T\oplus Q^n$ $=T\overline{Q}^n+\overline{T}Q^n$	$D=\overline{Q}^n$		$D=J\overline{Q}^n+\overline{K}Q^n$	$D=S+\overline{R}Q^n$
JK 触发器	$J=K=T$	$J=K=1$	$J=D$ $K=\overline{D}$		$J=S$ $K=R$
RS 触发器	$R=TQ^n$ $S=T\overline{Q}^n$	$R=Q^n$ $D=\overline{Q}^n$	$R=\overline{D}$ $S=D$	$R=KQ^n$ $S=J\overline{Q}^n$	

(3) 触发器的应用:触发器可以构成计数器、定时器和分频器。

图 2.1.9(a)是由两个 JK 触发器就构成的异步四进制加法计数器。设初始状态 Q_1Q_0 =0;来第 1 个脉冲 CP 下降沿时,Q_0 由“0”翻转为“1”;Q_1 因为没有下降沿而不翻转。当第二个脉冲到来时,Q_0 则由刚才的“1“态翻转为“0”态,此时该信号作为第二个触发器的脉冲,使 Q_1 由“0”态翻转为“1”态。由此看出,四个脉冲到来之后,计数器完成 00→01→10→11 四进制加法计数的一个循环,时序图如图 2.1.9(b)所示。从波形图上还可以看到,Q_0 波形的

周期是 CP 的 2 倍，而 Q_1 波形的周期是 CP 的 4 倍。所以 Q_0、Q_1 对 CP 分别实现了二分频、四分频，所以它又是一个分频器。若设 CP 周期为 1 s，则 Q_1 端在每 4 s 时输出一个高电平，Q_0 端每 2 s 时发出一个定时信号，所以它也可以作为一个定时器。

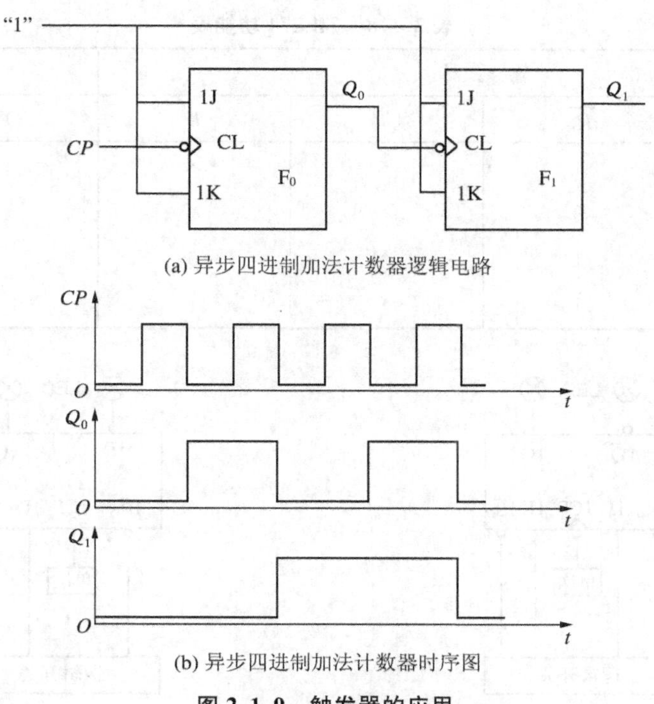

(a) 异步四进制加法计数器逻辑电路

(b) 异步四进制加法计数器时序图

图 2.1.9 触发器的应用

3）实验内容及步骤

(1) JK 触发器逻辑功能测试

① 将 74LS112 集成块插入实验箱 IC 空插座中，将双 JK 触发器中的一个触发器按图 2.1.10 接线，其中 $1J$、$1K$、$1\ \overline{S_D}$、$1\ \overline{R_D}$ 分别接 4 个逻辑开关，$1CP$ 接单次脉冲，输出 $1Q$、$1\ \overline{Q}$ 分别接两只发光二极管 LED。V_{CC} 和 GND 分别接 +5 V 和"地"。

② 检验无误后，接通电源，并按表 2.1.7 的要求测试将结果填入表中。

表 2.1.7 74LS112 功能表

输入					输出	
$\overline{S_D}$	$\overline{R_D}$	CP	J	K	Q^{n+1}	$\overline{Q}^{n+1}$
0	1	×	×	×		
1	0	×	×	×		
0	0	×	×	×		
1	1	↓	0	0		
1	1	↓	0	1		
1	1	↓	1	0		
1	1	↓	1	1		

(2) D触发器逻辑功能测试

选74LS74双D触发器中的一个触发器，按图2.1.11接线，用与JK触发器逻辑功能测试相同的方法，完成对D触发器逻辑功能测试并将结果填入表2.1.8中。

表2.1.8　74LS74功能表

输入				输出	
$\overline{S_D}$	$\overline{R_D}$	CP	D	Q^{n+1}	$\overline{Q^{n+1}}$
0	1	×	×		
1	0	×	×		
1	1	↑	0		
1	1	↑	1		

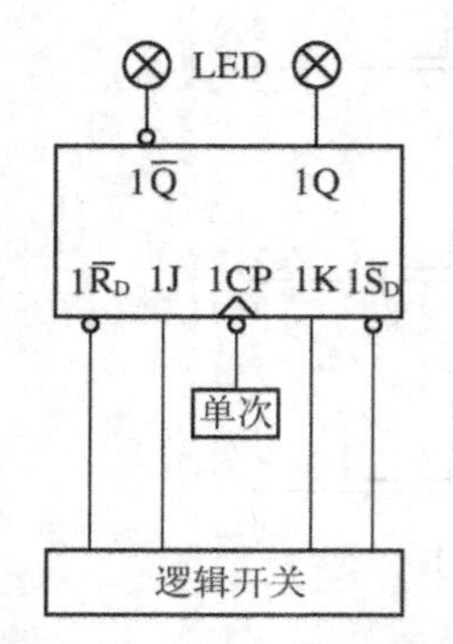

图2.1.10　JK触发器功能测试图

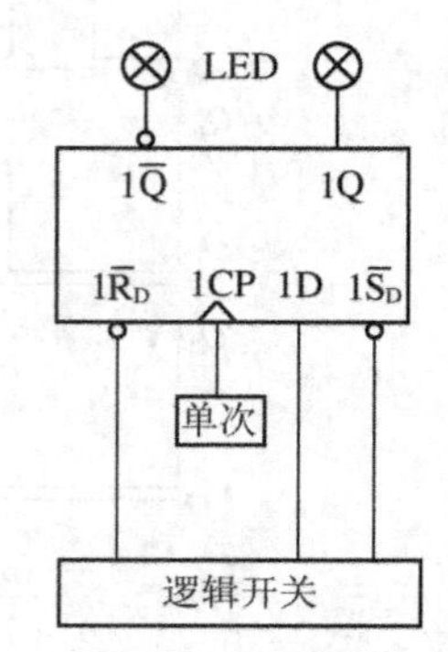

图2.1.11　D触发器功能测试图

*(3) JK触发器和D触发器逻辑功能的互换

① 将JK触发器转换成D触发器

将74LS112 JK触发器插入实验箱IC空插座，按图2.1.8接线，其中D接逻辑开关，CP接单次脉冲，Q、$\overline{Q}$分别接二个发光二极管，V_{CC}接+5 V，GND接“地”。检查无误后，接通电源，测试其输出是否满足D触发器的功能，表格自拟。

② 自行设计由D触发器转换成JK触发器的逻辑图，按上述同样的方法测试其逻辑功能，表格自拟。

(4) 触发器的应用

由74LS112(或74LS74)构成一个四分频器(四进制异步加计数器)，并进行实际线路搭接。CP接单次脉冲或连续脉冲，Q_0、Q_1分别接两个发光二极管。观察发光二极管的显示结果并记录。初始状态为$Q_0Q_1=00$。(JK触发器构成的四分频器参考电路如图2.1.9(a)所示)

4) 实验器材

(1) 数字电路实验箱1台。

(2) 双踪示波器1台。

(3) 万用表1台。

(4) 集成芯片：74LS112、74LS74和74LS04。各芯片引脚图见附录5。

5) 预习要求

(1) 熟悉JK触发器、D触发器的工作原理。

(2) 熟悉芯片74LS04、74LS112和74LS74的逻辑功能、符号和外管脚排列。

(3) 完成本实验中要求的逻辑设计内容。

6) 实验报告要求

(1) 实验目的、原理和内容。

(2) 整理好并画出实验电路及测试的数据列表、画出波形并判断是否正确,对实验结果分析得出结论。

(3) 说明JK、D触发器的$\overline{S}_D$、$\overline{R}_D$作用及正确使用。

7) 思考题

(1) 如何用JK触发器实现T、T′触发器的转换。

(2) 画出JK→D、D→JK,逻辑电路图,转换前后有何区别?

(* 为选做实验,下同)

2.2 设计型实验

根据逻辑功能的不同特点,数字电路可为组合逻辑电路和时序逻辑电路两大类。组合逻辑电路的特点是在任何时刻电路的输出仅取决于该时刻各个输入信号的取值,而与输入信号作用以前电路所具有的状态无关。时序逻辑电路的特点是在任何时刻电路的输出不仅与输入信号有关,而且与输入信号作用以前电路所具有的状态有关。逻辑电路的设计是指根据实际逻辑问题,设计出符合要求的逻辑电路。

本节中"一位大小比较器、全加器的设计"实验和"数据选择器、译码器的应用"实验属于组合逻辑电路的设计。"集成计数器的设计"实验属于时序逻辑电路的设计。

2.2.1 一位大小比较器、全加器的设计

组合逻辑电路可由门电路即小规模集成电路(SSI)组成,也可用中规模集成电路(MSI)组成。

1) 实验目的

(1) 掌握用SSI构成组合逻辑电路的设计方法和功能测试方法。

(2) 初步学会排除故障方法。

2) 实验原理

用SSI设计组合逻辑电路的一般步骤为:

(1) 分析设计要求,列真值表。

(2) 化简逻辑函数。

(3) 写出最简与或表达式,并根据实际要求进行表达式的转换。

(4) 由最简表达式画逻辑图。

(5) 列出元器件清单,组装电路。

(6) 测试功能是否符合设计要求。

3）实验内容和步骤

(1) 设计一个1位大小比较器，要求用二输入与非门74LS00和反相器74LS04实现。

两个1位二进制数A和B的大小比较有三种可能，$A>B$，$A=B$，$A<B$。经过比较电路后的结果对应着三种不同的输出情况，用$L_1=1$表示$A>B$，$L_2=1$表示$A=B$，L_3表示$A<B$。

数据选择器的功能是把多个通道的数据选择出一个，传送到输出端的电路。可将比较电路的输出结果(L_1、L_2、L_3)作为选择器的输入控制信号。由标准信号源提供三个不同频率的方波信号作为被选择的输入数据D_1、D_2、D_3。当$A>B$时$L_1=1$选择D_1输出；$A=B$时$L_2=1$选择D_2输出；$A<B$时$L_3=1$选择D_3输出。输出通过一个发光二极管的闪烁频率的不同来判断哪路信号被选取。附参考电路如图2.2.1所示。

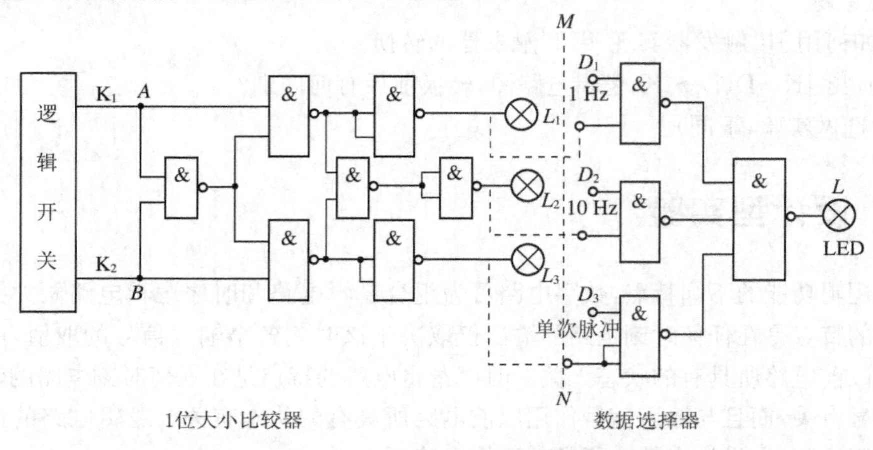

图2.2.1　1位大小比较器、数据选择器原理图

测试步骤如下：

按图2.2.1虚线MN左边电路(1位比较器)接线。输入A、B分别接逻辑开关K_1、K_2，输出L_1、L_2、L_3接3个发光二极管，观察其状态，并将结果填入表2.2.1中(灯亮为“1”；灯灭为“0”)。

表2.2.1　比较器功能表

A	B	$L_1(A>B)$	$L_2(A=B)$	$L_3(A<B)$
0	0			
0	1			
1	0			
1	1			

(2) 设计一个3人表决电路，要求每个人具有赞成、反对两种可能。赞成通过为“1“；反对、否决为“0”，用74LS00完成。

*(3) 设计一个1位全加器，用74LS86、74LS00、74LS10完成。

实验内容(2)和(3)读者自行设计电路，自拟实验步骤和功能表。

4) 实验器材

(1) 数字电路实验箱 1 台。

(2) 双踪示波器 1 台。

(3) 集成芯片:74LS00、74LS10 和 74LS86。各芯片引脚图见附录 5。

5) 预习要求

(1) 熟悉组合逻辑电路设计方法和步骤。

(2) 熟悉比较器的功能。

(3) 熟悉所需集成芯片的逻辑功能及管脚排列顺序。

(4) 设计 4 人表决器功能表、电路图。

6) 实验报告要求

(1) 实验目的和原理。

(2) 电路设计过程,绘制逻辑电路图和实验接线图。

(3) 实验步骤。

(4) 填写真值表。

7) 思考题

(1) 电路中 TTL 门的多余的输入端应如何处理,有几种方法?

(2) 用与非门和异或门设计 1 位全加器,要求列出真值表,画出电路图。

2.2.2　数据选择器、译码器的应用

1) 实验目的

(1) 熟悉数据选择器(74LS151)和译码器(74LS138)中规模集成电路逻辑功能的测试。

(2) 掌握用中规模集成电路设计组合电路的方法和功能测试方法。

2) 实验原理

(1) 设计方法

用 MSI 设计组合逻辑电路,通常采用功能块的设计思路。在方案框图确定后,先确定所需的中规模集成块,然后再进行块间逻辑上的组合。各集成块内的电路已是按照最佳设计制作,所以使用者可免去许多繁琐工作。这种方法的关键是:设计者要熟悉各种集成电路,包括外部引脚的电气性能、功能以及使用方法,设计者要充分利用器件手册所提供的资料,灵活使用各有关的输入端和控制端,充分发挥器件功能,做到使用最少的集成块获得符合技术指标的最佳设计效果。

(2) 设计举例

用数据选择器(74LS151)设计 31 天月份检查电路。

74LS151 是八选一数据选择器,芯片的引脚排列如图 2.2.2 所示,其功能见表 2.2.2。它有 8 个数据输入端 D_0、D_1、D_2、…、D_7;两个互补输出端 Y、$\overline{Y}$;一个选通端 S;三个数据选择输入端 A、B、C;+5 V 电源供电。74LS151 的输出逻辑函数表达式为:

$$Y=S[\overline{C}\,\overline{B}\,\overline{A}D_0+\overline{C}\,\overline{B}AD_1+\overline{C}B\overline{A}D_2+\overline{C}BAD_3+C\overline{B}\,\overline{A}D_4+C\overline{B}AD_5+CB\overline{A}D_6+CBAD_7]$$

其功能见表 2.2.2。

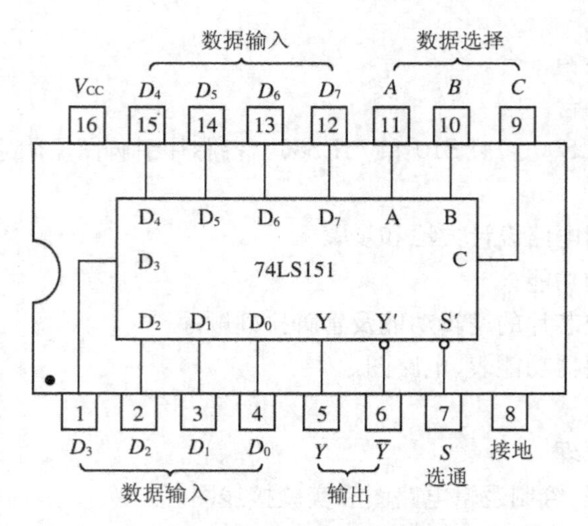

图 2.2.2　74LS151 引脚排列图

表 2.2.2　74LS151 功能表

输　入				输　出	
数据选择端			选通端		
C	B	A	$\overline{S}$	Y	$\overline{Y}$
×	×	×	H	L	H
L	L	L	L	D_0	$\overline{D_0}$
L	L	H	L	D_1	$\overline{D_1}$
L	H	L	L	D_2	$\overline{D_2}$
L	H	H	L	D_3	$\overline{D_3}$
H	L	L	L	D_4	$\overline{D_4}$
H	L	H	L	D_5	$\overline{D_5}$
H	H	L	L	D_6	$\overline{D_6}$
H	H	H	L	D_7	$\overline{D_7}$

31 天月份检查电路的功能是查找在一年的 12 个月中那些月份有 31 天，那些月份没有 31 天。可用 4 个输入变量 A_3、A_2、A_1、A_0 的取值所对应的十进制数表示月份数，若该月有 31 天，输出端 Y 为高电平（"1"），若该月没有 31 天，输出端 Y 为低电平（"0"）。由题意可以列出真值表见表 2.2.3。

表 2.2.3　31 天月份检查真值表

月　份	A_3	A_2	A_1	A_0	L
	0	0	0	0	×
1	0	0	0	1	1
2	0	0	1	0	0

(续表 2.2.3)

月　份	A_3	A_2	A_1	A_0	L
3	0	0	1	1	1
4	0	1	0	0	0
5	0	1	0	1	1
6	0	1	1	0	0
7	0	1	1	1	1
8	1	0	0	0	1
9	1	0	0	1	0
10	1	0	1	0	1
11	1	0	1	1	0
12	1	1	0	0	1
	1	1	0	1	×
	1	1	1	0	×
	1	1	1	1	×

由真值表写出表达式：

$$L=\overline{A_3}\,\overline{A_2}\,\overline{A_1}A_0+\overline{A_3}\,\overline{A_2}A_1A_0+\overline{A_3}A_2\overline{A_1}A_0+\overline{A_3}A_2A_1A_0+A_3\overline{A_2}\,\overline{A_1}\,\overline{A_0}+A_3\overline{A_2}A_1\overline{A_0}+A_3A_2\overline{A_1}\,\overline{A_0}$$

将上式与八选一数据选择器的逻辑表达式相比较。若选择变量 A_3、A_2 和 A_1 分别接 74LS151 的选择输入端 C、B 和 A，则有：

$$A_0=D_0=D_1=D_2=D_3,\overline{A_0}=D_4=D_5=D_6,D_7=0$$

由此可以画出用 74LS151 实现 31 天月份检查的逻辑电路如图 2.2.3 所示。

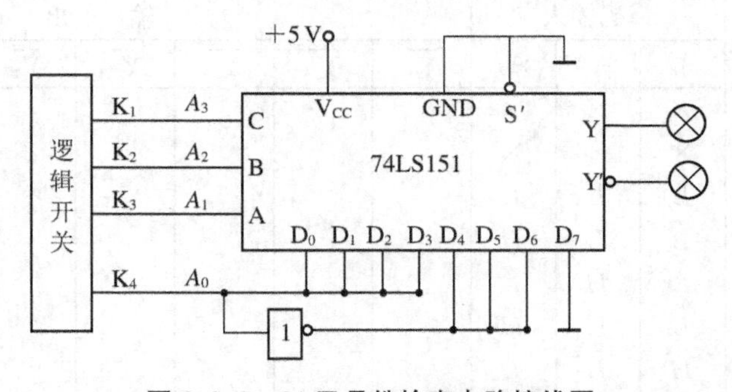

图 2.2.3　31 天月份检查电路接线图

按图 2.2.3 接线并测试输出结果，判断是否符合设计要求。

3）实验内容和步骤

(1) 测试 74LS151、74LS138 的功能。

① 将 74LS151 插入实验箱 IC 空插座中。按图 2.2.4 接线，检查无误后，接通电源。

② 按表 2.2.4 输入数据选择信号。观察输出结果，填入表中，并判断结果是否正确。

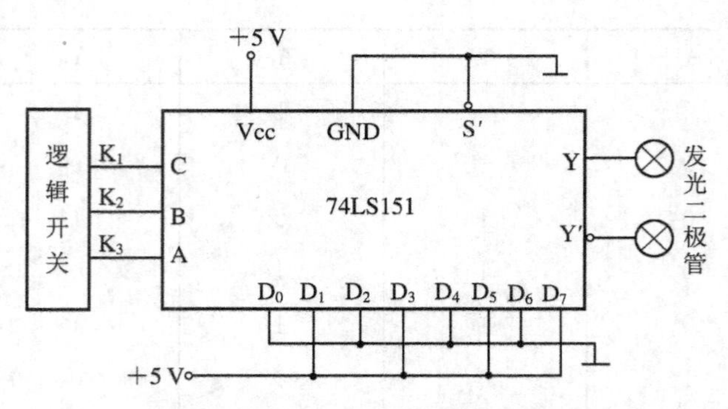

图 2.2.4　74LS151 功能测试接线图

表 2.2.4　74LS151 功能表

输入选择			输出	
C	B	A	Y	$\overline{Y}$
L	L	L		
L	L	H		
L	H	L		
L	H	H		
H	L	L		
H	L	H		
H	H	L		
H	H	H		

③ 按上述类似的方法和步骤测试 74LS138 的功能。自行设计测试电路，验证其功能填表 2.2.5。

表 2.2.5　74LS138 功能表

使能输入		译码输入			输出							
S_A	$\overline{S}_B+\overline{S}_C$	A_2	A_1	A_0	$\overline{Y_0}$	$\overline{Y_1}$	$\overline{Y_2}$	$\overline{Y_3}$	$\overline{Y_4}$	$\overline{Y_5}$	$\overline{Y_6}$	$\overline{Y_7}$
×	H	×	×	×								
L	×	×	×	×								
H	L	L	L	L								
H	L	L	L	H								
H	L	L	H	L								
H	L	L	H	H								
H	L	H	L	L								
H	L	H	L	H								
H	L	H	H	L								
H	L	H	H	H								

(2) 用 74LS151 设计一个四人表决电路。分别用 W、X、Y、Z 代表四个人，当有三个或三个以上同意为“1”，通过用“1”表示；不同意为“0”，不通过用“0”表示。

*(3) 用 74LS151 设计一个厅堂灯的控制电路。要求在 3 个房间能独立控制灯的开和

关，当一个开关动作后灯亮，则另一个开关动作灯灭。

(4) 用 74LS138 和 74LS20 设计一全加器，74LS20 为四输入与非门，引脚图见附录 5。

实验内容 2)、3)和 4)请自拟真值表，自行设计电路，测试其功能。

4) 实验器材

(1) 数字电路实验箱 1 台。

(2) 万用表 1 只。

(3) 集成芯片：74LS151、74LS138、74LS20、74LS04。芯片引脚图见附录 5。

5) 预习要求

(1) 熟悉组合逻辑电路设计方法和步骤。

(2) 熟悉数据选择器和译码器的功能。

(3) 熟悉 74LS151 和 74LS138 的逻辑功能及管脚排列顺序。

(4) 按要求设计四人表决器和全加器。

6) 实验报告要求

(1) 实验目的和原理。

(2) 电路设计完整过程。

(3) 画出所有的实验电路并整理数据，填写相关真值表，判断是否符合设计要求。

(4) 记录电路调试过程中遇到的问题和解决的方法。

(5) 总结用 MIS 设计应用电路的方法，说明用 MSI 设计组合逻辑电路的优点。

7) 思考题

在例题中有的同学通过线路搭接经检查认为正确无误后，进行通电实验，结果出现 8 月份以前正确，8 月份以后则不正确，分析其原因。

2.2.3 集成计数器的设计

1) 实验目的

(1) 掌握集成计数器的逻辑功能的测试及其使用方法。

(2) 掌握用集成计数器构成任意进制计数器的方法和功能测试方法。

2) 实验原理和参考电路

计数器是实现"计数"功能的时序逻辑器件，它的应用十分广泛，不仅可用来记录脉冲的个数，也可用作分频、定时等。

计数器的种类很多：按时钟脉冲输入方式的不同，可分为同步计数器和异步计数器；按进位体制的不同，可分为二进制计数器、十进制计数器和 N 进制计数器；按计数的增减趋势的不同，可分为加法计数器、减法计数器和可逆计数器。

(1) 几种集成计数器芯片功能

① 74LS160：8421 编码的同步十进制加法计数器。图 2.2.5(a)、(b)分别是外引脚排列图和惯用符号，其中$\overline{CR}$是异步清零端，$\overline{LD}$同步置数端，D_3、D_2、D_1、D_0 是数据输入端，Q_3、Q_2、Q_1、Q_0 是状态输出端，CT_P 和 CT_T 是计数允许控制端，CO 是进位输出端，表 2.2.6 是 74LS160 的功能表。

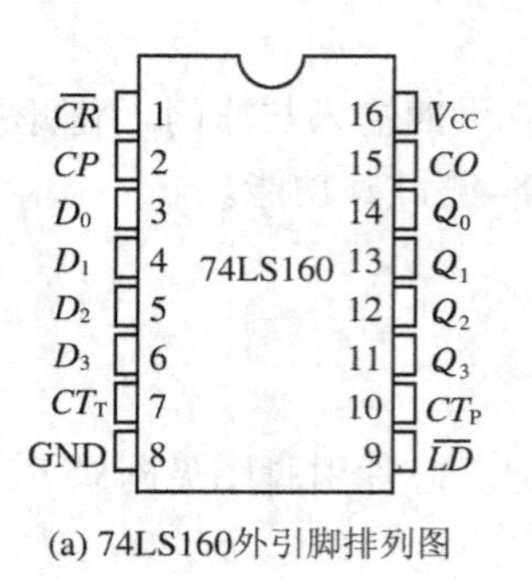

(a) 74LS160外引脚排列图

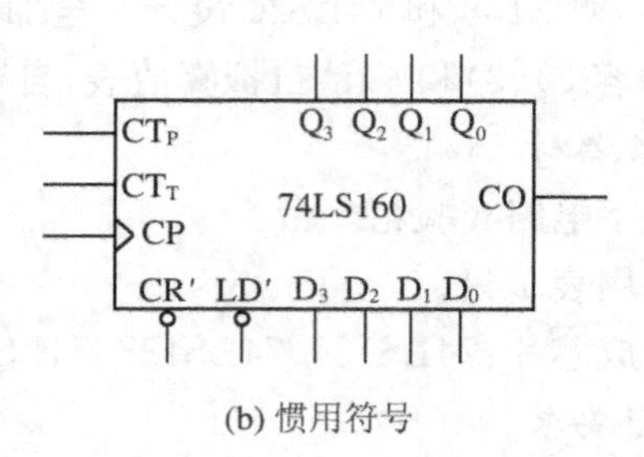

(b) 惯用符号

图 2.2.5　74LS160

表 2.2.6　74LS160 功能表

输入									输出				工作模式
CP	$\overline{CR}$	$\overline{LD}$	CT_P	CT_T	D_3	D_2	D_1	D_0	Q_3^n	Q_2^n	Q_1^n	Q_0^n	
×	L	×	×	×	×	×	×	×	L	L	L	L	异步清零
↑	H	L	×	×	d_3	d_2	d_1	d_0	d_3	d_2	d_1	d_0	同步置数
×	H	H	×	L	×	×	×	×	Q_3^{n-1}	Q_2^{n-1}	Q_1^{n-1}	Q_0^{n-1}	保持
×	H	H	L	×	×	×	×	×	Q_3^{n-1}	Q_2^{n-1}	Q_1^{n-1}	Q_0^{n-1}	
↑	H	H	H	H	×	×	×	×	加法计数				加法计数

从功能表可知：

异步清零的含意是：只要当$\overline{CR}$为低电平（$\overline{CR}=0$）不管其他输入端（包括 CR 端）的状态如何，计数器输出将被直接置零（$Q_3Q_2Q_1Q_0=0000$）。

同步清零的含意是：当$\overline{CR}$为低电平（$\overline{CR}=0$），并且在触发沿到来时，计数器才能被清零，计数器输出 $Q_3Q_2Q_1Q_0=0000$。

同步置数的含意是：在$\overline{CR}$为高电平（$\overline{CR}=1$）的条件下，当$\overline{LD}$为低电平（$\overline{LD}=0$）并且在触发沿（上升沿）到来时，输入端的数据被置入计数器，使计数器输出端的状态等于输入端的数据，即 $Q_3Q_2Q_1Q_0=d_3d_2d_1d_0$。

② 74LS161：是 4 位二进同步加法计数器。其外引脚排列图、惯用符号和功能表与 74LS160 相同，也是$\overline{CR}$端异步清零，$\overline{LD}$端同步置数。所不同的仅在于 74LS161 是 4 位二进加法计数器，而 74LS160 是十进制加法计数器。

③ 74LS190：是十进制可逆计数器。即通过控制可完成加/减计数。74LS190 的外引脚排列图如图 2.2.6 所示，功能表见表 2.2.7。

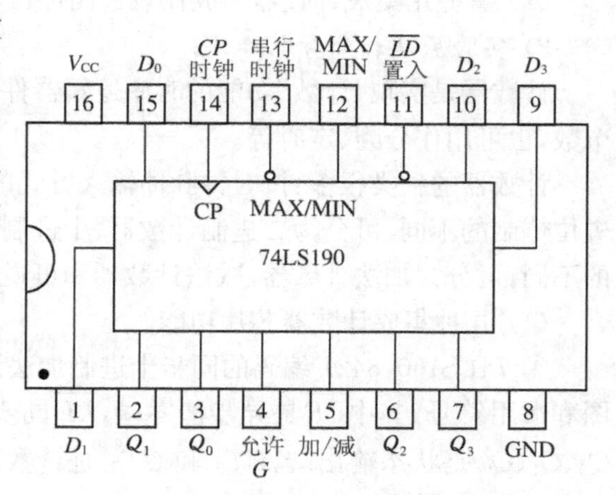

图 2.2.6　74LS190 外引脚排列图

表 2.2.7 74LS190 功能表

输入								输出				工作模式
CP	$\overline{LD}$	G	加/减	D_3	D_2	D_1	D_0	Q_3^n	Q_2^n	Q_1^n	Q_0^n	
×	L	×	×	d_3	d_2	d_1	d_0	d_3	d_2	d_1	d_0	异步置数
×	H	H	×	×	×	×	×	Q_3^{n-1}	Q_2^{n-1}	Q_1^{n-1}	Q_0^{n-1}	保　持
↑	H	L	L	×	×	×	×	加法计数				加法计数
↑	H	L	H	×	×	×	×	减法计数				减法计数

从功能表中可知该芯片具有如下功能

a. 预置数：只要在置入端$\overline{LD}$加入低电平，就可以对计数器置数，使 $Q_3^nQ_2^nQ_1^nQ_0^n=d_3d_2d_1d_0$。

b. 加/减计数：加/减控制端为低电平时，做加计数。计到最大数 $Q_3^nQ_2^nQ_1^nQ_0^n=1001$ 时，最大/最小端(MAX/MIN 端)输出为高电平，当输出从 1001 变到 0000 时，MAX/MIN 端输出为低电平，同时，串行时钟脉冲在计数脉冲计到加结束与加开始的同时变化产生一个负脉冲。

加/减控制端为高电平时，做减计数。减到 0 时，最大/最小端(MAX/MIN 端)输出为高电平，当输出从 0000 变到 1001 时，MAX/MIN 端输出为低电平，同时，串行时钟脉冲在计数脉冲减结束与减开始的同时变化产生一个负脉冲。

串行时钟脉冲可作为多片级联中高位片的计数脉冲。

保持：允许端(G)为低电平时做加/减计数，为高电平时计数器处于保持工作状态。

(2) 用集成计数器构成任意进制计数器的方法

集成计数器的产品通常为 4 位二进制计数器或十进制计数器，若需要 N 进制计数器时需要通过适当的连接而得到。下面是几种常见的连接方法：

① 集成计数器的级联

当计数长度较长时，需要将两个以上的计数器串联(级联)起来使用。例如异步计数器可用本级的高位输出端与下一级 CP 端相连实现计数。同步计数器一般有一个或两个进位输出，它们提供不同的进位(或借位)信号，供电路级联使用。

② 复位法(反馈归零法)

复位法是利用集成计数器的复位端(清零端$\overline{CR}$)构成任意进制计数器的方法。计数器的清零分异步清零和同步清零两种。两者的区别在于：异步清零端不受时钟脉冲的控制只要有效电平到来，就立即清零，而无需再等下一个计数脉冲的有效沿到来；同步清零则需在计数脉冲的有效沿和清零端有效电平的共同作用下才能实现。由于这个差异，便存在两种复位方式：异步复位法和同步复位法。用复位法构成任意进制计数器的具体方法是：a. 根据所需构成的计数器的计数长度 N，确定选用何种进制的计数器及数目；b. 写出 N 的二进制代码；c. 若采用异步复位方式，则计数器计到 N 时 $Q=1$ 的输出端连接到一个与非门的输入，与非门的输出连到计数器的复位端$\overline{CR}$。若采用同步复位方式，则计数器计到 $N-1$ 时$Q=1$ 的输出端连接到一个与非门的输入，与非门的输出连到计数器的复位端$\overline{CR}$。

③ 置数法

置数法是利用集成计数器的预置控制端(置数端$\overline{LD}$)构成任意进制计数器的方法。有几种方法：一是利用置数端$\overline{LD}$送 0 的复位法，即计数到所需进制时，置入状态($D_3D_2D_1D_0$ =0000)；另一是可在计数器计到最大数时置入计数器状态图中的最小数，作为计数循环的起点；还可以在计数到某个数之后，置入最大数，然后接着开始计数。总之，在集成计数器状态转换图中选定所需的 N 个连续状态，以 N 个连续状态中最小的状态作为置入数，而最大的状态作为置数端$\overline{LD}$(同步置数时)的控制信号，即可实现 N 进制计数。

3）实验内容和步骤

(1) 集成计数器 74LS160 和 74LS190 功能测试。

① 集成芯片 74LS160 功能测试

芯片 74LS160 功能测试原理图如图 2.2.7 所示，并验证其功能是否与功能表 2.2.6 一致。

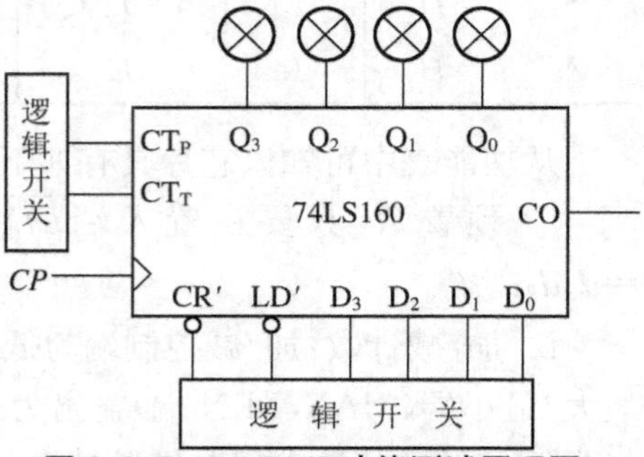

*② 测试芯片 74LS190 功能

自行设计功能测试原理图，并验证其功能是否与功能表 2.2.7 一致。

图 2.2.7　74LS160 功能测试原理图

(2) 用集成计数器构成任意进制计数器。

① 分别用 74LS160 的复位端$\overline{CR}$和置数端$\overline{LD}$构成五进制计数器

选取 74LS160 和 74LS00 各 1 片，分别按图 2.2.8 和图 2.2.9 接线，其中 $D_3D_2D_1D_0$ 分别接四个逻辑开关，置相应的电平，Q_3、Q_2、Q_1、Q_0 分别接 4 个发光二极管，CT_P、CT_T 均接高电平，CP 接单次脉冲或频率为几赫兹几十赫兹的连续脉冲，16 脚接 V_{CC}，8 脚接地。观察发光二极管的显示结果，填写状态表 2.2.8，画出它们状态转换图。再将 Q_3、Q_2、Q_1、Q_0 直接接数码管(LED)(经过译码后的显示电路)，显示字形。

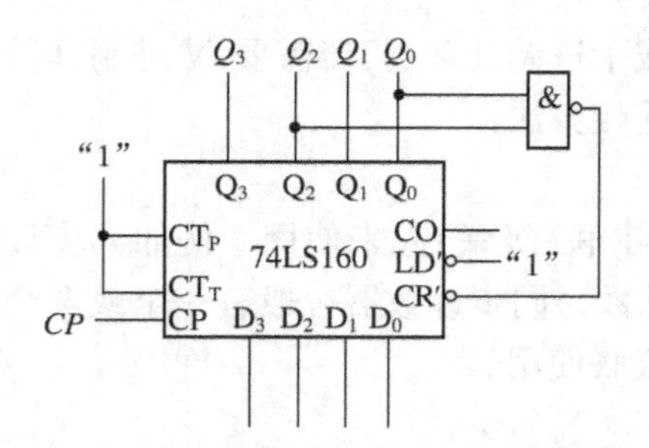

图 2.2.8　用复位端构成五进制计数器

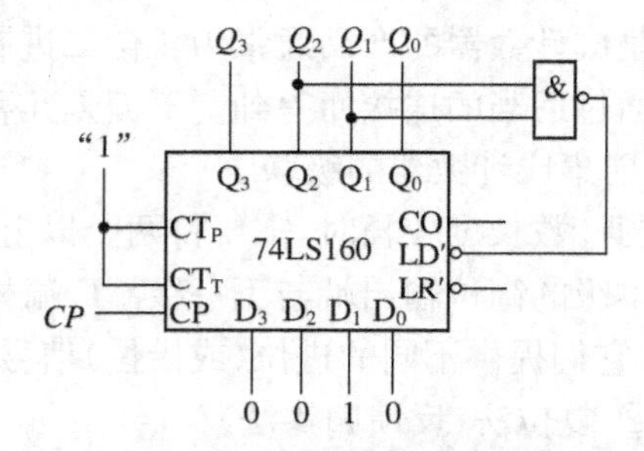

图 2.2.9　用置数端构成五进制计数器

表 2.2.8　状态表

CP	复位法	置数法	CP	复位法	置数法
	$Q_3Q_2Q_1Q_0$	$Q_3Q_2Q_1Q_0$		$Q_3Q_2Q_1Q_0$	$Q_3Q_2Q_1Q_0$
1			7		
2			8		
3			9		
4			10		
5			11		
6			12		

② 用 74LS160 构成三十六进制计数器

自行设计、安装调试电路，并通过 LED 显示其计数器功能。

*③ 用 74LS190 构成十进制可逆计数器。

自行设计、安装调试电路，并通过 LED 显示其计数器功能。

4) 实验器材

(1) 数字电路实验箱 1 台。

(2) 万用表 1 块。

(3) 集成芯片 74LS00、74LS20、74LS160、74LS190 等。芯片引脚图见附录 5。

5) 预习要求

(1) 熟悉计数器的工作原理和用集成计数器构成任意进制计数器的方法。

(2) 熟悉所用芯片的功能、符号和引脚排列。

(3) 完成本实验要求的逻辑设计内容。

6) 实验报告要求

(1) 实验目的、内容和原理。

(2) 电路的设计过程与逻辑电路图、芯片的功能表。

(3) 电路的调试方法与步骤。

(4) 实验数据及分析。

7) 思考题

(1) 采用中规模计数器构成 N 进制计数器时通常采用哪两种方法？

(2) 设计用 74LS161 实现三十六进制计数器的电路。

2.3 综合应用型实验

2.3.1 计数、译码和显示电路

1) 实验目的

(1) 掌握集成计数器构成任意进制计数器的方法。

(2) 熟悉译码器和数码显示器的功能及使用方法。

(3) 培养学生由单元电路组成整体电路的能力。

2) 实验原理和参考框图

在数字系统中，经常需要将数字、文字和符号的二进制编码翻译成人们习惯的形式直观的显示出来，以便查看。它的实现一般经过计数、译码和显示等步骤，下面重点介绍译码和显示部分。

(1) 计数器

计数器是用以实现计数操作的电路。可用集成触发器或集成计数器构成任意进制的计数器，具体方法见实验 2.2.3。

(2) 显示译码器和数码管

计数器的输出经译码后驱动显示电路，由数码管显示字形，显示译码器和数码管的种类很多，本实验采用 4－7 线译码器/驱动器 74LS48 和七段共阴极数码管 BS201 配套使用。

显示器采用七段发光二极管显示器(LED 数码管)，如图 2.3.1 所示，用它可以直接显示十进制数。

74LS48 的外引脚排列图和功能表分别如图 2.3.2 和表 2.3.1 所示。

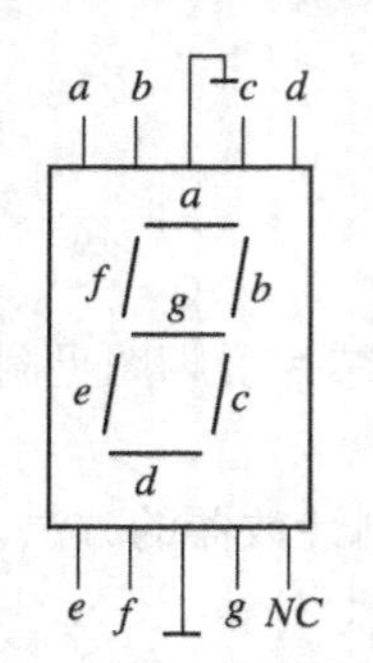

图 2.3.1　LED 数码管

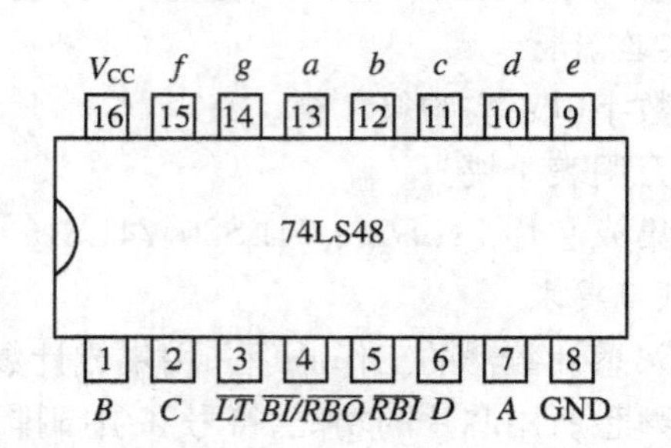

图 2.3.2　74LS48 的外引脚排列图

表 2.3.1　74LS48 功能

十进制	输入						$\overline{BI}/\overline{RBO}$	输出						
(或功能)	$\overline{LT}$	$\overline{RBI}$	D	C	B	A		a	b	c	d	e	f	g
0	H	H	L	L	L	L	H	H	H	H	H	H	H	L
1	H	×	L	L	L	H	H	L	H	H	L	L	L	L
2	H	×	L	L	H	L	H	H	H	L	H	H	L	H
3	H	×	L	L	H	H	H	H	H	H	H	L	L	H
4	H	×	L	H	L	L	H	L	H	H	L	L	H	H
5	H	×	L	H	L	H	H	H	L	H	H	L	H	H
6	H	×	L	H	H	L	H	L	L	H	H	H	H	H
7	H	×	L	H	H	H	H	H	H	H	L	L	L	L
8	H	×	H	L	L	L	H	H	H	H	H	H	H	H
9	H	×	H	L	L	H	H	H	H	H	L	L	H	H
10	H	×	H	L	H	L	H	L	L	L	H	H	L	H
11	H	×	H	L	H	H	H	L	L	H	H	L	L	H
12	H	×	H	H	L	L	H	L	H	L	L	L	H	H
13	H	×	H	H	L	H	H	H	L	L	H	L	H	H
14	H	×	H	H	H	L	H	L	L	L	H	H	H	H
15	H	×	H	H	H	H	H	L	L	L	L	L	L	L
消隐灭	×	×	×	×	×	×	L	L	L	L	L	L	L	L
零输入	H	L	L	L	L	L	L	L	L	L	L	L	L	L
灯测试	L	×	×	×	×	×	H	H	H	H	H	H	H	H

由表 2.3.1 可见，74LS48 具有以下特点：

① 消隐(也称灭灯)。只要$\overline{BI}/\overline{RBO}$接低电平，则无论其他各输入端为何状态，所有各段输出 a～g 均为低电平，显示器整体不亮。

② 当要求输出数字～15 时，消隐输入($\overline{BI}/\overline{RBO}$)应为高电平。如果不要灭十进制数 0，则灭零输入($\overline{RBI}$)必须接高电平。③ 灯测试功能。当灯测试输入($\overline{LT}$)加入低电平，并且$\overline{BI}/\overline{RBO}$保持高电平时，$a$～$g$ 各段输出均为高电平，显示器显示数字“8”。利用这一点常可用来检查显示器的好坏。

译码器驱动显示器的原理如图 2.3.3 所示。实验时只需对译码器的输入端 Q_D、Q_C、Q_B、Q_A 按 8421BCD 码输入逻辑信号，数码管便能显示相应的十进制数字符号。

(3) 计数、译码和显示电路

输入计数脉冲通过计数器计数，计数器输出接到译码器再驱动显示器就构成计数、译码和显示电路，其电路如图 2.3.4 所示。

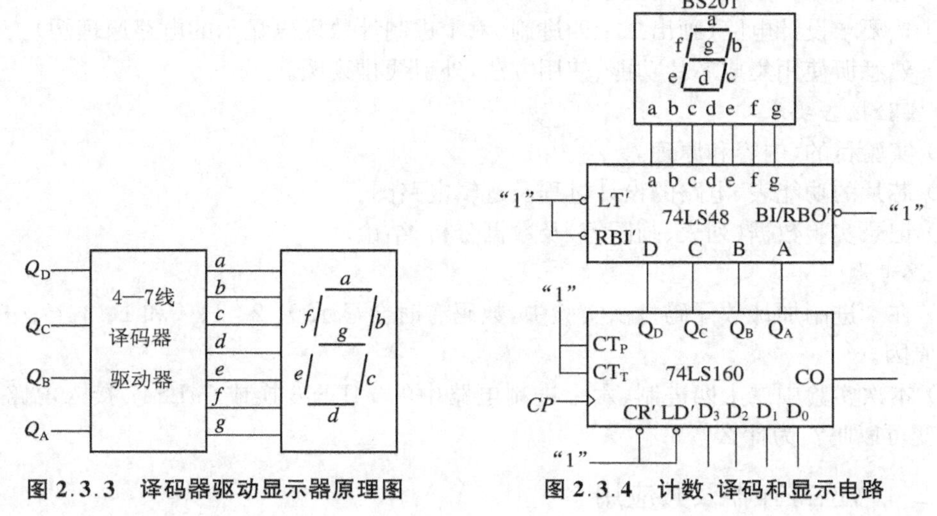

图 2.3.3 译码器驱动显示器原理图 **图 2.3.4 计数、译码和显示电路**

3) 实验内容及步骤

(1) 内容

① 设计二十四进制、六十进制计数—译码—显示电路。完成线路搭接、电路调试，记录相关的数据。

*② 设计一个能显示"时""分"的时钟电路。计时周期为 24 小时，显示满刻度为 23 时 59 分后回零，显示"0000"。

上述电路应由计数、译码和显示三部分组成，其原理框图如 2.3.5 所示。

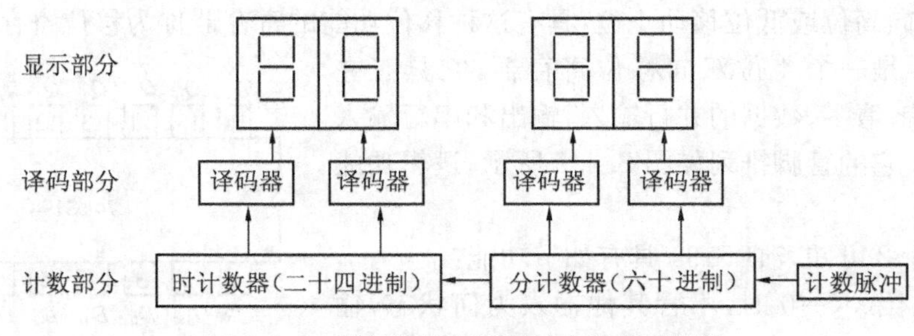

图 2.3.5 显示"时""分"时钟电路原理框图

(2) 步骤

① 用芯片 74LS160 或 74LS161，自行设计"时"二十四进制计数和"分"六十进制计数电路。

② 检查无误后接通电源。

③ 在 CP 脉冲作用下，观察显示器所显示的数字变化。

4）实验器材

(1) 数字电路实验箱 1 台。

(2) 万用表 1 块。

(3) 集成芯片、数码管等若干，芯片引脚图见附录 5。

5）预习要求

(1) 熟悉计数、译码和数码显示的工作原理。

(2) 按要求设计电路（画出二十四进制、六十进制计数译码显示的电路原理图）。

(3) 熟悉所使用集成芯片功能、使用方法，外引线排列图。

6）实验报告要求

(1) 实验目的、内容和原理。

(2) 芯片的功能表、电路的设计过程及逻辑电路图。

(3) 记录实验数据（列表、画图等）及数据分析、结论。

7）思考题

(1) 在十进制加计数译码显示实验中，数码有时会显示 0、2、4、…和 1、3、5、…数码，分析其原因。

(2) 本次实验中二十四进制、六十进制电路中的 74LS48 换成 74LS47 接入电路，其他环节不变可以吗？为什么？

2.3.2 移位寄存器及其应用

1）实验目的

(1) 掌握集成移位寄存器 74LS194 的逻辑功能和使用方法。

(2) 学会用 74LS194 构成环形和扭环形计数器。

(3) 掌握时序电路的设计方法，培养独立设计简单电路的能力。

2）实验原理和参考电路

(1) 移位寄存器

寄存器是用来存储代码或数据的逻辑部件。若寄存器中各位数据在移位控制信号的作用下，能依次向高位或低位移动 1 位，具有这种移位功能的寄存器称为移位寄存器。

74LS194 是一个 4 位双向移位寄存器，它具有左移、右移、保持、清零、数据的并行输入，输出和串行输入等多种功能。它的管脚排列如图 2.3.6 所示，逻辑功能见表 2.3.2。

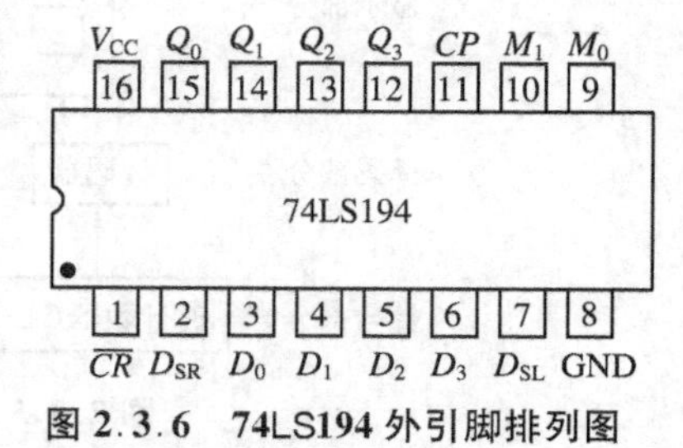

图 2.3.6 74LS194 外引脚排列图

由表 2.3.2 可知，74LS194 具有如下功能：

① 清除：当$\overline{CR}=0$ 时，不管其他输入为何状态，输出为全 0 状态。

② 保持：$CP=0$，$\overline{CR}=1$ 时，其他输入为任意状态，输出状态保持。或者$\overline{CR}=1$，M_1、M_0 均为零，其他输入为任意状态，输出状态也将保持。

③ 置数（送数）：$\overline{CR}=1$，$M_1=M_0=1$，在 CP 脉冲上升沿时，将数据输入端的数据 D_0、D_1、D_2、D_3 置入 Q_0、Q_1、Q_2、Q_3 中并寄存。

④ 右移：$\overline{CR}=1$，$M_1=0$，$M_0=1$，在 CP 脉冲上升沿时，实现右移操作，此时若 $D_{SR}=0$，

则向 Q_0 移位，若 $D_{SR}=1$，则 1 向 Q_0 移位。

⑤ 左移：$\overline{CR}=1, M_1=1, M_0=0$，在 CP 脉冲上升沿时，实现左移功能。此时若 $D_{SL}=0$，则 0 向 Q_3 移位，若 $D_{SL}=1$，则把 1 向 Q_3 移位。

表 2.3.2　74LS194 逻辑功能表

功能	输入										输出			
	$\overline{CR}$	M_1	M_0	CP	D_{SR}	D_{SL}	D_0	D_1	D_2	D_3	Q_0^{n+1}	Q_1^{n+1}	Q_2^{n+1}	Q_3^{n+1}
清除	0	×	×	×	×	×	×	×	×	×	0	0	0	0
保持	1	×	×	0	×	×	×	×	×	×	保持			
	1	0	0	×										
送数	1	1	1	↑	×	×	d_0	d_1	d_2	d_3	d_0	d_1	d_2	d_3
右移	1	0	1	↑	1	×	×	×	×	×	1	Q_0^n	Q_1^n	Q_2^n
	1	0	1	↑	0	×					0	Q_0^n	Q_1^n	Q_2^n
左移	1	1	0	↑	×	1	×	×	×	×	Q_1^n	Q_2^n	Q_3^n	1
	1	1	0	↑	×	0					Q_1^n	Q_2^n	Q_3^n	0

(2) 移位寄存器的应用

在工程实际中常用移位寄存器构成环形计数器和扭环形计数器。用 74LS194 构成的环形计数器和能自启动的扭环形计数器如图 2.3.7 所示。

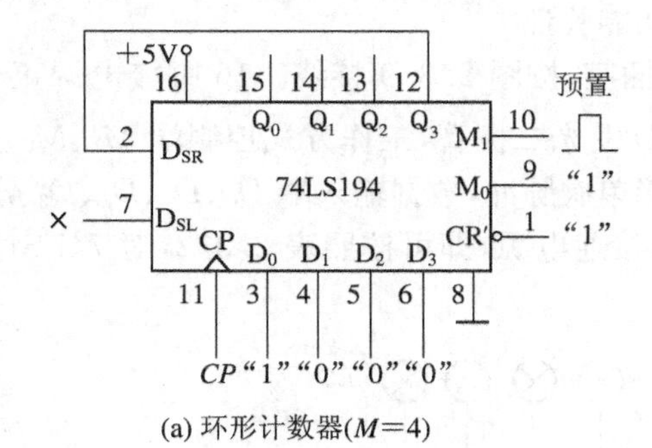

(a) 环形计数器($M=4$)

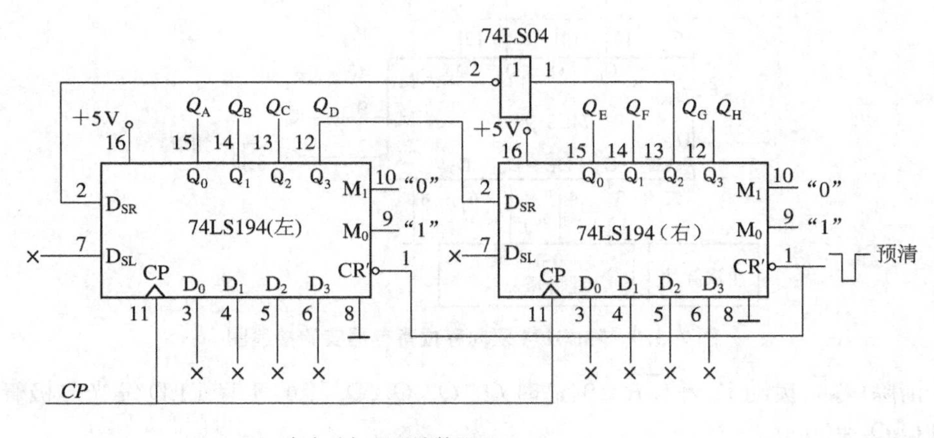

(b) 自启动扭环形计数器($M=14$)

图 2.3.7　74LS194 双向移位寄存器的应用

在图 2.3.7(a)中,输入 4 个移位脉冲,完成一次移位循环,它的模 $M=4$。这种环形计数器无自启动能力,必须在启动计数操作前,先预置某个数在移位寄存器内(如 1000),然后再进行循环计数。

图 2.3.7(b)为 2 片 74LS194 构成的 $M=14$ 的自启动扭环形计数器,其状态表如图 2.3.8所示。

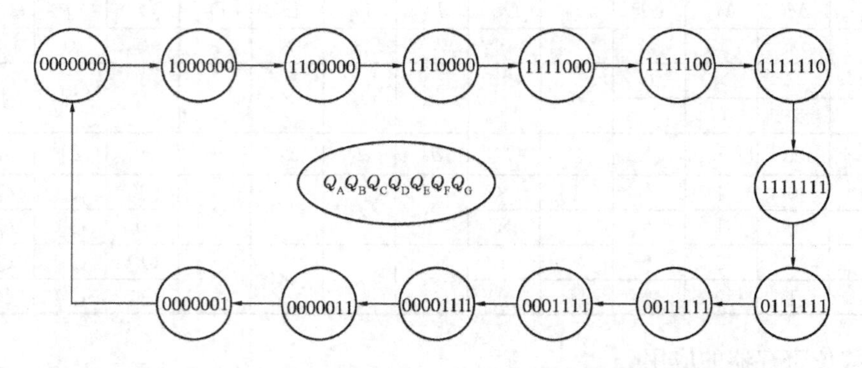

图 2.3.8 用 74LS194 构成模 $M=14$ 的自启动扭环形计数器状态图

3) 实验内容及步骤

(1) 集成移位寄存器基本功能验证

将 74LS194 插入集成芯片插座,按图 2.3.9 接线。16 脚接电源正$+V_{CC}$,8 脚接地,输出端 Q_0、Q_1、Q_2、Q_3 接 4 只 LED 发光二极管,工作方式控制端 M_1、M_0 及清零端$\overline{CR}$分别接逻辑开关 K_1、K_2 和 K_3,CP 端接单次脉冲,数据输入端 D_0、D_1、D_2、D_3 分别接 4 个逻辑开关(或数据开关)。接线完毕无误,接通电源,即可按照表 2.3.2,对 74LS194 双向移位寄存器进行功能验证。

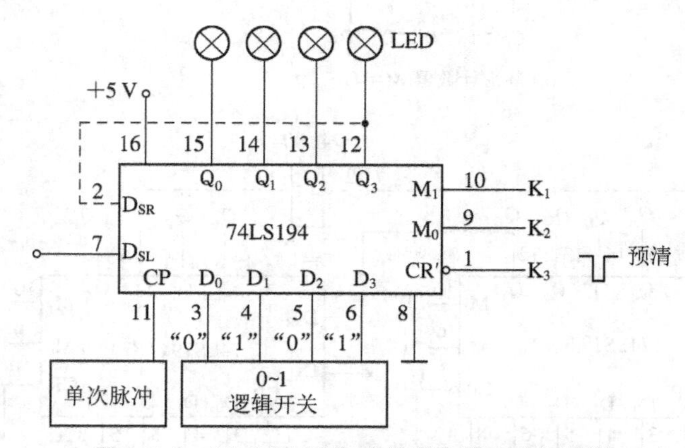

图 2.3.9 74LS194 双向移位寄存器实验接线图

① 清除(零):拨动 K_3,使$\overline{CR}=0$,这时 Q_0、Q_1、Q_2、Q_3 接的 4 只 LED 发光二极管全灭,即 $Q_0Q_1Q_2Q_3=0000$。

② 保持:使$\overline{CR}=1$,$CP=0$ 状态,拨动逻辑开关 $K_1(M_1)$和 $K_2(M_0)$,输出状态不变。或者使$\overline{CR}=1$,$M_1=M_0=0$,按动单次脉冲,这时输出状态仍不变。

③ 置数：使$\overline{CR}=1$，$M_1=M_0=1$（即 $K_1=K_2=1$），置数据开关为1010，按动单次脉冲，这时数据1010已存入$Q_0\sim Q_3$中，LED发光二极管此时为亮、灭、亮、灭（即1010）。变换数据$D_0\sim D_3=0101$，输入单次脉冲，则数据0101在CP上升沿时存入$Q_0\sim Q_3$中。

④ 右移：把Q_3接到D_{SR}，见图2.3.9中虚线，按上述方法先置入数据1000（这时使$\overline{CR}=1$，$M_0=M_1=1$，$D_0\sim D_3=1000$）。再置$M_1=0$，$M_0=1$为右移方式，输入单次脉冲，移位寄存器这时在CP上升沿时实现右移操作。按动4次单次脉冲，一次移位循环结束，即如图2.3.10(a)状态图所示。

⑤ 左移：将Q_3连到D_{SR}的线断开，而把Q_0接到左移输入D_{SL}端，其余方法同上述右移。即$\overline{CR}=1$，$M_1=1$，$M_0=0$，（寄存器起始态仍为1000）则输入四个移位脉冲后，数据左移，最后结果仍为1000。其左移状态图见图2.3.10(b)。

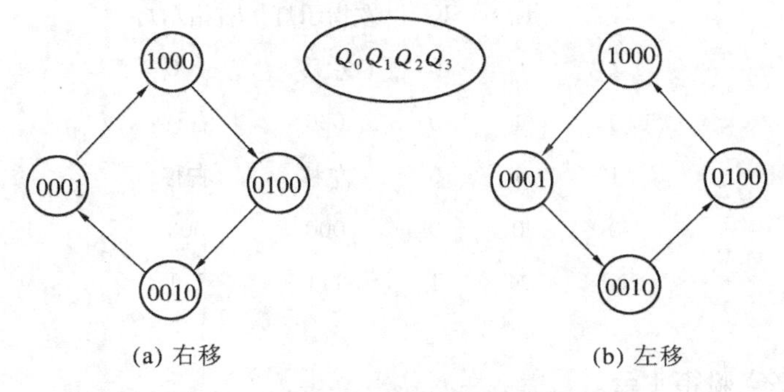

图2.3.10　74LS194右移、左移状态图

再把Q_3接到D_{SL}（Q_0与D_{SL}连线断开），输入单次脉冲，观察移位情况，并记录分析之。

(2) 用74LS194构成一个计数器。

① 环形计数器：按图2.3.7 (a)接线，$Q_0\sim Q_3$接4只LED发光二极管，D_{SR}与Q_3相连，$D_0\sim D_3$接逻辑开关（或数据开关），M_1、M_0、$\overline{CR}$分别接逻辑开关和复位开关，CP接单次脉冲，16脚、8脚分别接电源$+V_{CC}$极和地。

接线完毕，预置寄存器初态$Q_3Q_2Q_1Q_0=0001$状态，并使$M_0=1$，$M_1=0$，$\overline{CR}=1$，寄存器处于移位（右移）状态，即环形计数状态。输入单次计数脉冲，观察LED发光二极管$Q_0\sim Q_3$状态。不难发现$Q_0\sim Q_3$按右移方式状态出现，且一次循环为4个脉冲，即计数器的模$M=4$。

② 扭环形计数器：按图2.3.7(b)接线，进行实验论证。比较计数器的状态与图2.3.8所示$M=14$的状态是否一致。

(3) 设计一彩灯控制电路，共有8只彩灯，使其7暗1亮（或7亮1暗）且这一亮灯（或一暗灯）循环右移，输入1 Hz连续脉冲信号，输出用发光二极管监测。

*(4) 移位寄存器的应用

设计一个汽车尾灯控制电路。

汽车尾灯每侧有3盏灯，作为行驶方向的指示标志。当汽车正常往前行驶时6盏尾灯全是暗的。右转弯时，右边的3盏灯亮与暗的顺序如图2.3.11(a)所示，3盏灯依次由前往后闪亮，同时左边的3盏灯全暗（●为亮，○为暗）。左转时，左边的3盏灯亮与暗的顺序如图2.3.11(b)所示，3盏灯依次由后往前闪亮，同时右边的3盏灯全暗。紧急刹车时，六盏尾灯全亮。

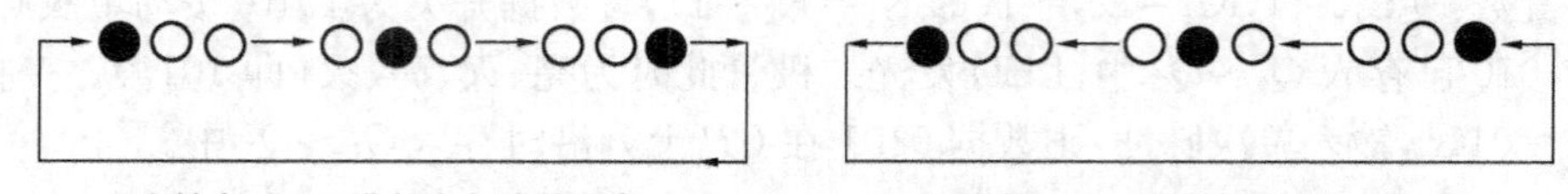

(a) 右转弯时，三盏灯亮与暗的顺序　　(b) 左转弯时，三盏灯亮与暗的顺序

图 2.3.11　汽车尾灯状态转换图

用 6 个发光二极管模拟 6 盏尾灯(每侧 3 个),并用 3 个置位开关分别控制右转弯、左转弯和紧急刹车三种状态。

设计提示:转弯时,指示灯依次闪亮可由移位寄存器完成。设转弯开关分别为 K_1(左)、K_2(右)、紧急刹车开关为 K_3。根据题意,工作状态如下:

K_1	K_2	K_3	左指示灯	右指示灯
1	0	0	左移	000
0	1	0	000	右移
1	1	0	左移	右移
0	0	0	000	000
×	×	1	111	111

4) 实验器材

(1) 数字电路实验箱 1 台。

(2) 万用表 1 块。

(3) 集成电路 74LS194、74LS04、与非门,或非门等。芯片引脚图见附录 5。

5) 预习要求

(1) 熟悉移位寄存器的工作原理。

(2) 熟悉 74LS194 双向移位寄存器的逻辑功能、管脚排列及其各种应用方法。

(3) 画出模拟汽车尾灯控制电路图。

6) 实验报告要求

(1) 实验目的、内容。

(2) 绘制各实验电路图、时序图和状态图。

(3) 整理实验数据,分析实验结果。

7) 思考题

说明寄存器的功能、种类、及应用。

2.3.3　555 集成定时器及其应用

1) 实验目的

(1) 掌握 555 集成定时器的功能及使用方法。

(2) 熟悉用 555 集成定时器构成多谐振荡器、单稳态触发器、施密特触发器等应用电路的方法。

(3) 培养学生在给定电路结构的情况下,完善电路的能力。

2）实验原理和参考电路

555 定时器是一种中规模集成电路，只需外接少量的阻容元件就可以构成多谐振荡器、单稳态触发器和施密特触发器等脉冲产生和变换电路。所以它广泛应用于工业自动控制、定时、仿声、防盗报警等方面。555 器件的电源电压为 4.5～18 V，驱动电流一般在 200 mA 左右，并能提供与 TTL、CMOS 电路相兼容的逻辑电平。

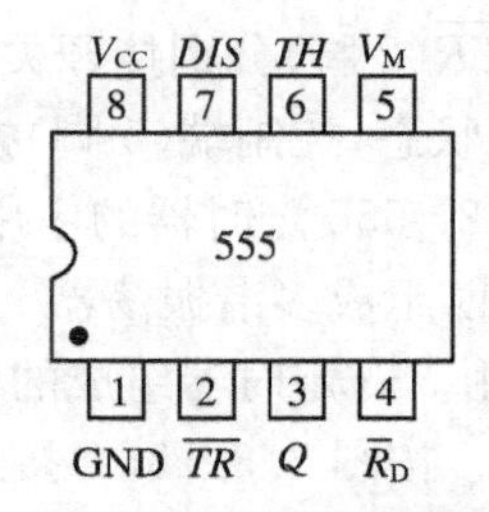

图 2.3.12 555 外引脚排列

555 定时器的外引线排列如图 2.3.12 所示，其功能说明见表 2.3.3。

表 2.3.3 555 定时器功能表

输入			输出	T_1 状态
复位 $\overline{R}_D$	$\overline{TR}$	TH	Q	
L	X	X	L	导通
H	$<\frac{1}{3}V_{CC}$	$<\frac{2}{3}V_{CC}$	H	截止
H	$>\frac{1}{3}V_{CC}$	$<\frac{2}{3}V_{CC}$	原状态	不变
H	$>\frac{1}{3}V_{CC}$	$>\frac{2}{3}V_{CC}$	L	导通

由 555 定时器组成的多谐振荡器、施密特触发器和单稳态触发器分别如图 2.3.13(a)、(b)和(c)所示。

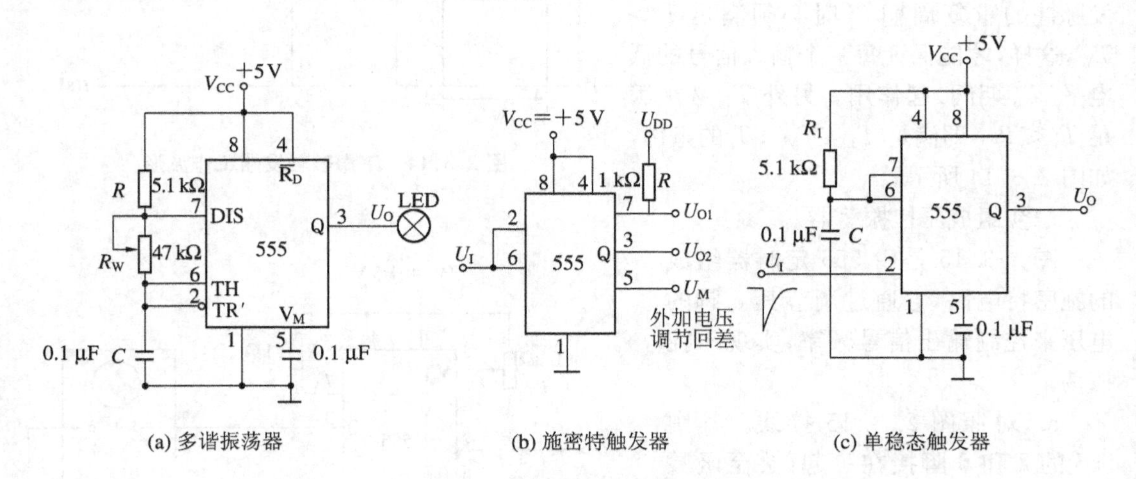

图 2.3.13 555 定时器组成的基本应用电路

在图 2.3.13(a)中，调节 R_W 可产生脉宽可变的矩形波输出，其周期 $T\approx0.7(R+2R_W)C$。在图 2.3.13(b)中，若接到输入端（2 脚、6 脚）的信号 U_I 是正弦波、三角波或其他不规则的波形，则在 Q 端输出一个矩形波。在图 2.3.13(c)中，若接到输入端（2 脚）的信号 U_I 是一个负跃变的窄脉冲，则在 Q 端输出延时的正脉宽信号 $T_W=1.1R_1C$。

3）实验内容及步骤

(1) 静态测试 555 定时器功能

将555定时器插入集成芯片插座。复位端(4脚),高电平触发端TH(6脚)和低电平触发端$\overline{TR}$(2脚)分别接开关,输出端Q(3脚)接发光二极管,用万用表测量放电端T_1状态(7脚)的状态,控制端(5脚)接一个0.1 μF电容到地。按表2.3.3测试555定时器的功能。

(2) 555定时器的应用电路

① 组成多谐振荡器

由555定时器组成的多谐振荡器见图2.3.13(a)。

a. 按图2.3.13(a)接线,输出端Q接发光二极管和示波器。检查无误后,接通电源。

b. 调节R_W的值可看到发光二极管闪烁的变化,也可从示波器上观测脉冲波形的变化。记录输出波形频率为1 kHz时的幅值。

c. 该实验完成后电路不要拆,留作单稳态实验的信号源。

* ② 组成单稳态触发器

由555定时器组成单稳态触发器见图2.3.13(c)。

a. 按图2.3.13(c)接线,用多谐振荡器的输出作为单稳态的输入,单稳态的输出端Q接示波器,检查无误后,接通电源。

b. 调节多谐振荡器的R_W,即合理选择单稳态输入信号的频率及脉宽,然后用示波器观测输出波形,测出T_W,并与理论值比较。

注意:单稳态触发器的输出信号用多谐振荡器的输出信号,调节其输入触发脉冲的重复周期T时必须满足$T>T_W$,这样,才能保证每一个输入信号的低电平(T_1期间)起作用。另外T_1必须满足$T_1<T_W$,即满足$T_1<T_W<T$的条件,如图2.3.14所示。

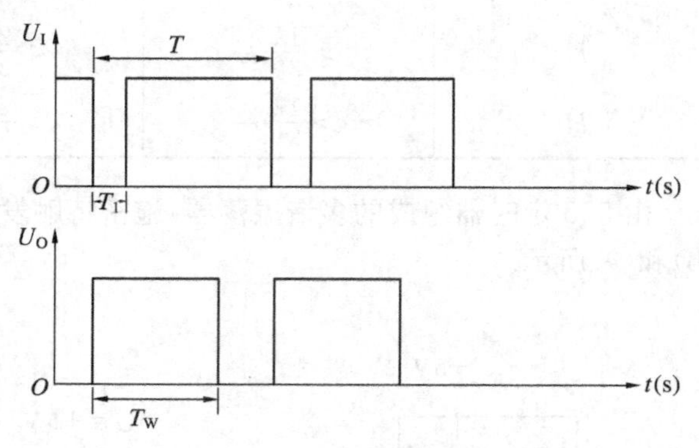

图2.3.14　单稳态触发器工作波形

* ③ 组成压控振荡器

图2.3.15是由555定时器组成的施密特电路,它通过调节其5脚的电压来控制输出信号频率,实现压控振荡。

a. 对照图2.3.15接线。其中555的2和6脚接在一起,接至函数信号发生器,选择三角波或正弦波输出(幅值调至5 V),U_I和U_O(Q)端接双踪示波器。

b. 接线无误后,接通电源,输入三角波或正弦波形,并调至一定的频率,观察输入、输出波形的形状。

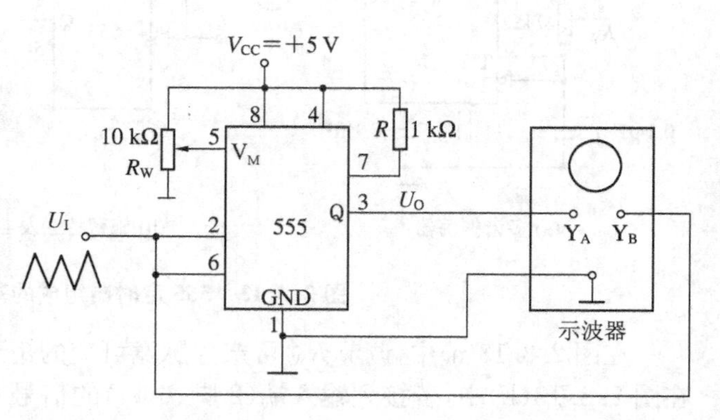

图2.3.15　施密特触发器构成压控振荡器

c. 调节R_W,使外加电压V_M变化(0～5 V),观察示波器输出波形随V_M的变化找出频率的变化范围。

④ 组成声光报警电路

声光报警是一种防盗装置，在有情况时它通过指示灯闪光和扬声器鸣叫同时报警。要求指示灯闪光频率为 1～2 Hz，扬声器发出间隙声响的频率约为 1 000 Hz，指示灯采用发光二极管，其原理图如图 2.3.16 所示。

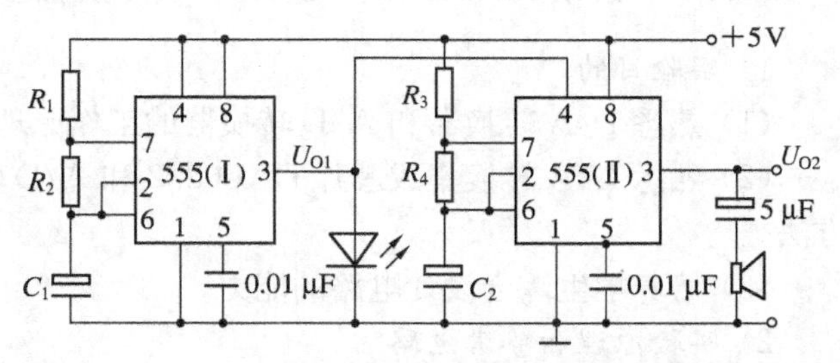

图 2.3.16　用 555 定时器构成的声光报警电路原理图

电路由 2 个 555 多谐振荡器组成，第一个振荡器的振荡频率为 1～2 Hz 时，第二个振荡器的振荡频率为 1 000 Hz。将第一个振荡器的输出(3 脚)接到第二个振荡器的复位端(4 脚)。在 U_{O1} 输出高电平时，第二个振荡器振荡；输出低电平时，第二个振荡器停振。这样，扬声器将发出间隙声响。

a. 根据要求，完善电路，确定 R_1、R_2、R_3、R_4、C_1、C_2 的值。

b. 按图 2.3.16 接线，接线无误后，接通电源。观察指示灯的闪烁频率和倾听扬声器鸣叫声。

c. 用示波器观察输出波形 U_{O1} 和 U_{O2}。

4) 实验器材

(1) 数字电路实验箱 1 台。

(2) 示波器 1 台。

(3) 函数信号发生器 1 台。

(4) 万用表 1 块。

(5) 集成电路：555 定时器 2 片，芯片引脚图见附录 5。

(6) 电阻、电容：若干；扬声器(蜂鸣器)1 只。

5) 预习要求

(1) 熟悉 555 集成定时器的工作原理、外引线排列和功能表。

(2) 熟悉由 555 定时器构成的上述各种应用电路的工作原理及工作波形。

(3) 计算未定元件参数。

(4) 熟悉相关仪器的使用方法。

6) 实验报告要求

(1) 实验目的、内容。

(2) 整理实验线路、实验数据，绘出各实验波形。

(3) 分析 T_W 理论值和实验测试值的误差。

(4) 由实验内容④，记录下满意的音频信号发生器最后调试的电路参数(各阻值、电容值、频率大小)。

7) 思考题

(1) 多谐振荡器的振荡频率主要由哪些元件决定？

(2) 如何构成一个占空比可调的多谐振荡器，画出电路、分析其工作原理。

*2.3.4 数模(D/A)和模数(A/D)转换器及其应用

1) 实验目的

(1) 熟悉 D/A 转换器和 A/D 转换器的工作原理。

(2) 熟悉 D/A 转换集成芯片 DAC0832 和 A/D 转换集成芯片 ADC0809 的性能及使用方法。

(3) 培养学生综合设计电路的能力。

2) 实验原理和参考电路

数模(D/A)转换,就是把数字信号转换成模拟信号,而模数(A/D)转换则是把模拟信号转换成数字信号。随着集成技术的发展,中大规模的 D/A 和 A/D 转换集成块相继出现,这里选用 8 位的 D/A 集成转换器 DAC0832 和 8 位的 A/D 集成转换器 ADC0809 进行实验。

(1) D/A 转换器 DAC0832 简介

DAC0832 是 CMOS 工艺,共 20 个引脚。它内部有两个数据寄存器和一个 R－2R 倒 T 电阻网络,其结构框图和外引接排列如图 2.3.17(a)、(b)所示。现将各引脚的名称和功能介绍如下:

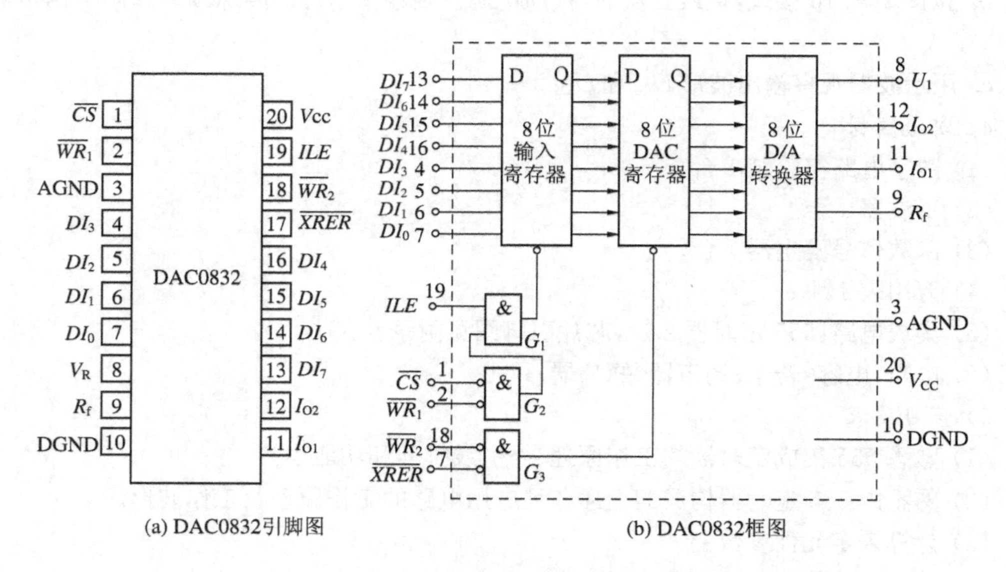

(a) DAC0832引脚图　　(b) DAC0832框图

图 2.3.17 DAC0832 芯片

"1"($\overline{CS}$):片选信号,低电平有效。

"2"($\overline{WR_1}$):数据输入选通信号,低电平有效。

"3"(AGND):模拟地。

"7"～"4"($DI_0 \sim DI_3$)、"16"～"13"($DI_4 \sim DI_7$):数字输入端,由低位至高位,共 8 位。

"8"(U_R):参考电压输入端。

"9"(R_f):运算放大器输出接 DAC 的反馈输入端。

"10"(DGND):数字地,通常与 AGND 接在一起。

"11"(I_{O1})、"12"(I_{O2}):DAC 的两个电流输出端。

"17"($\overline{XFER}$):数据传送控制信号,低电平有效,它控制输入寄存器的内容是否传送给

DAC 寄存器。

"18"($\overline{WR_2}$):数据传送选通信号,低电平有效。

"19"(ILE):输入允许信号,高电平有效。

"20"(V_{CC}):接电路工作的电源电压,其值为+(5~15)V。

由图 2.3.17(b)的框图可见,由于采用了两个寄存器,因而使该器件的操作具有很大的灵活性,它可以在输出对应于某一数字信号的模拟量的同时,采集下一个数据。

芯片的工作过程是:当 ILE、$\overline{CS}$、$\overline{WR_1}$同时为有效电平时,将 DI_7~DI_0 数据线上的数据送入到输入寄存器中;当$\overline{WR_2}$和$\overline{XFER}$同时为有效电平时,才将输入寄存器中的数据传送至 DAC 寄存器。

由于 DAC0832 中不包含求和运算放大器,所以需要外接运算放大器,才能构成完整的 DAC,电路如图 2.3.18 所示。图中当 V_{REF}接+5 V(或-5 V)时,输出电压范围是(0~-5)V 或(0~+5)V。由于其输出电压只有一个极性方向,故称这种输出方式为单极性输出方式。在自动控制或数据采集系统中,有时希望 DAC 具有双极性的输出电压,为此,只要在图 2.3.18 的基础上增加一个运算放大器即可,电路如图 2.3.19 所示。

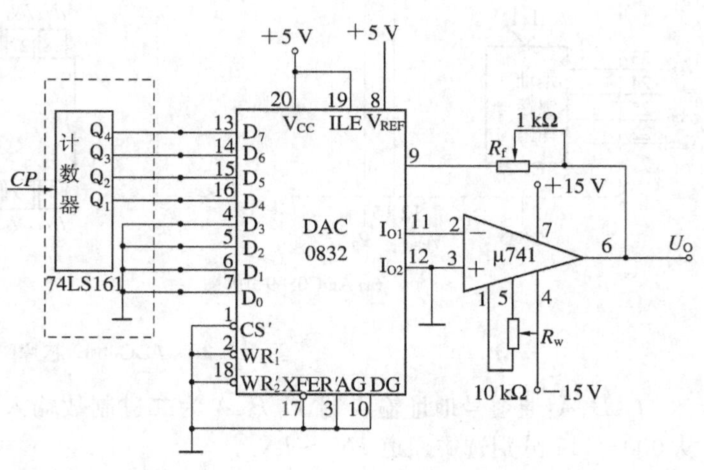

图 2.3.18 DAC0832 实验测试接线图

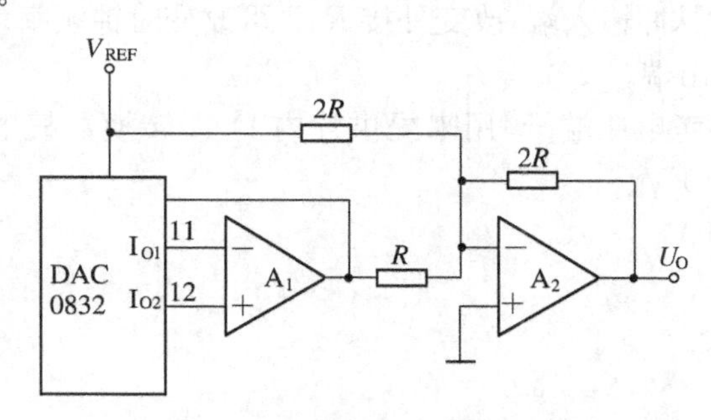

图 2.3.19 DAC0832 双极性接法

(2) A/D 转换器 ADC0809 简介

ADC0809 为 CMOS 工艺,共 28 个引脚,它的转换方法为逐次逼近法。图 2.3.20(a)、(b)是它的结构框图和外引脚图。各引脚功能为:

IN_0~IN_7:八个模拟量输入端。

$START$:启动 A/D 转换,当 $START$ 为高电平时,开始 A/D 转换。

EOC:转换结果信号。当 A/D 转换完毕之后,发出一个正脉冲,表示 A/D 转换结束,此信号可用做 A/D 转换是否结束的检测信号或中断申请信号(加一个反相器)。

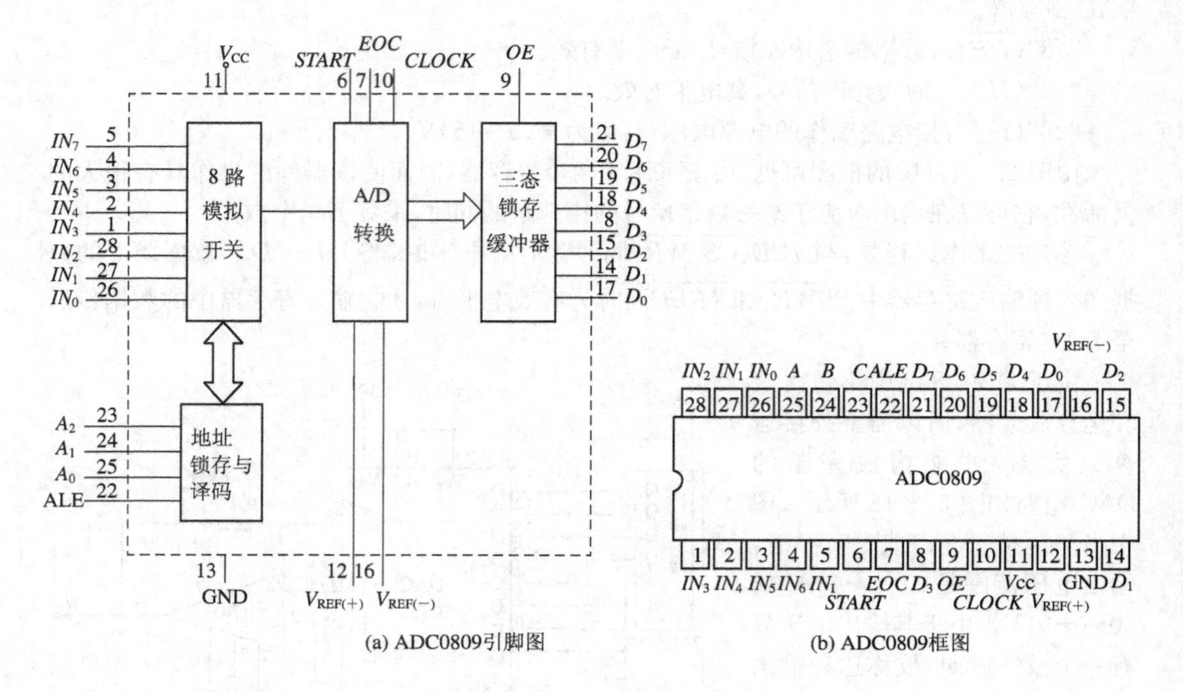

(a) ADC0809引脚图　　(b) ADC0809框图

图 2.3.20　ADC0809 芯片

C、B、A：通道号地址输入端，C、B、A 为二进制数输入，C 为最高位，A 为最低位，CBA 从 000～111 分别选中通道 IN_0～IN_7。

ALE：地址锁存信号，高电平有效。当 ALE 为高电平时，允许 C、B、A 所示的通道被选中，并把该通道的模拟量接入 A/D 转换器。

$CLOCK$：外部时钟脉冲输入端，改变外接 R、C 可改变时钟频率。

D_7～D_0：数字量输出端。

$V_{REF(+)}$，$V_{REF(-)}$：参考电压端子，用来提供片内 D/A 转换器权电阻的标准电平。一般 $V_{REF(+)}=5$ V，$V_{REF(-)}=0$ V。

V_{CC}：电源电压，+5 V。

GND：接地端。

3）实验内容及步骤

(1) D/A 转换器

把 DAC0832、μA741 等插入实验箱，按图 2.3.18 接线，不包括虚线框内。即 D_7～D_0 接实验系统的逻辑开关，$\overline{CS}$、$\overline{XFER}$、$\overline{WR_1}$ 均接 0，AGND 和 DGND 相连接地，ILE 接 +5 V，参考电压接 +5 V，运放电源为 ±15 V，调零电位器为 10 kΩ。

① 接线检查无误后，置逻辑开关 D_7～D_0 为全 0，接通电源，调节运放的调零电位器，使输出电压 $U_O=0$。

② 再置逻辑开关全 1，调整 R_f，改变运放的放大倍数，使运放输出满量程。

③ 数据开关从最低位逐位置 1，并逐次测量模拟电压输出 U_O，填入表 2.3.4 中。

表 2.3.4 实验记录

输入数字量								输出模拟电压	
D_7	D_6	D_5	D_4	D_3	D_2	D_1	D_0	实测值	理论值
0	0	0	0	0	0	0	0		
0	0	0	0	0	0	0	1		
0	0	0	0	0	0	1	1		
0	0	0	0	0	1	1	1		
0	0	0	0	1	1	1	1		
0	0	0	1	1	1	1	1		
0	0	1	1	1	1	1	1		
0	1	1	1	1	1	1	1		
1	1	1	1	1	1	1	1		

④ 再将 74LS161 构成二进制计数器,对应的 4 位输出 Q_4、Q_3、Q_2、Q_1 分别接 DAC0832 的 D_7、D_6、D_5、D_4,低 4 位接地(这时和逻辑开关相连的线全部断开)。

⑤ 输入 CP 脉冲,用示波器观测并记录输出电压的波形。

(2) A/D 转换器

① 在实验系统中插入 ADC0809IC 芯片,其中 $D_7 \sim D_0$ 分别接入 8 只发光二极管 LED,CLK 接实验箱的连续脉冲,地址码 A、B、C 接逻辑开关或计数器输出,其余按图 2.3.21 接线。

② 接线完毕,检查无误后,接通电源。调 CP 脉冲至最高频(频率大于 1 kHz 以上),再置逻辑开关为 000,调节 R_W,并用万用表测量 U_I 为 4 V,再按一次单次脉冲(注意单次脉冲接 $START$ 信号,平时处于低电平逻辑 0,开始转换时为高电平逻辑 1),观察输出 $D_7 \sim D_0$ 发光二极管(LED 显示)的值,并做记录(表格自拟)。

③ 再调节 R_W,使 U_I 为+3 V,按一下单次脉冲,观察输出 $D_7 \sim D_0$ 的值,并做记录。

④ 按上述实验方法,分别调节 U_I 为 2 V、1 V、0.5 V、0.2 V、0.1 V、0 V 进行实验,观察并记录每次输出 $D_7 \sim D_0$ 的状态。

⑤ 调节 R_W,改变输入 U_I,使 $D_7 \sim D_0$ 全 1 时,测量这时的输入转换电压值为多少。

⑥ 改变逻辑开关值为 001,这时将 U_I 从 IN_0 改接到 IN_1 输入,再进行②~⑤的实验操作。

⑦ 按⑥办法,可分别对其余的 6 路模拟量输入进行测试。

⑧ 将 C、B、A 三位地址码接至计数器(计数器可用 JK、D 触发器或用 74LS161 构成)的 3 个输出端,再分别置 $IN_0 \sim IN_7$ 电压为 0 V、0.1 V、0.2 V、0.5 V、1 V、2 V、3 V、4 V,单次脉冲接 $START$,改接为"高电平"(即一直转换)信号。再把单次脉冲接计数器的 CP 端。

⑨ 按动单次脉冲计数,观察输出 $D_7 \sim D_0$ 的输出状态,并做记录(表格自拟)。

如果要进行 16 路的 A/D 转换,则可以用 2 只 ADC0809 组成,地址码 C、B、A 都连起来,而用片选 OE 端分别选中高、低 2 片。这样在 0~7 时,选中 $IN_0 \sim IN_7$;8~15 时,选中

$IN_8 \sim IN_{15}$。

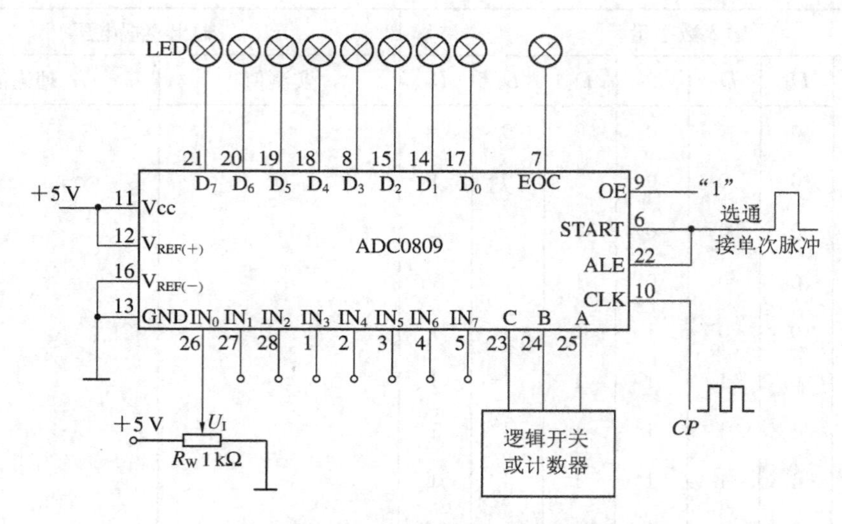

图 2.3.21　ADC0809 实验原理接线图

(3) (D/A)和 (A/D)转换器的应用

① 用 DAC0832 构成锯齿波发生器。设计一个用 DAC0832、计数器、低通滤波器组成的锯齿波发生器，其框图如图 2.3.22 所示。

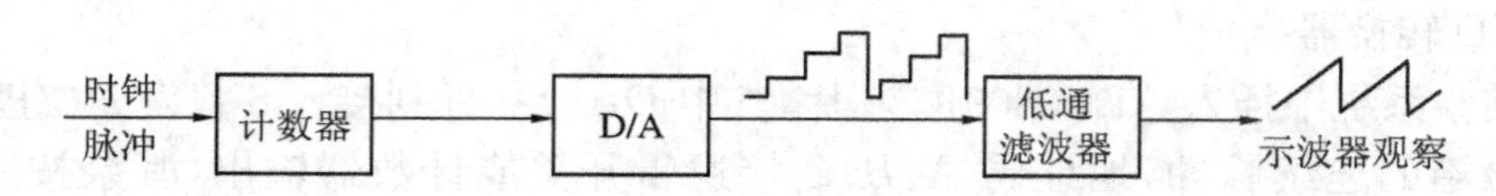

图 2.3.22　锯齿波发生器框图

时钟脉冲送入计数器进行计数，其输出结果送 D/A 转换器的输入，D/A 转换器的输出则为周期阶梯电压波形，再通过低通滤波器，输出为锯齿波。待计数器计满之后，自动清零，产生下一个锯齿波。

a. 按图 2.3.22 所示框图设计实验电路。

b. 安装调试。

c. 加入脉冲信号，用示波器观察输出波形。

② 用 ADC0809 构成采样显示电路。设计一个用 ADC0809、七段译码显示器，实现单路模拟信号采样的显示电路，模拟信号采用变化比较缓慢的信号，显示器用十六进制计数。

a. 根据要求设计电路，并接线。

b. 加入 100 kHz 脉冲信号对直流 0～5 V 电压进行采样，通过数码管显示。

c. 记录转换后的十六进制计数，并作出输入输出关系曲线。

4) 实验器材

(1) 数字电路实验箱 1 台。

(2)直流稳压电源 1 台。

(3) 示波器 1 台。

(4) 万用表 1 块。

(5) 集成电路：DAC0832、ADC0809、74LS161、μA741 各 1 片、七段译码显示器 2 片等。

(6) 电位器：10 kΩ，1 kΩ 各 1 只。

(7) 电阻、电容若干。

5) 预习要求

(1) 熟悉 D/A 转换器和 A/D 转换器的工作原理。

(2) 熟悉 DAC0832 芯片和 ADC0809 芯片的功能、了解它们的外引线排列和使用方法。

(3) 预先画好实验中有关的数据记录表格。

(4) 根据要求设计电路，并画好实验接线图。

6) 实验报告要求

(1) 画出实验电路，整理所测实验数据。

(2) 分析理论值和实际值的误差。

(3) 绘出所测得的电压波形，并进行比较、分析。

3 EWB——电子电路设计仿真

3.1 概述

随着电子技术与计算机技术日新月异的发展，电子产品的智能化日益完善，电子产品与计算机系统的联系更加紧密，电子电路的集成度越来越高，而产品的更新周期却越来越短。因此，受实验室条件的限制，无法及时满足不断涌现的新电路、新器件对各种电路的设计和调试要求，而采用计算机软件仿真的方法，虚拟一个电子实验平台，就是解决这一问题比较现实的方案。

EWB* (电子工作台)是一种专门用于电子线路仿真的“虚拟电子工作台”(Electronics Workbench)设计软件。它不受工作场地、仪器设备和元器件品种、数量的限制，是由加拿大Interactive Image Technologies 公司于20世纪80年代末、90年代初推出的。它可以将不同类型的电路组合成混合电路进行仿真，这就给从事电子产品设计、开发等工作的人员克服在对所设计的电路进行实物模拟和调试时将面临的困难，提供了一种切实可行的方法。帮助他们在对所设计的电路进行实物模拟和调试过程中，可以随心所欲地完成电路数据、元器件参数的设定、修改，达到设计要求的技术指标，使整个电路性能达到最佳，顺利完成设计任务。

与其他电路仿真软件相比，EWB 具有界面直观、操作方便等优点，可对各种元器件及仪器仪表进行计算机辅助设计、模拟和布局。它改变了某些电路仿真软件输入电路采用文本方式的不便之处，创建电路、选用元器件和测试仪器等均可直接从屏幕图形中选取；同时，选用的元器件和仪器与实际情形非常相近，测试仪器的图形与实物外形基本相似，仪器的操作开关、按键同实际仪器也极为相似，因此容易学习和使用。

同时，EWB 还是优秀的电子技术实训工具，因为学习电子技术，不仅要求掌握基本原理和计算公式，而且还要求在掌握基本原理的基础上，着重培养对电路的分析、设计和应用开发能力。作为电子类相关课程的辅助教学和实训手段，EWB 不仅可以弥补实验仪器、元器件缺乏带来的不足，而且还可消除原材料消耗和仪器损坏等不利因素，帮助学生更快、更好地掌握课堂上讲述的内容，加深对概念、原理的理解，弥补课堂理论教学的不足，同时通过对电路的仿真，可以熟悉常用电子仪器的测量方法，并进一步培养学生的综合分析能力，排除故障能力与应用开发、创新能力。

除此之外，EWB 的元器件库在提供了数千种电路元器件供选用的同时，还提供了各种元器件的理想值，而且还可以新建或扩充已有的元器件库，其建库所需的元器件参数可从生产厂商的使用手册中查到。

---

* EWB(电子工作台)：“Interactive Image Technologies”公司推出的电路分析和设计软件。

EWB也提供了较为详细的电路分析手段,不仅可以完成电路的瞬态分析和稳态分析、时域和频域分析、器件的线性和非线性分析、电路的噪声分析和失真分析等常规电路分析方法,而且还提供了离散傅里叶分析、电路零极点分析、交直流灵敏度分析和电路容差分析等共计14种电路分析方法。

EWB还可对被仿真电路中的元件设置各种故障,如开路、短路和不同程度的漏电等,从而观察在不同故障情况下的电路工作状况。在进行仿真的同时,还可以存储测试点的所有数据,列出被仿真电路的所有元器件清单,以及存储测试仪器的工作状态、显示波形和具体数据等。

EWB软件创建电路图所属的元器件库与目前常见的电子线路分析软件的元器件库完全兼容,其完成的电路文件可直接输出至常见的印制线路板排版软件,自动排出印制电路板。

因此,EWB在帮助学生了解和掌握EDA* 技术,提高学习电子技术的效率方面,其优越性是不容置疑的。

安装运行EWB软件、启动Workbench图标后,其工作界面如图3.1.1所示。

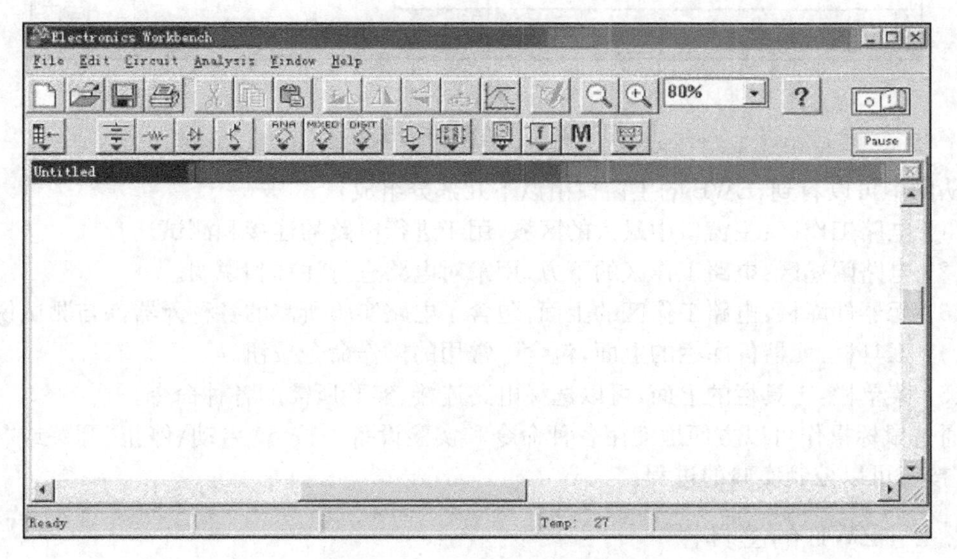

图3.1.1 Workbench工作界面

3.2 EWB的基本界面

3.2.1 EWB的主窗口

启动EWB5.0,可以看到其主窗口如图3.2.1所示。

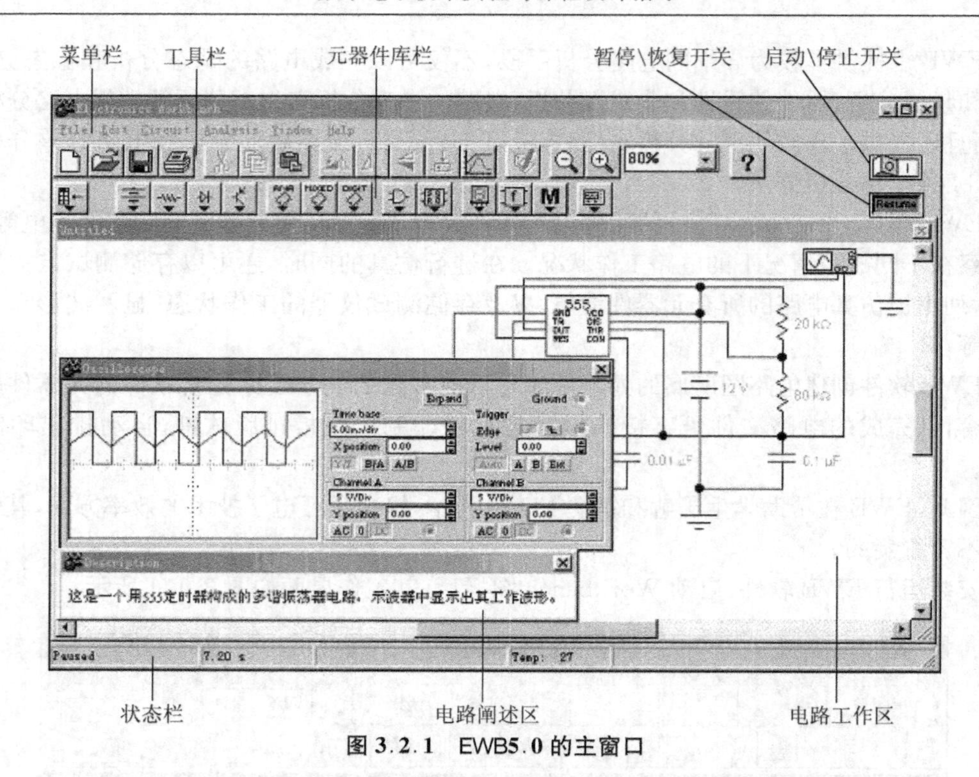

图 3.2.1 EWB5.0 的主窗口

从图中可以看到，EWB 的主窗口由以下几部分组成：

(1) 电路工作区：主窗口中最大的区域，用于进行电路的连接和测试。

(2) 电路阐述区：电路工作区的下方，用来对电路进行注释和说明。

(3) 元器件库栏：电路工作区的上面，包含了电路实验所需的各种元器件与测试仪器。

(4) 工具栏：元器件库栏的上面，包含了常用的操作命令按钮。

(5) 菜单栏：工具栏的上面，可以选择电路连接、实验所需的各种命令。

通过鼠标操作可以方便地使用各种命令和实验设备。按下“启动\停止”开关或“暂停\恢复”按钮可以控制实验的进程。

3.2.2 EWB 的工具栏

图 3.2.2 给出了工具栏的简单的标注。

图中工具栏各个按钮的名称及其功能如下：

刷新—— 清除电路工作区，准备生成新的电路；

打开—— 打开电路文件；

存盘—— 保存电路文件；

打印—— 打印电路文件；

剪切—— 将选中的元件或电路剪切至剪贴板；

复制—— 将选中的元件或电路复制至剪贴板；

粘贴—— 从剪贴板粘贴；

旋转—— 将选中的元件或电路逆时针旋转 90 度；

水平翻转—— 将选中的元件或电路水平翻转；

垂直翻转—— 将选中的元件或电路垂直翻转；
子电路—— 生成子电路；
分析图—— 调出分析图；
元件特性—— 调出元件特性对话框；
缩小—— 按比例将电路图缩小；
放大—— 按比例将电路图放大；
缩放比例—— 显示电路图当前的缩放比例，并可下拉出缩放比例选择框；
帮助—— 调出与选中对象有关的帮助内容。

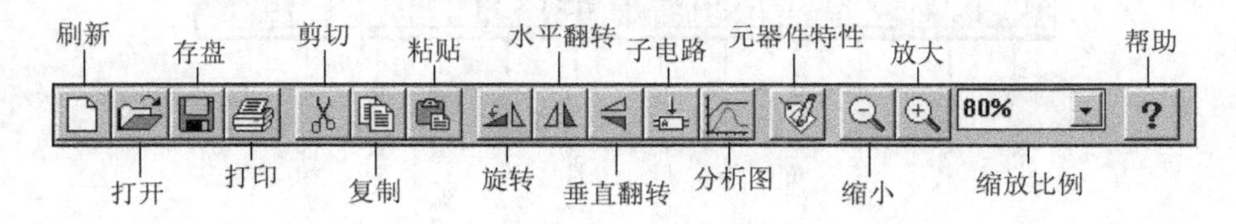

图 3.2.2 工具栏

3.2.3 EWB 的元器件库

图 3.2.3 为元器件库栏的标注。EWB5.0 为方便电路仿真实验的进行，提供了较丰富的元器件库以及各种常用测试仪器。

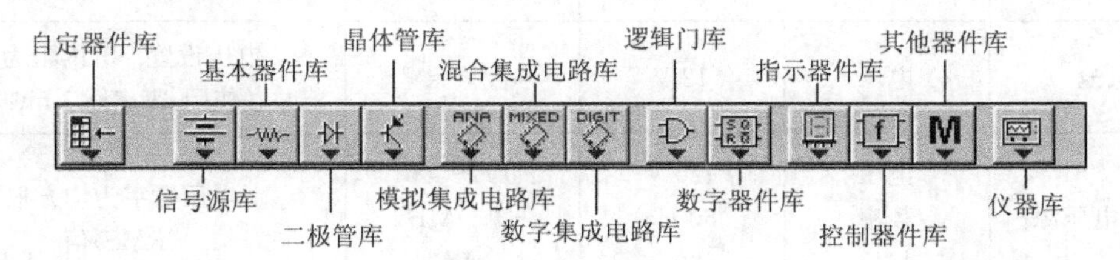

图 3.2.3 元器件库栏

单击元器件库栏的某一个图标即可打开该元件库。在电路设计过程中，点击所需元器件库的图标，该库中所有元器件的图形就会显示出来，将鼠标按在所需的元件上，把它拖曳至工作台中的电路工作区内后放手，就能将所选中的元件移至你想放置的地方。如要调整所选元器件原先设置好的参数，只需双击该元器件，选择"模型"(Model)栏中的"编辑"(Edit)项，即可在该元件的参数设置对话框中进行修改和设定。如需了解所选元器件的性能和使用方法，可按 F1 键了解所选元件的性能、技术参数等数据。按键盘上的 Delete 键，将删除在工作区内所选中的无用元器件。

下面对每个元器件库中各个图标所表示的元器件含义给出详细的标注，并以表格的形式列出各元器件库的名称、参数、初设值和设置范围。元器件库栏包括：

1) 自定器件库(Favorites)

在"工作台"(Workbench)上虽然已包含了电子电路中常用的元器件，但在元器件库内并没有包括一些特殊的元器件以及不常用的元器件。因此，可采用自己设定的方法，来自建元器件库和相应的元器件。

2) 信号源库(Source)

图 3.2.4 表示了信号源库。

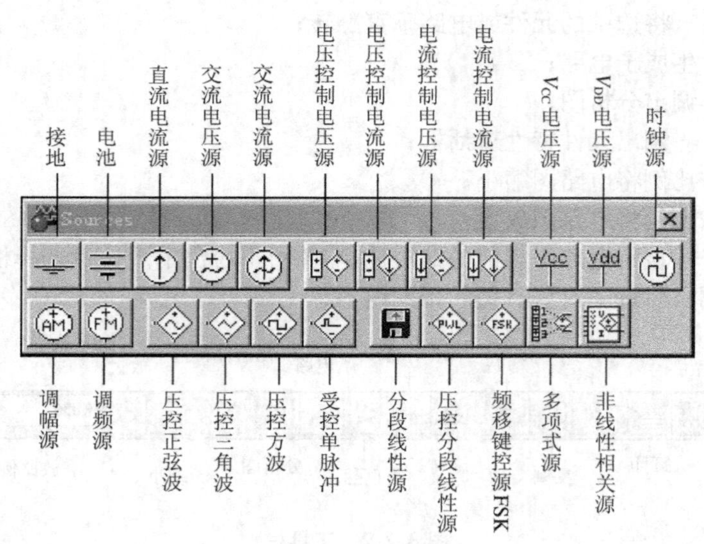

图 3.2.4　信号源库

表 3.2.1 为信号源库中某些电源的设置参数。

表 3.2.1　信号源库

元器件名称	参数	初设值	设置范围	说　明
电池	电压	12 V	μV ～kV	电压设置>0,内阻为 0 若并联使用,需串联 1 mΩ 的电阻
交流电压源	电压 频率 相位	120 V 60 Hz 0	μV ～kV Hz ～MHz DEG	电压数字为均方根(RMS)值
V_{CC}电压源	电压 V	5 V 电源		或逻辑高电平
V_{DD}电压源	电压 V	15 V 电源		或逻辑高电平
时钟源	频率 F 占空比 D 电压 V	1 000 Hz 50% 5 V	Hz ～MHz 0～100% mV～kV	

3）基本器件库(Basic)

图 3.2.5 为基本器件库。

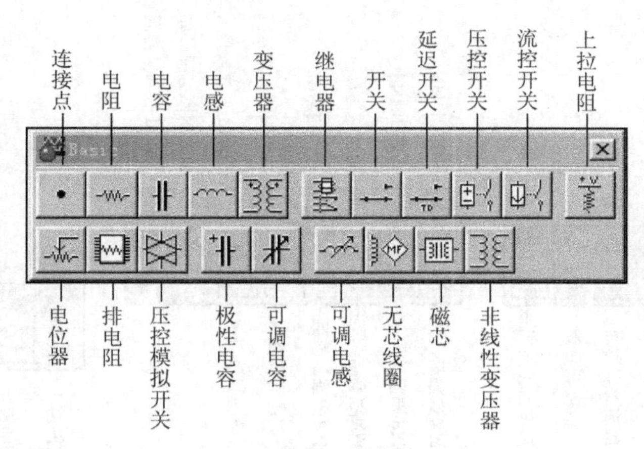

图 3.2.5 基本器件库

表 3.2.2 为基本器件参数。

表 3.2.2 基本器件库

器件名称	参　数	初设值	设置范围	说　明
电阻	R	1 kΩ	Ω～MΩ	
电容	C	1μF	pF～F	
开关	键	Space	A～Z,0～9 Enter,Space	
可调电位器 （电位器）	键 电阻 R 比例设定 增量	R 1 kΩ 50% 5%	A～Z,0～9 Ω～MΩ 0～100% 0～100%	R=（设定值 / 100）× 电阻器阻值

4）二极管库(Diode)

图 3.2.6 为二极管库。

5）晶体管库(Transistors)

图 3.2.7 为晶体管库。

6）模拟集成电路库(Analog ICs)

图 3.2.8 为模拟集成电路库。

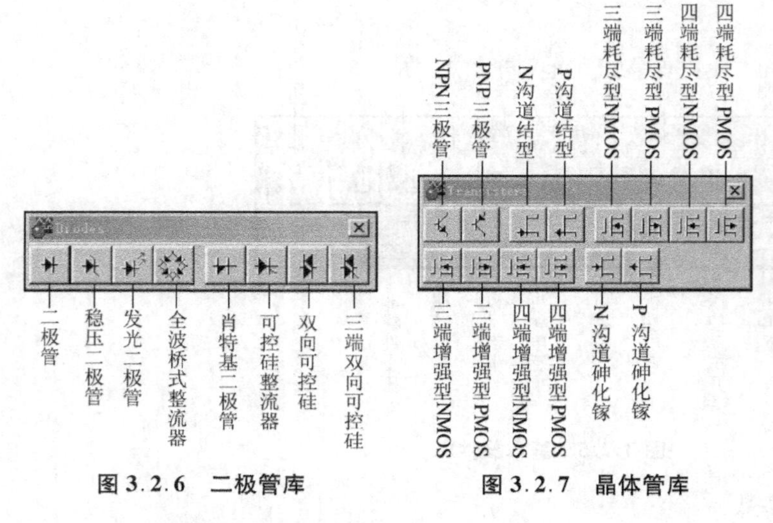

图 3.2.6 二极管库　　图 3.2.7 晶体管库

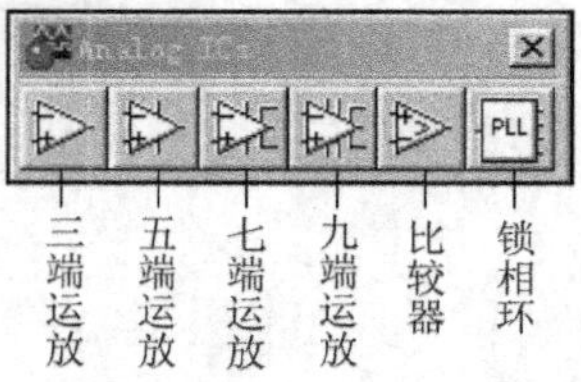

三端运放
五端运放
七端运放
九端运放
比较器
锁相环

图 3.2.8 模拟集成电路库

表 3.2.3 为模拟集成电路参数。

表 3.2.3 模拟集成电路库

元器件名称	设置值	设置、选择范围
三端运算放大器（三端运放）	理想	HA××，LF××，LH××，LM××，LP××，LT××，MC××，MISC××，OPA××，OP××，ANALOG，BUR××，COMLINEA，ELANTEC，HARRIS，MAXIM，MOTOROLA，NATIONAL，TEXAS

7）混合集成电路库(Mixed ICs)

图 3.2.9 为混合集成电路库。

表 3.2.4 为混合集成电路参数。

表 3.2.4 混合集成电路库

元器件名称	设置值	设置、选择范围
A/D 转换器 输入:电压;输出:8 位二进制数	理想	CMOS,MISC,TTL
D/A(I)转换器(电流输出 D/A) 输入:8 位二进制数;输出:电流	理想	CMOS,MISC,TTL
D/A(U)转换器(电压输出 D/A) 输入:8 位二进制数;输出:电压	理想	CMOS,MISC,TTL
555 电路	理想	

8）数字集成电路库(Digital ICs)

图 3.2.10 为数字集成电路库。

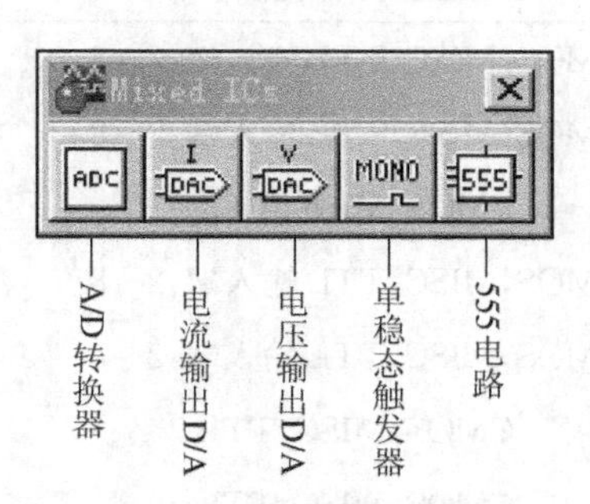

图 3.2.9 混合集成电路库

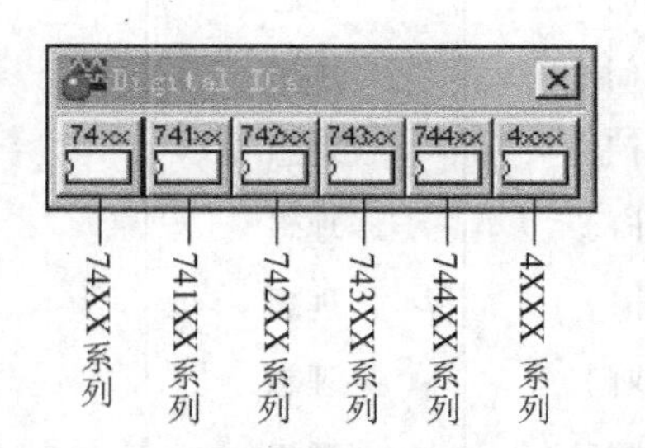

图 3.2.10 数字集成电路库

表 3.2.5 为数字集成电路库参数。

表 3.2.5 数字集成电路库

元器件名称	设置值	设置、选择范围
74××	理想	7400～7493
741××	理想	74107～74199
742××	理想	74238～74298
743××	理想	74350～74395
744××	理想	74445～74466
4×××	理想	4000～4556

9）逻辑门电路库(Logic Gates)

图 3.2.11 为逻辑门电路库。

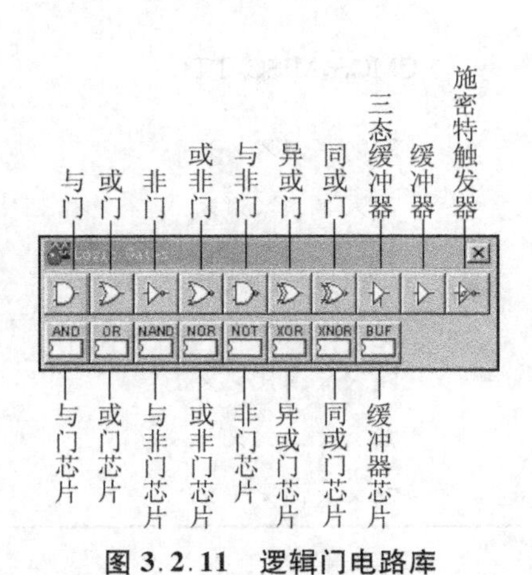

图 3.2.11 逻辑门电路库

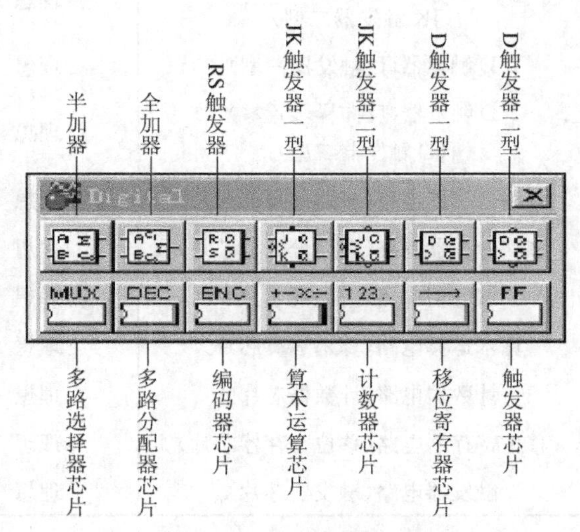

图 3.2.12 数字器件库

表 3.2.6 为逻辑门参数。

表 3.2.6　逻辑门电路库

元器件名称	设置值	设置、选择范围
与门	理想	CMOS，MISC，TTL 输入端：2～8
或门	理想	CMOS，MISC，TTL 输入端：2～8
非门	理想	CMOS，MISC，TTL
或非门	理想	CMOS，MISC，TTL 输入端：2～8
与非门	理想	CMOS，MISC，TTL 输入端：2～8
异或门	理想	CMOS，MISC，TTL
同或门	理想	CMOS，MISC，TTL
缓冲器	理想	CMOS，MISC，TTL

10）数字器件库（Digital）

图 3.2.12 为数字器件库。

表 3.2.7 为数字器件库参数。

表 3.2.7　数字器件库

元器件名称	设置值	设置、选择范围
半加器	理想	CMOS，MISC，TTL
全加器	理想	CMOS，MISC，TTL
RS 触发器	理想	CMOS，MISC，TTL
JK 触发器（正向异步置零）（JK 触发器一型）	理想	CMOS，MISC，TTL
JK 触发器（反向异步置零）（JK 触发器二型）	理想	CMOS，MISC，TTL
D 触发器（D 触发器一型）	理想	CMOS，MISC，TTL
D 触发器（反向异步置零）（D 触发器二型）	理想	CMOS，MISC，TTL
多路选择器电路（多路选择器芯片）	理想	74××，4×××
多路分配器电路（多路分配器芯片）	理想	74××，4×××
编码器电路（编码器芯片）	理想	74××，4×××
算术运算电路（算术运算芯片）	理想	74××，4×××
计数器电路（计数器芯片）	理想	74××，4×××
移位寄存器电路（移位寄存器芯片）	理想	74××，4×××
触发器电路（触发器芯片）	理想	74××，4×××

11）指示器件库（Indicators）

图 3.2.13 为指示器件库。

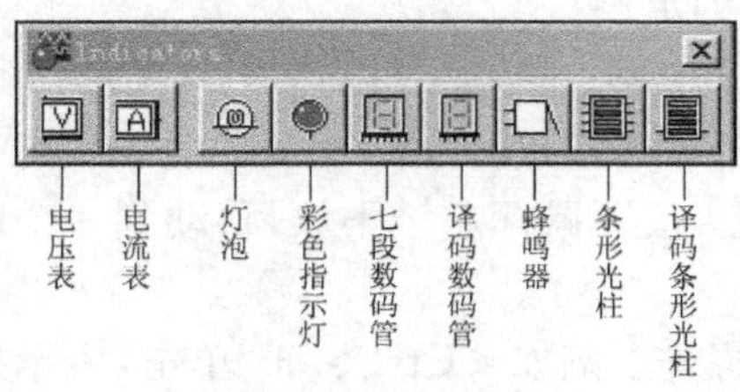

图 3.2.13 指示器件库

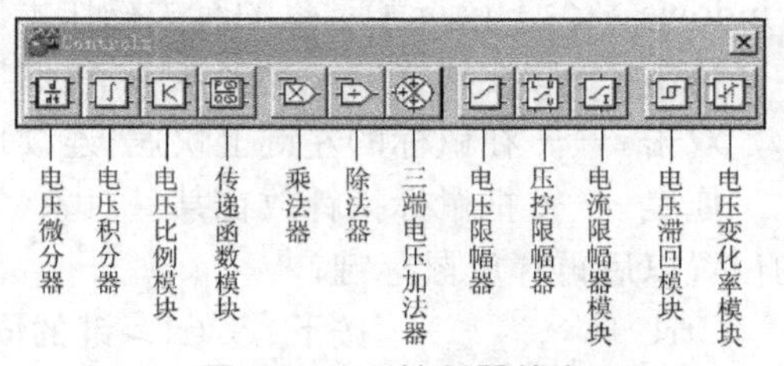

图 3.2.14 控制器件库

表 3.2.8 为指示器件库参数。

表 3.2.8 指示器件库

元器件名称	初设置值	设置、选择范围
电压表	内阻:1MΩ 测试:直流	1Ω～999.99TΩ 交流、直流
彩色指示灯	红色	红色、蓝色、绿色
数码显示器 (七段数码管)	理想	CMOS,MISC,TTL
带译码数码显示器 (译码数码管)	理想	CMOS,MISC,TTL
蜂鸣器	频率:200 Hz 电压:9 V 电流:0.05 A	

12) 控制器件库(Controls)

图 3.2.14 为控制器件库。

13) 其他器件库(Miscellaneous)

图 3.2.15 为其他器件库。

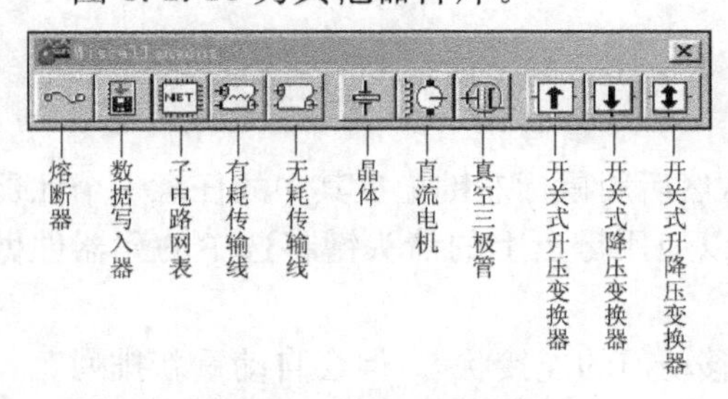

图 3.2.15 其他器件库

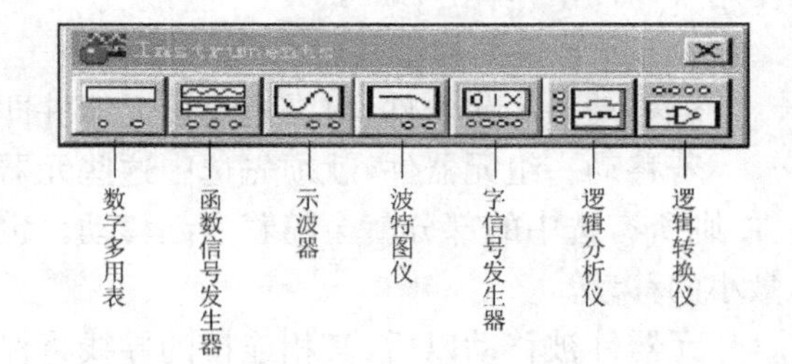

图 3.2.16 仪器库

14) 仪器库

图 3.2.16 为仪器库。

3.3 EWB 的基本操作方法

3.3.1 EWB 电路的创建与运行

要运用电子工作台完成实验任务，就需掌握一些基本的操作方法。为叙述方便，对

Windows 平台下鼠标和键盘的有关操作术语进行如下约定：

单击 —— 在鼠标的左键上按一下，然后马上放开；

双击 —— 在鼠标的左键上快速、连续地按两下；

拖曳 —— 把鼠标指针放在某一对象(元器件等)上，按下鼠标左键不放，移动到一个新的位置以后再释放鼠标键；

Ctrl ＋ ×× —— 按下<Ctrl>键的同时作××操作。例如<Ctrl> ＋ 单击，表示按下<Ctrl>键的同时进行单击。

3.3.2 EWB 的基本操作方法

1) 元器件的操作

(1) 元器件的选用

根据实验的需要，进行元器件选用时，先在元器件库栏中单击含有该元器件的图标，打开该元器件库，然后从元器件库中将该元器件拖曳至电路工作区。

(2) 选中元器件

在实验电路的连接过程中，经常需要对元器件进行一些诸如移动、旋转、删除、设置参数等项目的操作。在进行这些操作时，首先需要选中该元器件。使用鼠标左键单击该元器件的方法即可选中该元器件。如需继续选中第二个、第三个……则可反复使用<Ctrl>＋单击，选中这些元器件。

另外，拖曳某个元器件的同时也即选中了该元器件。

要同时选中一组相邻的元器件，就可在电路工作区的适当位置上拖曳画出一个矩形区域；被该矩形区域所包围在内的一组元器件即被同时选中。

为便于识别，被选中的元器件用红色显示。

如果要取消一个元器件、一组元器件的选中状态，只需单击电路工作区的空白部分或者使用<Ctrl>＋单击，即可。

(3) 元器件的移动

若移动一个元器件，只需拖曳该元器件即可。

若移动一组元器件，就须先选中这些元器件，然后用鼠标左键拖曳其中的任意一个元器件，则所有选中的部分就会随着一起移动。也可以使用键盘上的箭头键将选中的元器件做微小的移动。

元器件被移动以后，其相连接的导线将保持移动前的连接状态，但会自动重新排列。

(4) 元器件的旋转与翻转

为了使实验电路便于连接、布局合理，常需要对元器件进行旋转或翻转操作。操作步骤为：先选中该元器件，再使用工具栏中的“旋转、垂直翻转、水平翻转”等按钮；也可选择菜单栏中“Circuit”(电路)条目下的“Rotate”(旋转)、“Flip Vertical”(垂直翻转)、“Flip Horizontal”(水平翻转)等命令；或者使用热键<Ctrl>＋<R>实现旋转操作。热键的定义标在菜单命令的旁边。元器件旋转和翻转变换前后的位置状态如图 3.3.1 所示。

(5) 元器件的复制、删除

对选中的元器件，使用菜单栏中 Edit(编辑)条目下的“Cut”(剪切)、“Copy”(复制)、

“Paste”(粘贴)、“Delete”(删除)等命令,或使用工具栏中的“剪切、复制、粘贴”等按钮,均可分别实现元器件的复制、移动、删除等操作。此外,将元器件直接拖曳回处于打开状态的元器件库也可实现删除操作。

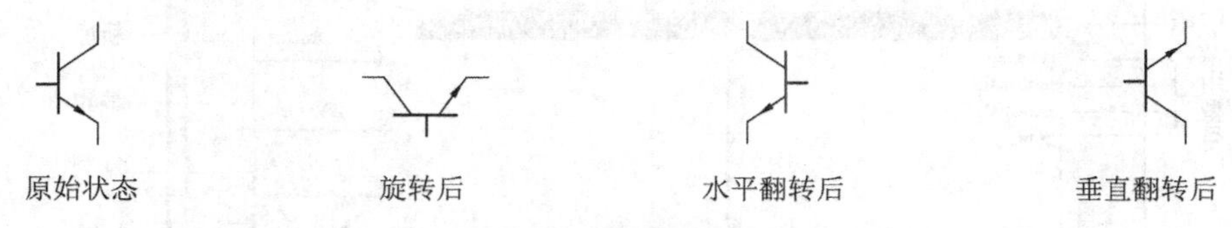

图 3.3.1 元器件的旋转与翻转

(6) 元器件标签、编号、数值、模型参数的设置

当选中元器件后,选择菜单栏中“Circuit”(电路)条目中的“Component Properties”(元器件特性)命令,或者按下工具栏中的“元器件特性”按钮,就会弹出相关的对话框,以供输入数据。

元器件的特性对话框具有可供设置的多种选项,其中包括“Label”(标识)、“Models”(模型)、“Value”(数值)、“Fault”(故障设置)、“Display”(显示)、“Analysis Setup”(分析设置)等内容。

下面分别介绍这些选项的含义及设置方法。

“Label”选项是用于设置元器件的“Label”(标识)和“Reference ID”(编号)。对话框如图3.3.2所示。通常“Reference ID”(编号)由系统自动分配,可根据需要进行修改,但必须保证编号的唯一性。有些元器件(如连接点、接地、电压表、电流表等)没有编号。在电路图上是否显示出标识和编号可由“Circuit”(电路)条目中的“Schematic Options”(电路图选项)对话框设置。

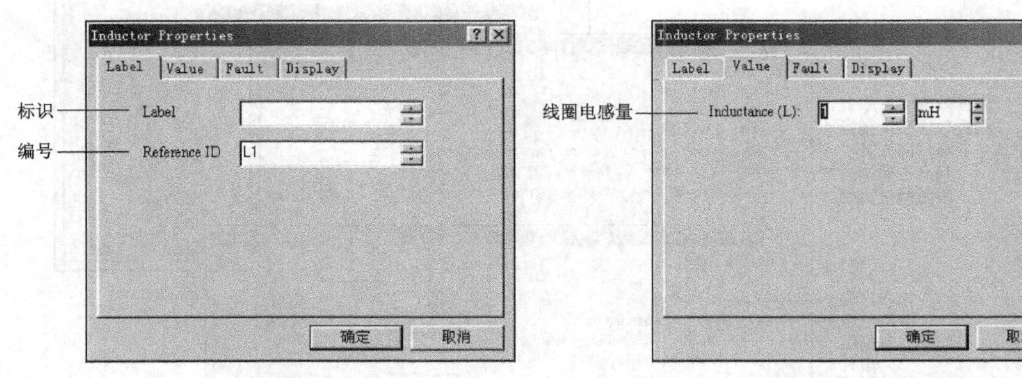

图 3.3.2 “Label”(标识)选项对话框 **图 3.3.3 “Value”(数值)选项对话框**

对比较简单的元器件,会出现“Value”(数值)选项,可在如图 3.3.3 所示的对话框中设置元器件的数值。

对比较复杂的元器件,会出现“Models”(模型)选项,其对话框如图 3.3.4 所示。模型的初始状态设置(Default)通常为“Ideal”(理想),这样是为了在能够满足大多数分析要求的情况下,加快分析的速度。对分析精度有特殊需要时,也可以考虑选择具有具体型号的元器件模型。

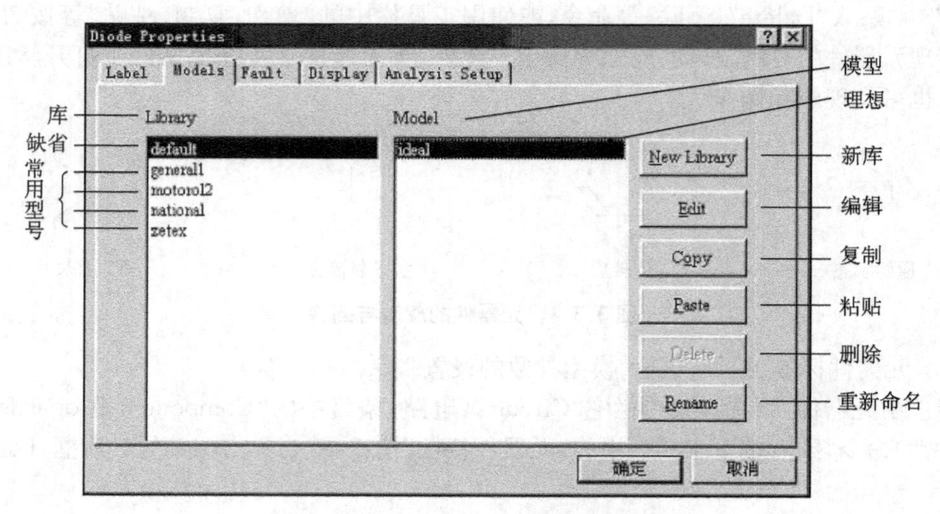

图 3.3.4 “Models”(模型)选项对话框

在对模型中(Default)为“Ideal”(理想)的初始状态参数设置需要了解或调整时,可选择 Edit(编辑)打开相应的对话窗口进行操作。

半导体二极管的初始状态参数设置对话框如图 3.3.5 所示;稳压二极管的初始状态参数设置对话框如图 3.3.6 所示;半导体三极管的“初始状态参数设置”对话框如图 3.3.7 所示。

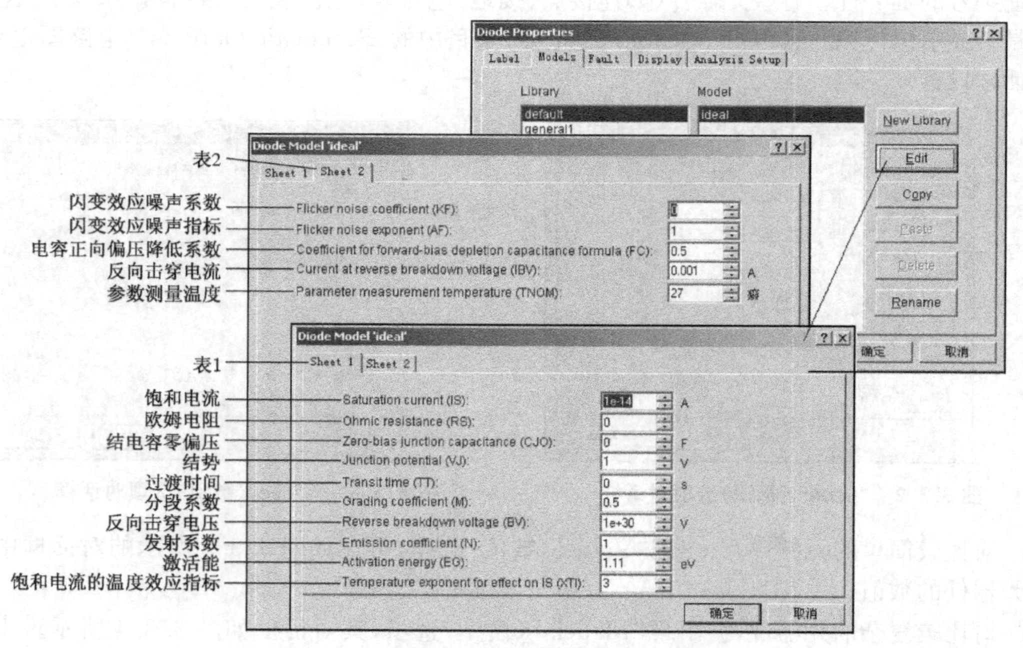

图 3.3.5 二极管“初始状态参数设置”对话框

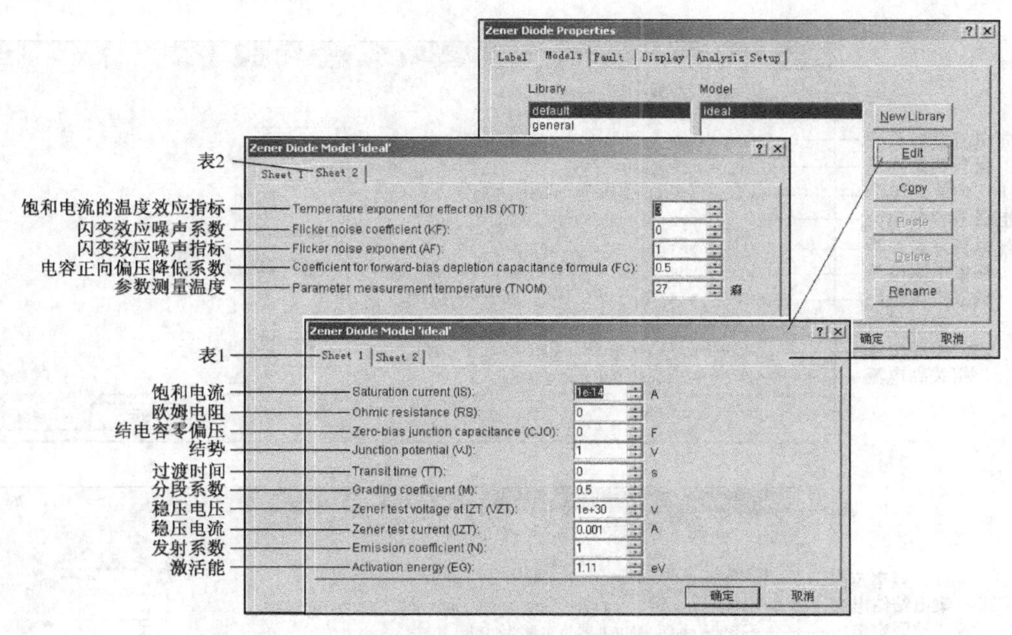

图 3.3.6 稳压二极管初始状态参数设置对话框

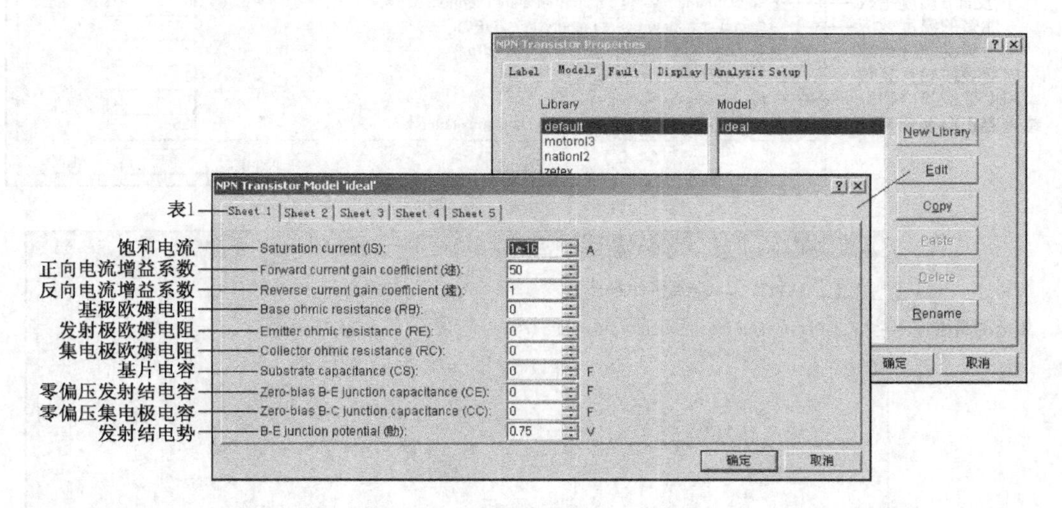

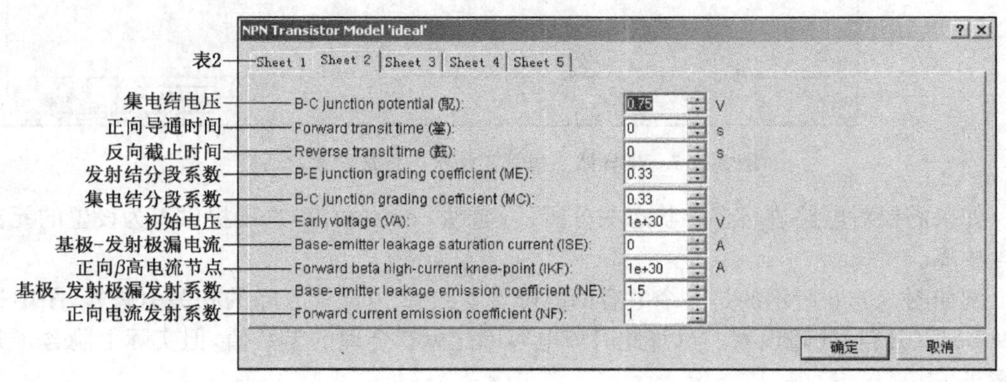

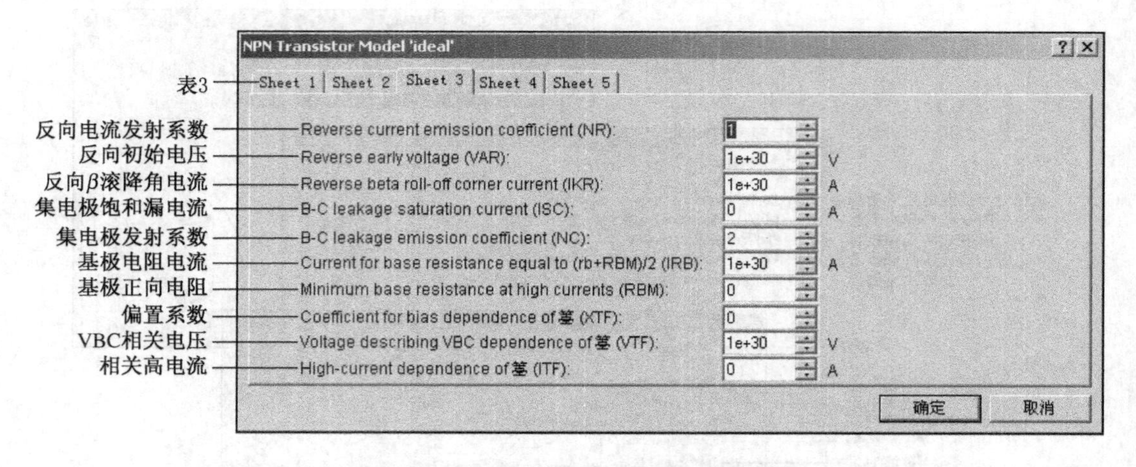

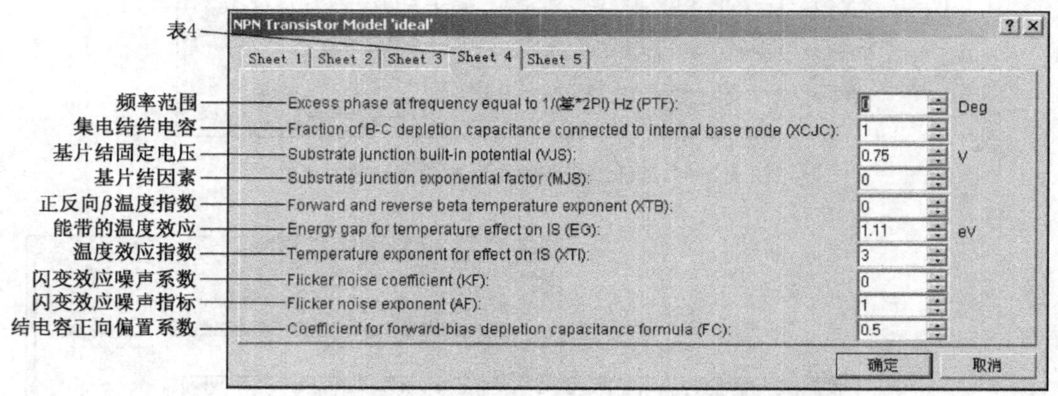

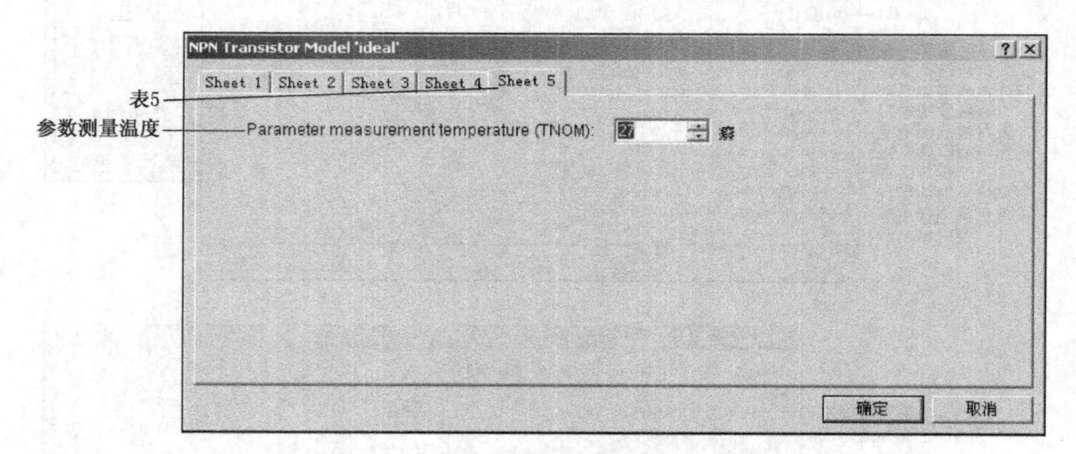

图 3.3.7　半导体三极管初始状态参数设置对话框

如果需要对电路进行多种状态的分析，可通过 Fault(故障)选项提供人为设置的元器件隐含故障。

例如图 3.3.8 所示的是一个电容的故障设置：1、2 为设置故障的相关引脚号，图中选择了“Open”(开路)故障设置。尽管此时该电容可能标有合理的参数值，但实际上隐含了开路故障。

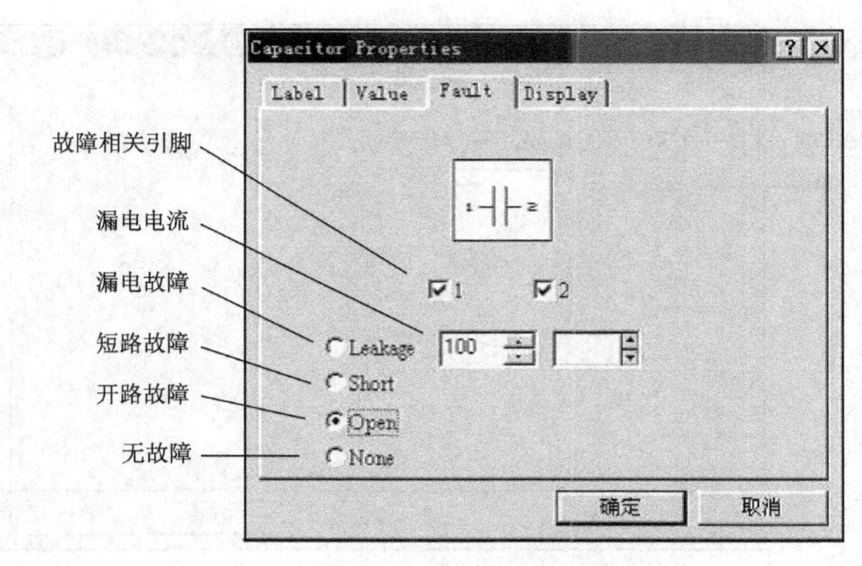

图 3.3.8 "Fault"(故障)设置选项对话框

除了开路故障外,对话框中还提供了"Short"(短路)、"Leakage"(漏电)、"None"(无故障)等设置。这就为电路的故障分析教学提供了方便。

图 3.3.9 为用于设置"Label"、"Models"、"Reference ID"显示方式的"Display"(显示)选项对话框。该对话框的设置与菜单栏"Circuit"(电路)条目中"Schematic Options"(电路图选项)对话框的设置有关。如果遵循电路图选项的设置,则"Label"、"Models"、"Reference ID"的显示方式由电路图选项的设置决定。否则可由对话框中的其他三个选项确定。

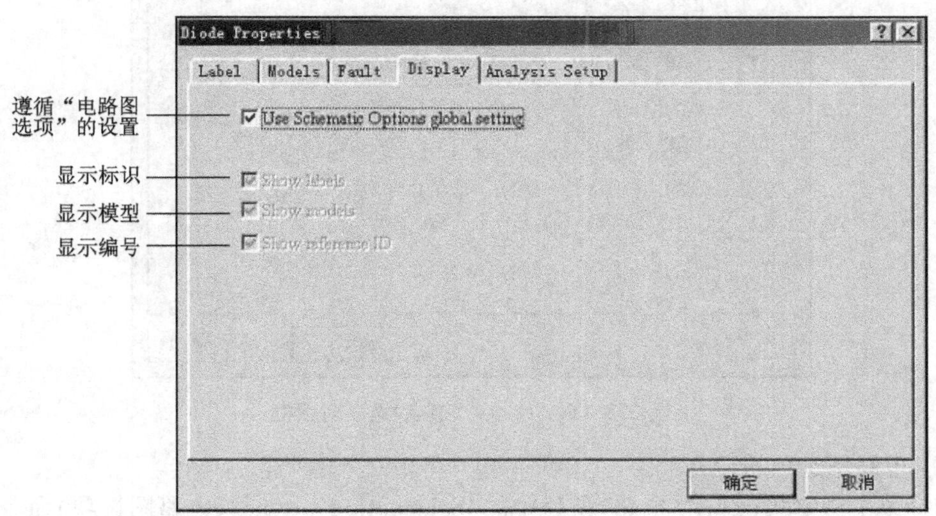

图 3.3.9 "Display"(显示)选项对话框

除此之外,还有用于设置电路工作温度等有关参数的"Analysis Setup"(分析设置)(见图3.3.10)及用于设置有关节点参数的"Node"(节点)选项(见图 3.3.11)。

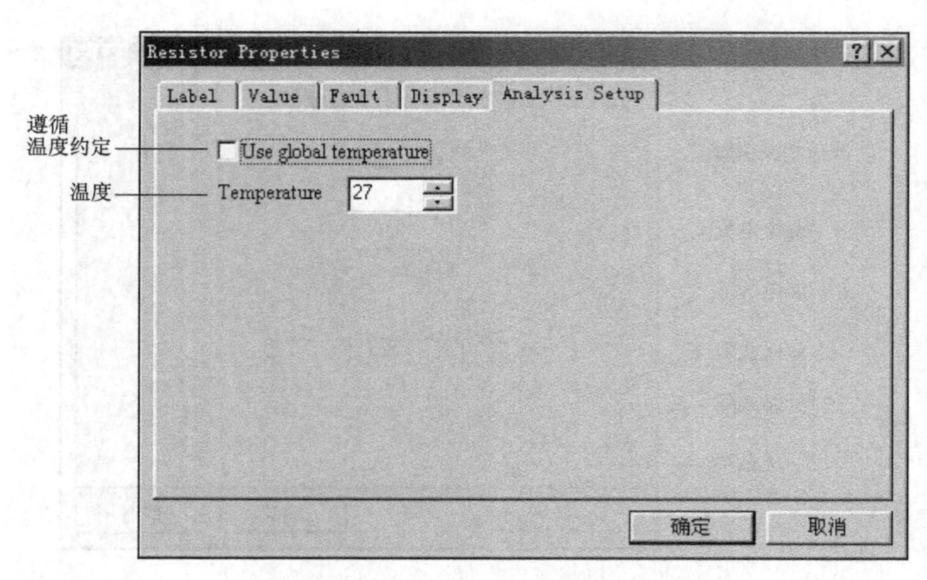

图 3.3.10　“Analysis Setup”(分析设置)选项对话框

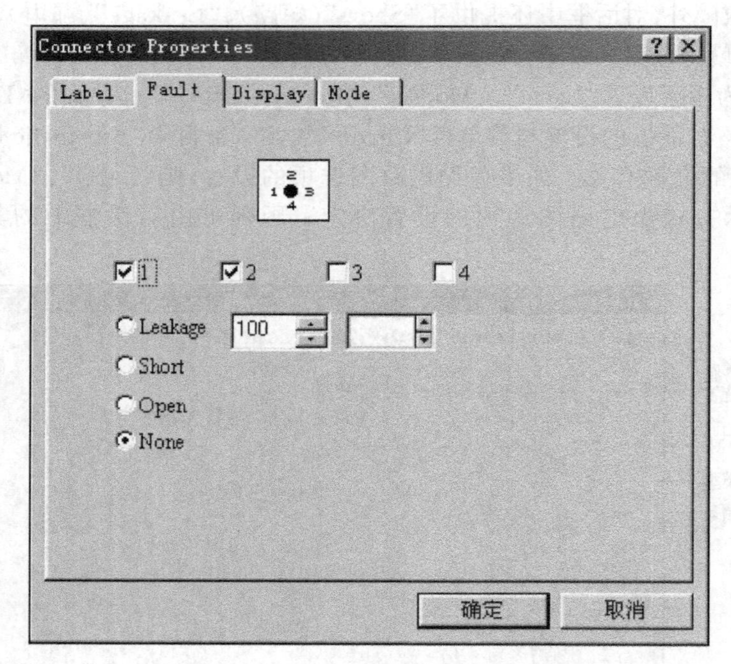

图 3.3.11　“Node”(节点)选项对话框

(7) 电路图选项的设置

选择菜单栏中“Circuit”(电路)条目中的“Schematic Options”(电路图选项)命令,就会弹出用于设置与电路图显示方式有关的选项对话框。

图 3.3.12 是关于“Grid”(栅格)的设置。如选择使用栅格,电路图中的元器件与导线均落在栅格线上,这样可以保持电路图的横平竖直、整齐美观。

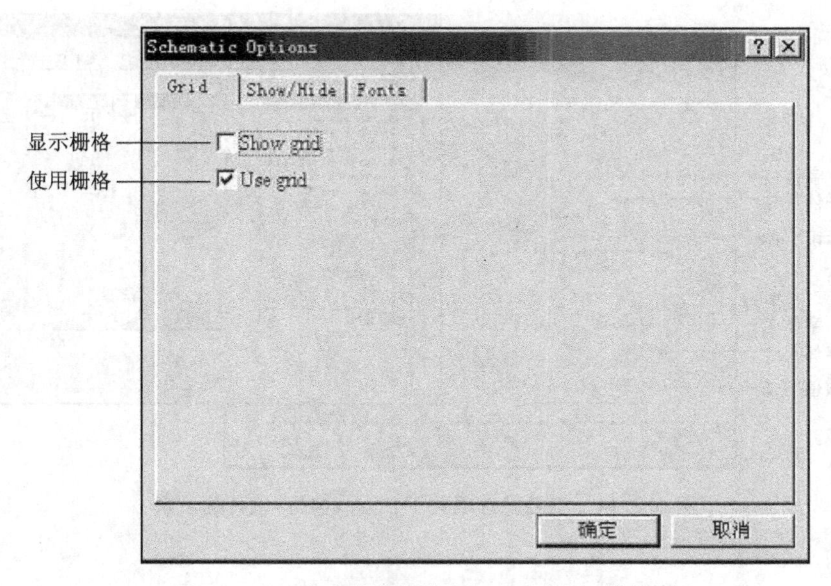

图 3.3.12 电路图选项关于“Grid”(栅格)的设置

图 3.3.13 是关于“Show/Hide”(显示/隐藏)的设置，用于设置标识、编号、数值、元器件库等的显示方式，该设置对整个电路图的显示方式有效。

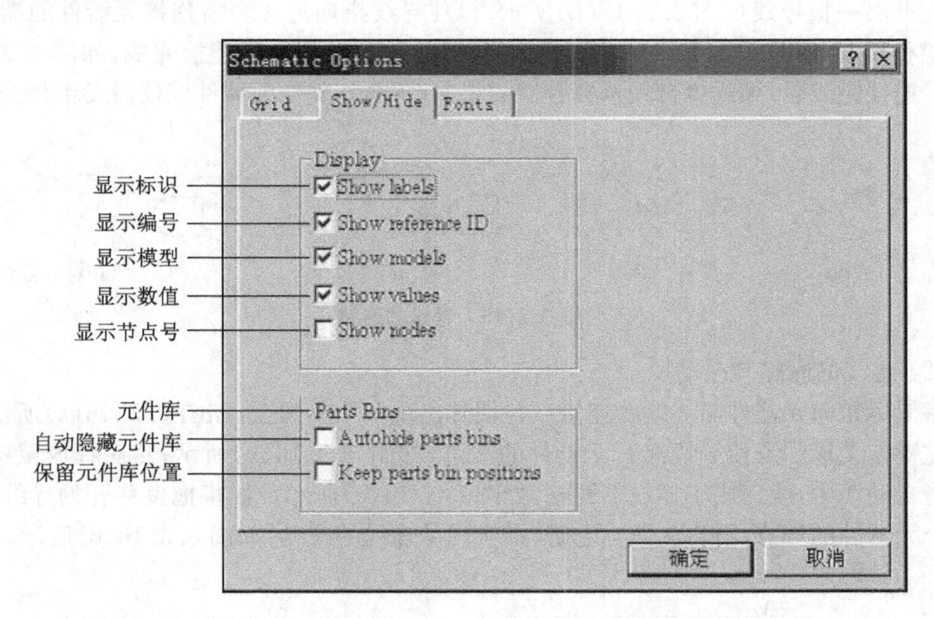

图 3.3.13 电路图选项关于“Show/Hide”(显示/隐藏)对话框的设置

如对某个元器件有特殊显示方式的要求，可以使用元器件特性的“Display”(显示)选项对话框单独设置。图 3.3.14 是关于“Fonts”(字型)的设置，用于显示和设置“Label”、“Value”和“Models”的字体与字号。

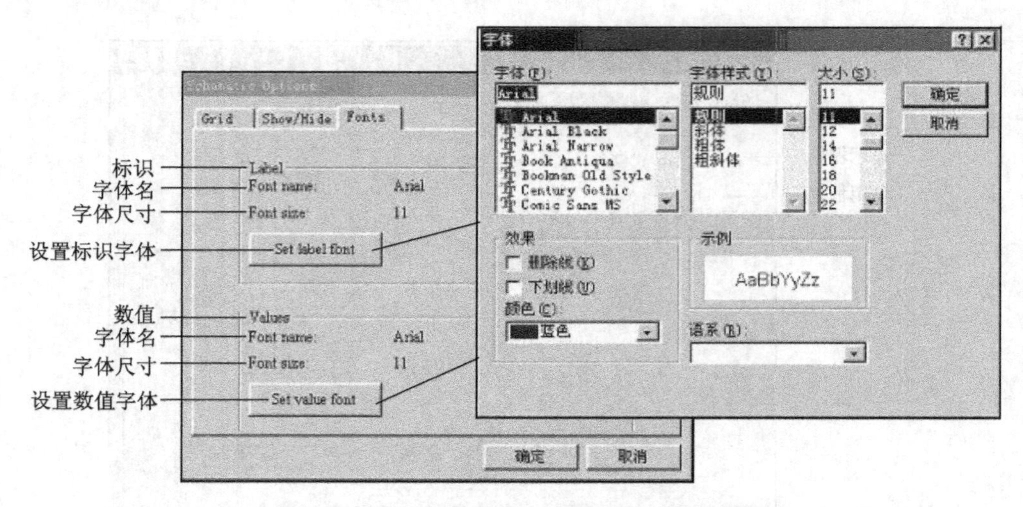

图 3.3.14　电路图选项关于 Fonts(字型)设计的置

2) 导线的操作

(1) 导线的连接

将鼠标指向待接元器件的端点使其出现一个小圆点,如图 3.3.15(a)所示;按下鼠标左键并拖曳出一根导线如图 3.3.15(b)所示;拉住导线指向另一个需连接元器件的端点并使其出现小圆点,如图 3.3.15(c)所示;然后释放鼠标左键,则导线连接完成,如图 3.3.15(d)所示。连接完成后,导线将自动选择合适的走向,不会与其他元器件或仪器发生相交、相连。

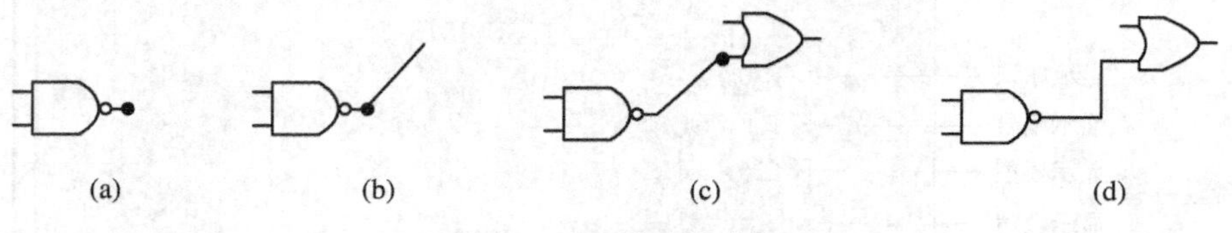

图 3.3.15　导线的连接

(2) 连线的删除与改动

将鼠标指向元器件与导线的连接点并使其出现一个小圆点,如图 3.3.16(a)所示;按下鼠标左键拖曳该圆点使导线离开元器件的端点,如图 3.3.16(b)所示;然后释放鼠标左键,导线将自动消失,就完成了连线的删除,如图 3.3.16(c)所示。如将拖曳移开的导线连接至另一个元器件的端点,再释放鼠标左键,则实现了连线的改动,如图 3.3.16(d)所示。

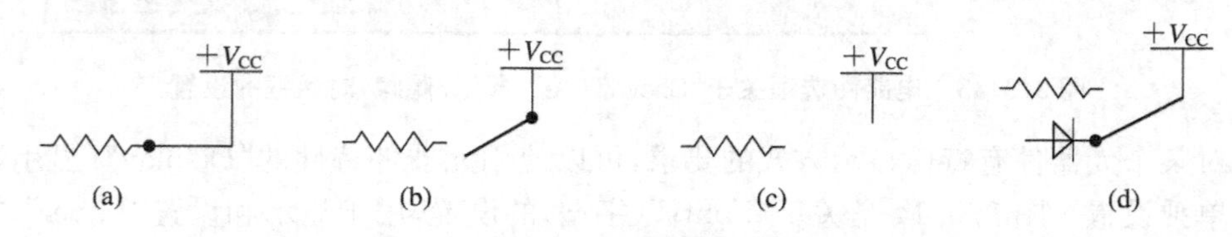

图 3.3.16　连线的删除与改动

(3) 改变导线的颜色

对于较复杂的电路,为了有助于对电路图的识别,可以将导线设置为不同的颜色。要改变导线的颜色，只需双击该导线，弹出“Wire Properties”(导线特性)对话框后，选择“Schematic Options”(作图任选项)并按下“Set Wire Color”(导线置色)按钮，就可选择合适的颜色，如图 3.3.17 所示。

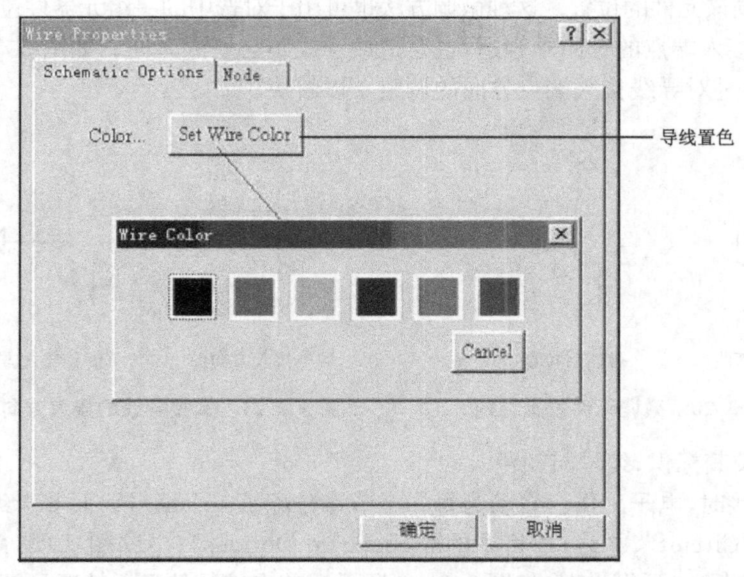

图 3.3.17 “Wire Properties”(导线特性)对话框

(4) 在电路中插入元器件

可将元器件直接拖曳放置在导线上，然后释放鼠标按键即可将元器件插入电路中，如图 3.3.18 所示。

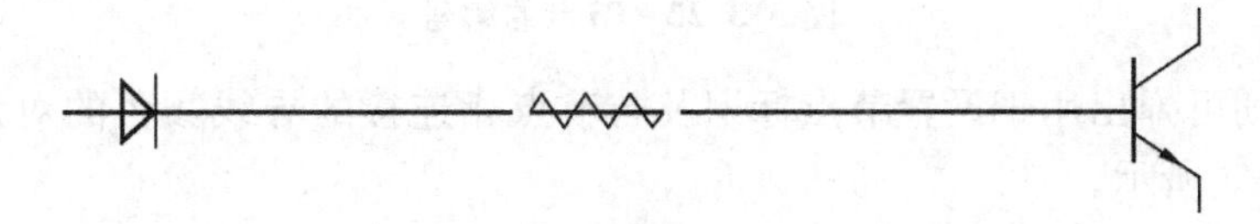

图 3.3.18 在电路中插入元器件

(5) 从电路中删除元器件

选中要删除的元器件，按下＜Delete＞键即可。

(6) 连接点的使用

连接点是一个存放在基本器件库中的小圆点。一个连接点最多可以连接来自四个方向的导线。即可直接将连接点插入连线中，也可给连接点赋予标识，如图 3.3.19 所示。

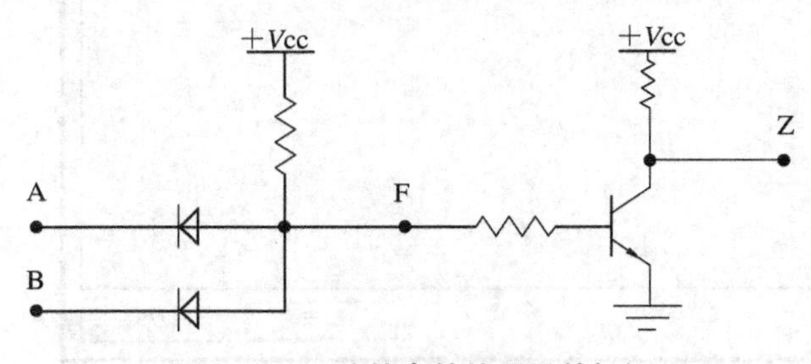

图 3.3.19 连接点的使用及其标识

(7) 调整弯曲的导线

如果元件位置与导线不在一条直线上(如图 3.3.20),则可以选中该元件,然后用键盘上的四个箭头键微调该元件的位置。这种微调方法也可用于对选中的一组元器件位置的调整。

如果导线接入端点的方向不合适,也会造成导线不必要的弯曲。如图 3.3.21 中所示的情况,则可以通过对导线接入端点方向的调整予以解决。

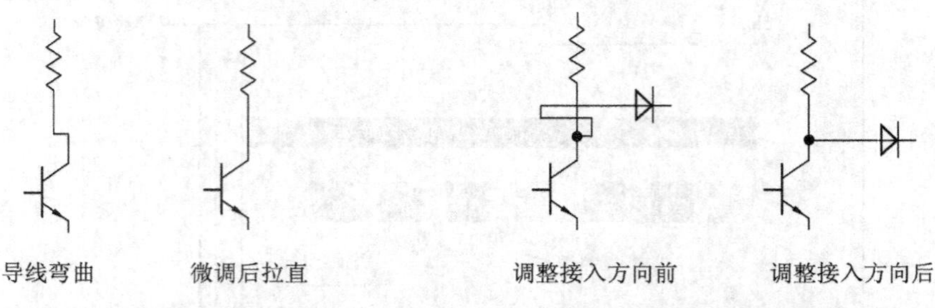

图 3.3.20 微调元件拉直导线 **图 3.3.21 调整导线的接入方向**

(8) 节点及其标识、编号与颜色

在电路连接时,电子工作台自动为每一个节点分配了一个编号。而节点编号是否显示,则可由菜单栏"Circuit"(电路)条目中的"Schematic Options"(电路图选项)命令的"Show/Hide"(显示/隐藏)对话框设置,如图 3.3.13 所示。节点编号的显示情况见图 3.3.22 所示。

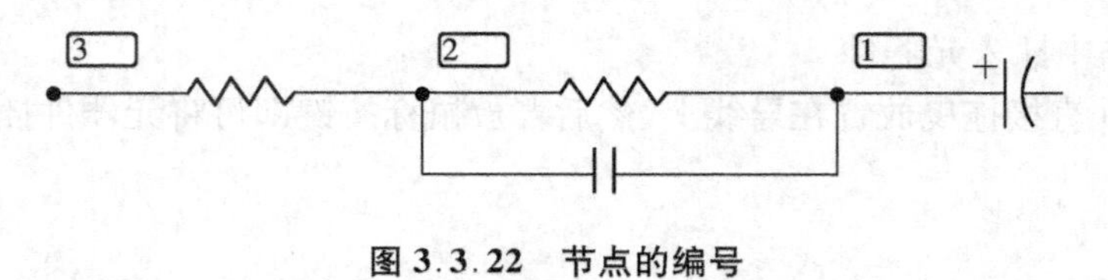

图 3.3.22 节点的编号

双击节点则可弹出用于设置节点标识及与节点相连接的导线颜色的对话框,相应的对话框如图 3.3.23 所示。

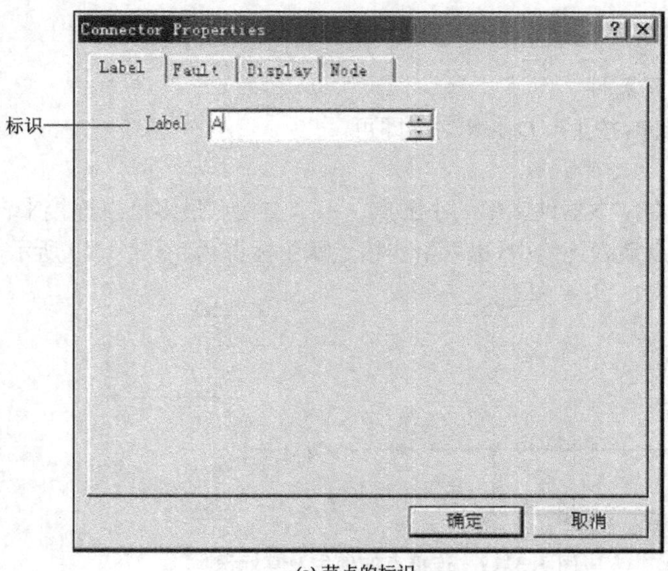

(a) 节点的标识

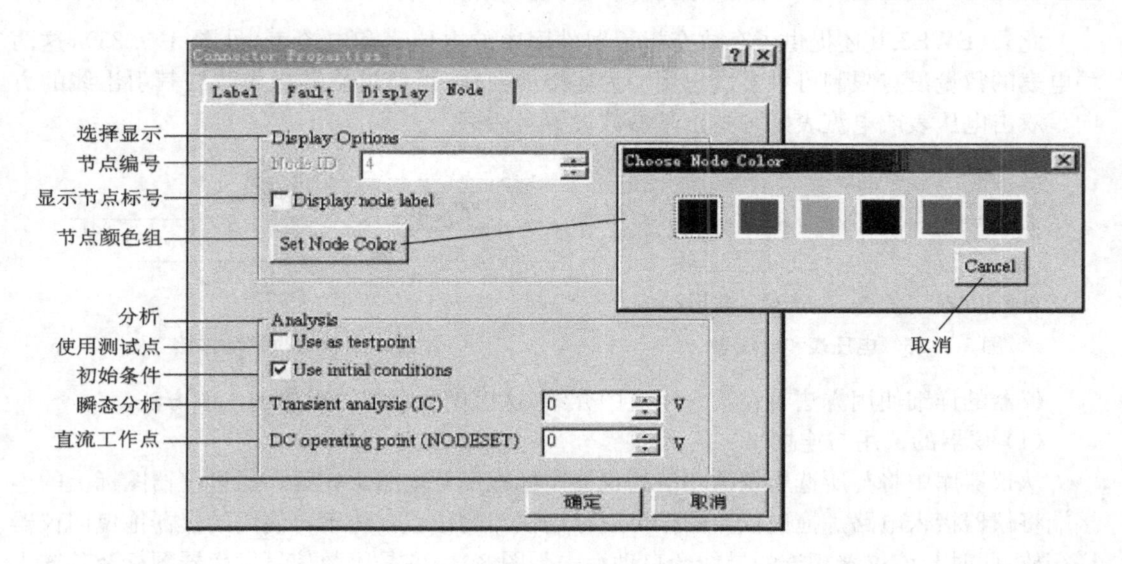

(b) 连接导线的颜色设置

图 3.3.23　节点标识与连接导线的颜色设置

3）仪器的操作

EWB5.0 的仪器库中共有数字多用表、函数信号发生器、示波器、波特图仪、字信号发生器、逻辑分析仪和逻辑转换仪等七台可供使用的仪器，如图 3.2.16 所示。这些仪器每种只有一台。在电路连接时，仪器以图标的方式存在。如需观察测试数据与波形以及需要设置仪器参数时，可双击仪器图标打开仪器面板。图 3.3.24 是示波器与波特图仪的图标和打开后的面板图。

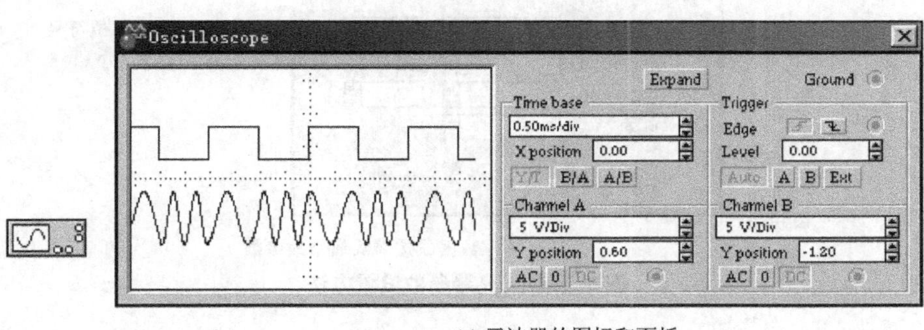

(a) 示波器的图标和面板

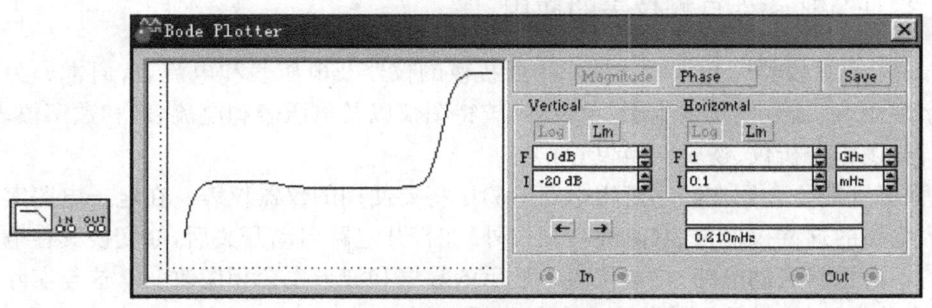

(b) 波特图仪的图标和面板

图 3.3.24　示波器和波特图仪的图标和面板

此外,EWB5.0 还提供了存放在指示器件库中的电压表和电流表(见图 3.3.25),这两种电表的数量没有限制可供多次选用。为连接的便捷,可通过旋转操作改变其引出线的方向。双击电压表或电流表则可弹出其参数设置对话框。

图 3.3.25　电压表和电流表　　　　图 3.3.26　仪器的连接

仪器的详细使用方法将在下一小节中介绍,这里仅介绍仪器操作的一般方法。

(1) 仪器的选用与连接

从仪器库中将与所选用仪器相应的仪器图标拖曳至电路工作区。通过仪器图标上的连接端将仪器接入电路。拖曳仪器图标可以移动仪器的位置。将不再使用的仪器拖曳回仪器栏存放,此时与该仪器相连的导线会自动消失。图 3.3.26 是函数信号发生器图标及其连入电路的情况。

(2) 仪器参数的设置

双击仪器图标即可打开仪器面板设置仪器参数。图 3.3.27 是以函数信号发生器为例说明仪器参数的设置方法及仪器面板的有关操作。

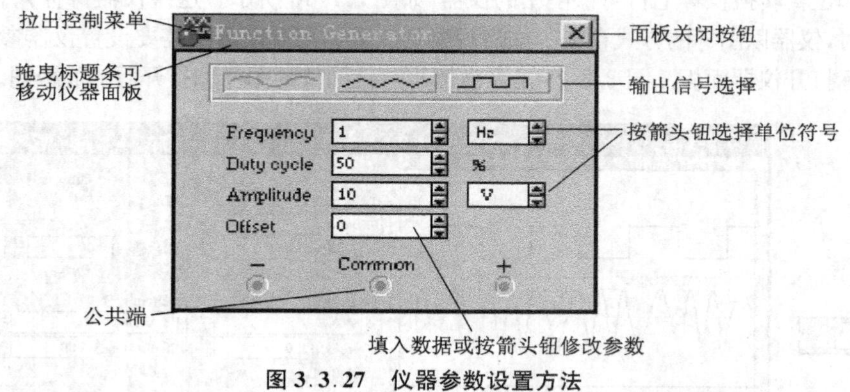

图 3.3.27　仪器参数设置方法

3.3.3　EWB 软件自配仪表的使用

在 EWB5.0 仪器库和指示器件库中所提供的仪器及电压表和电流表,通常分为模拟仪表(数字多用表、函数信号发生器、示波器、波特图仪以及电压表和电流表)和数字仪表(字信号发生器、逻辑分析仪、逻辑转换仪)两类。

下面分别简要介绍在数字逻辑电路实验中将要使用的仪器仪表。在电子电路实验过程中,接入电路的这些仪器仪表(除波特图仪外)在打开电路启动开关后,如变换其在电路中的接入点,不必重新启动电路,仪器仪表中显示的数据和波形也会相应改变。这与实际工作中的情形也非常相似,就给电路仿真实验带来了方便。

1）数字多用表的使用

数字多用表(万用表)是一种常用的测量仪表,EWB5.0 仪器库中提供的数字多用表是能自动调整量程的。当按下“Settings”（参数设置)按钮时,就会弹出可以设置数字多用表内部参数的对话框,即可对其电压挡内阻、电流挡的内阻、电阻挡的电流值和分贝标准电压值进行任意设置。图 3.3.28 是它的图标、面板及内部参数设置。

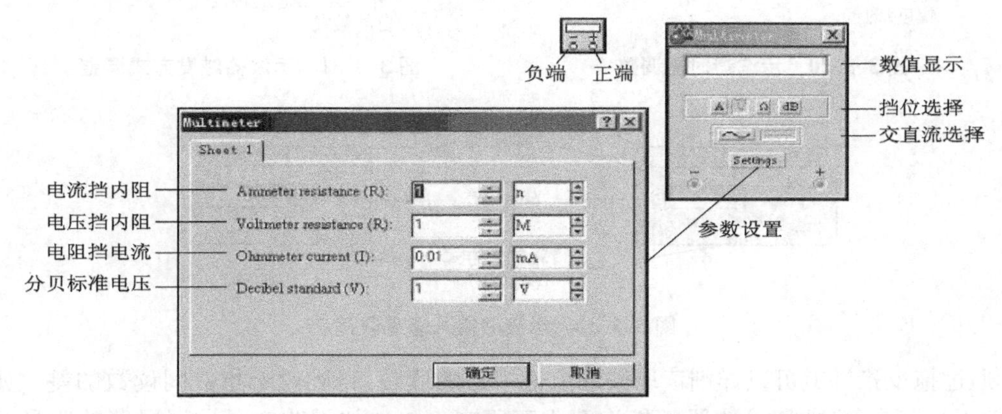

图 3.3.28 数字多用表图标、面板、内部参数设置

2）示波器的使用

示波器是帮助了解电路工作波形的仪器,EWB5.0 仪器库中提供的是一种可以同时观察两组波形的双踪示波器。示波器的图标和面板如图 3.3.29 所示。

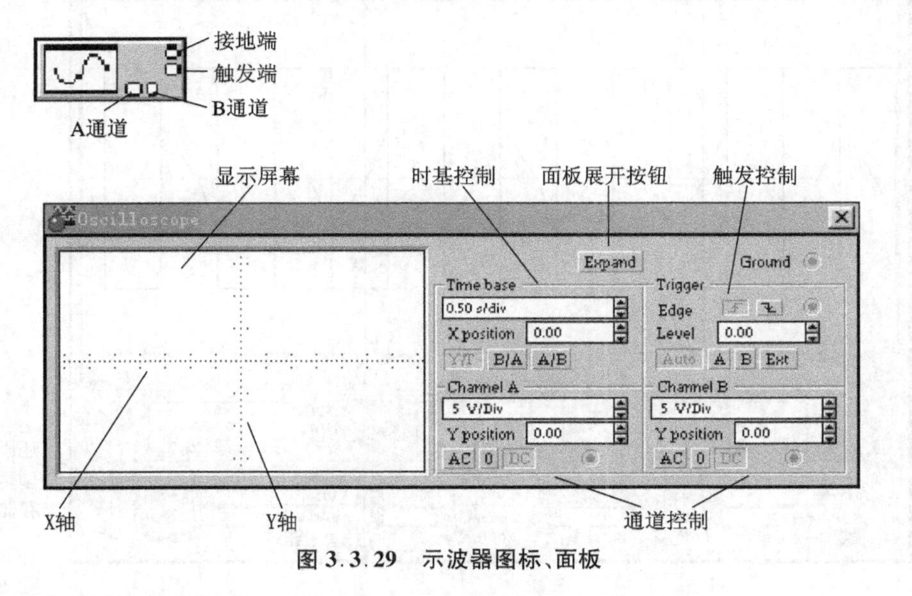

图 3.3.29 示波器图标、面板

示波器各部分的调整方法分别见图 3.3.30、图 3.3.31 和图 3.3.32。

为了能更加细致地观察波形,还可以按下示波器面板上的 Expand(展开)按钮将面板进一步展开,如图 3.3.33 所示。

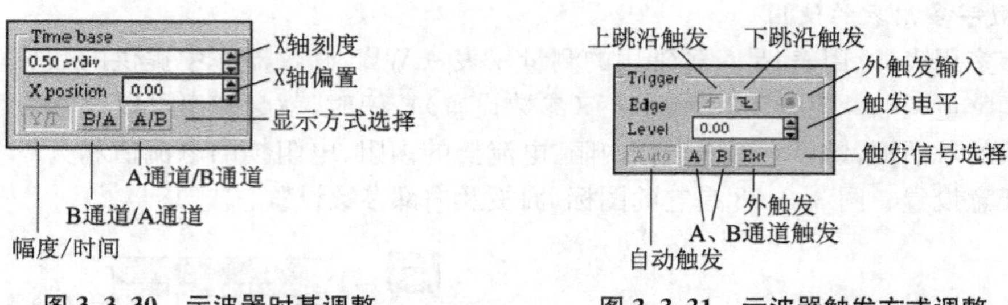

图 3.3.30　示波器时基调整　　　　图 3.3.31　示波器触发方式调整

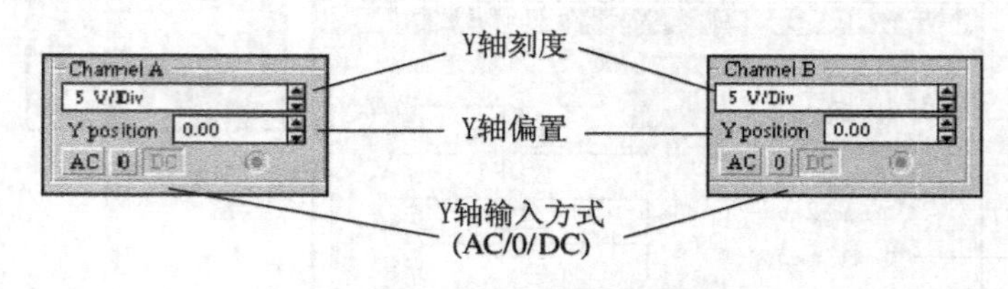

图 3.3.32　示波器输入通道调整

通过拖曳指针就可以详细读取波形上任一点的读数，得到两个指针间读数的差。如按下“Reduce”(恢复)按钮示波器面板将缩小至原来大小。如需改变示波器屏幕的背景颜色则按下“Reverse”(倒转)按钮。按下“Save”(存储)按钮就可按 ASCII 码格式存储波形读数。

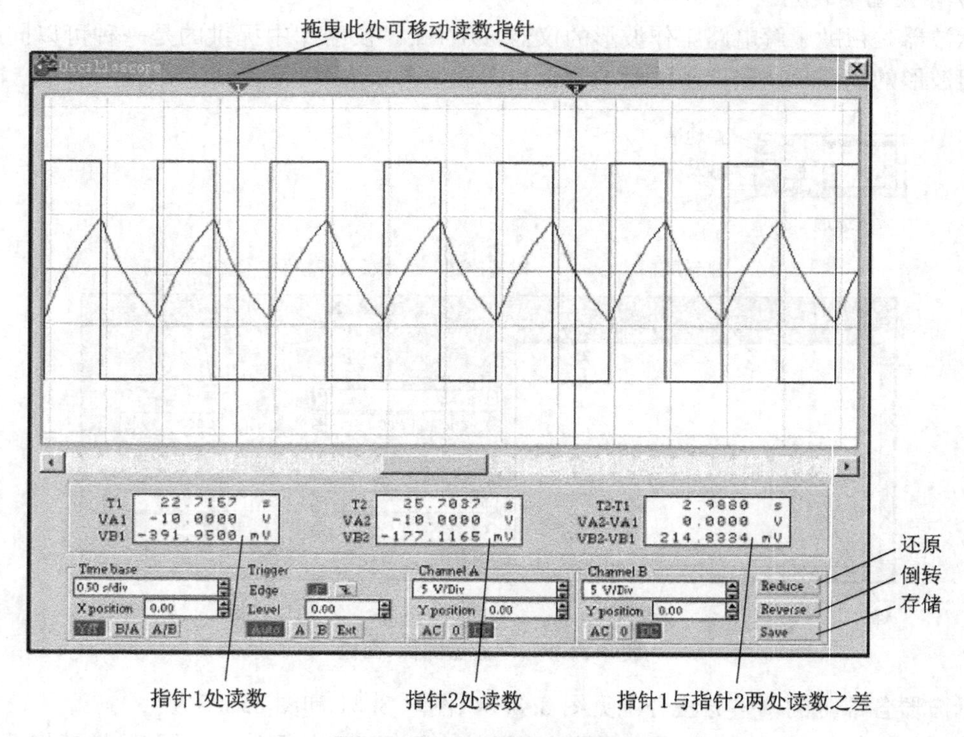

图 3.3.33　示波器面板的展开

3）函数信号发生器的使用

函数信号发生器是用来产生正弦波、三角波和方波信号的仪器，图标和面板图如图

3.3.34所示。

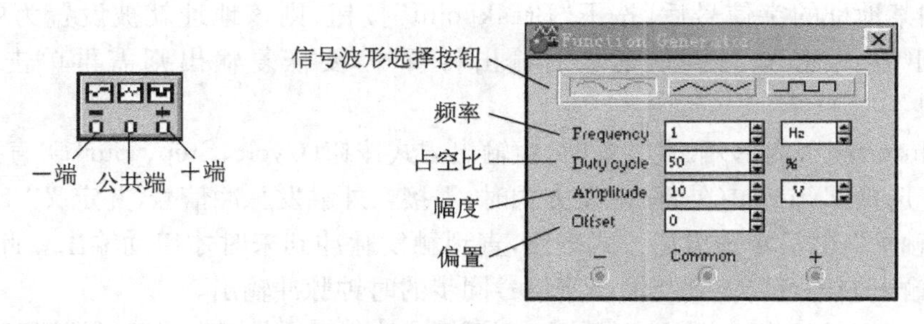

图 3.3.34　函数信号发生器图标、面板

用于三角波和方波波形参数调整的主要是占空比；用幅度参数调整信号波形的峰值。

4）字信号发生器的使用

字信号发生器是一个多路逻辑信号源，能够产生 16 位（路）同步逻辑信号，可用于对数字逻辑电路进行测试。其图标和面板图见图 3.3.35 所示。

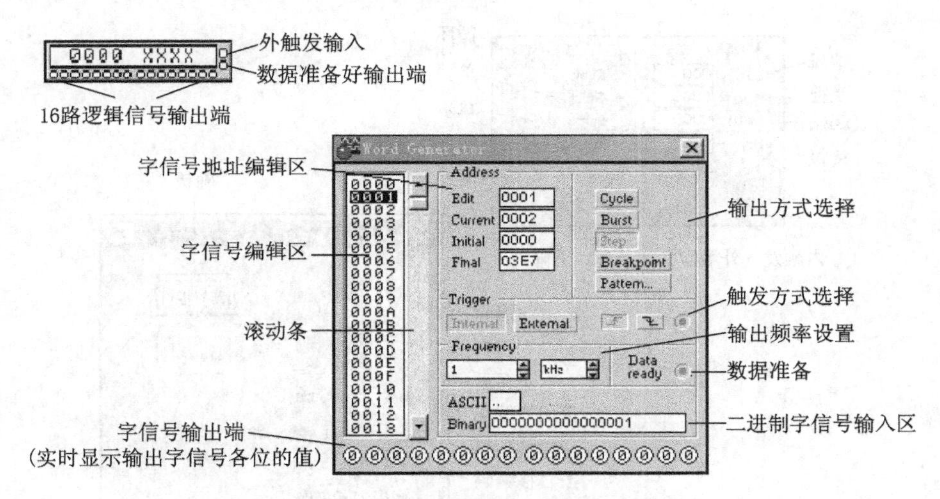

图 3.3.35　字信号发生器图标、面板

在字信号编辑区中，4 位十六进制数编辑和存放了 16bit 的字信号。共存放 1024 条字信号，其地址编号为 0～3FF(hex)。通过滚动条前后移动显示编辑区的内容。通过单击鼠标可以进行编辑位置的定位和插入其输入的十六进制数码。也可以通过在面板下部的二进制字信号输入区输入二进制码。

在地址编辑区中，编辑或显示与字信号地址有关的信息。当前正在编辑的字信号地址由 Edit 区显示；当前正在输出的字信号地址由 Current 区显示；输出字信号的首地址和末地址分别由 Initial 区和 Final 区编辑和显示。

字信号发生器被激活后，从底部的输出端逐行送出按一定规律排列的字信号，同时在面板的底部对应于各输出端的 16 个小圆圈内实时显示输出字信号各个位(bit)的值。

字信号的输出方式分为：Cycle（循环）、Burst（单帧）、Step（单步）三种方式。对电路进行单步调试时，可用 Step 方式，即单击一次“Step”按钮，输出一条字信号。如需从首地址开始至末地址连续逐条地输出字信号，则可按下“Burst”按钮。而按下“Cycle”按钮，就可循环不断地进行 Burst 方式的输出。输出频率的设置决定了 Burst 和 Cycle 情况下的输出节奏。

当选中某地址的字信号后，按下“Breakpoint”按钮，则该地址就被设置为中断点。用“Burst”输出方式时，运行到该地址时输出将暂停，要恢复输出则需再单击“Pause”或按<F9>键。

选择“Internal”(内部)触发方式时，由输出方式按钮(Cycle、Step、Burst) 直接启动字信号的输出。选择 External(外部)触发方式时，需接入外触发脉冲信号，并定义“上升沿触发”或“下降沿触发”，然后单击输出方式按钮，直到触发脉冲到来时才启动输出。此外，在数据准备好时，输出端还可以得到与输出字信号同步的时钟脉冲输出。

按下 Pattern 按钮将弹出一个对话框。对话框中的前三项分别为用于对编辑区的字信号进行相应操作的清除、打开、存盘选项。其中字信号存盘文件的后缀为“. DP”；用于在编辑区生成按一定规律排列字信号的是后四个选项。例如，若选择递增编码，则按 0000～03FF 排列；若选择右移编码，则按 8000、4000、2000、…，逐步右移一位的规律排列；其余类推。

图 3.3.36 所示为字信号发生器几个选项的设置对话框。

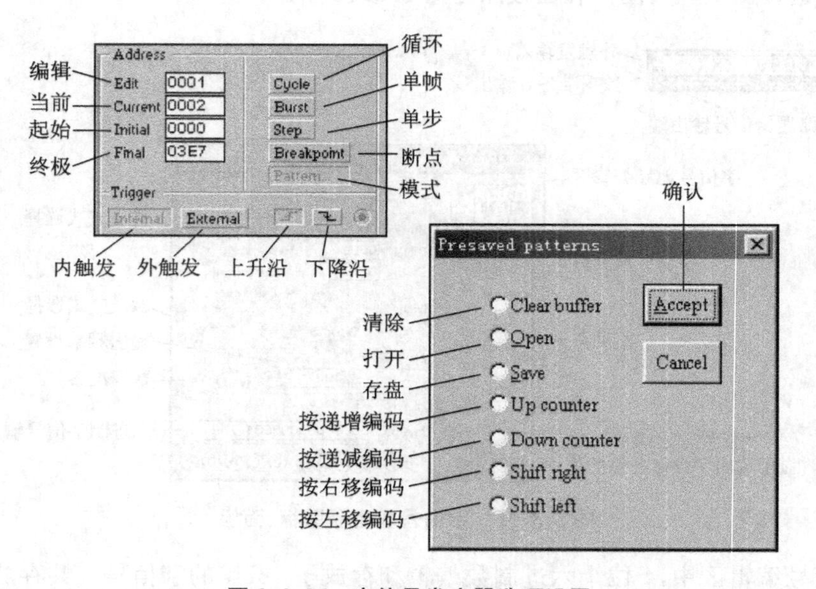

图 3.3.36　字信号发生器选项设置

5) 逻辑分析仪的使用

逻辑分析仪是用于同步记录和显示 16 路逻辑信号的仪器。用它可以对数字逻辑信号进行高速采集和时序分析，有助于分析与设计复杂的数字系统。图 3.3.37 为逻辑分析仪的图标和面板图。16 个输入端与面板左边的 16 个小圆圈相对应。各路输入逻辑信号的当前值由小圆圈实时显示。最低位至最高位按从上到下依次排列。16 路逻辑信号的波形在逻辑信号波形显示区内以方波形式显示。波形显示的颜色修改可通过设置输入导线的颜色进行。波形显示的时间轴刻度可通过面板下边的“Clocks per division”予以设置。波形的数据读取可通过拖曳读数指针得到。指针所处位置的时间读数和逻辑读数(四位二进制数\十六进制数)由在面板下部的两个方框显示。逻辑分析仪的触发模式选择及时钟控制设置对话框见图 3.3.38 所示。

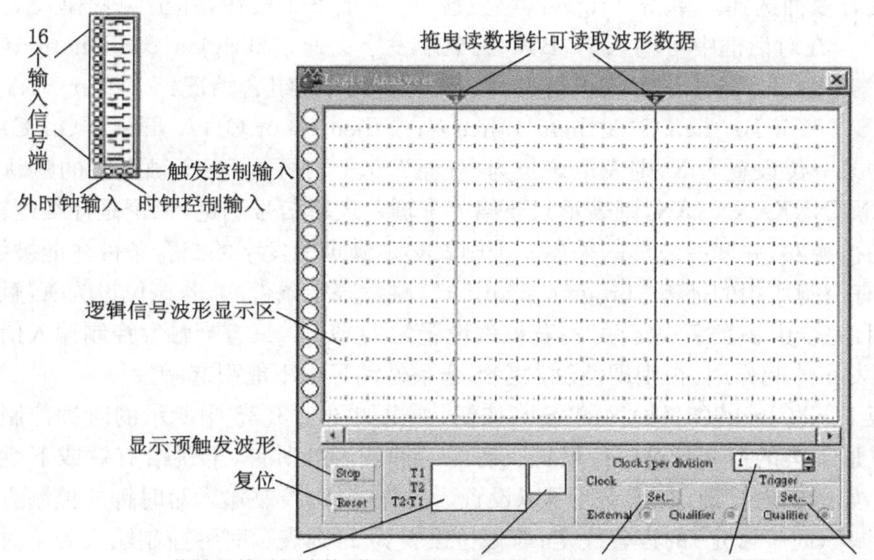

图 3.3.37 逻辑分析仪图标、面板

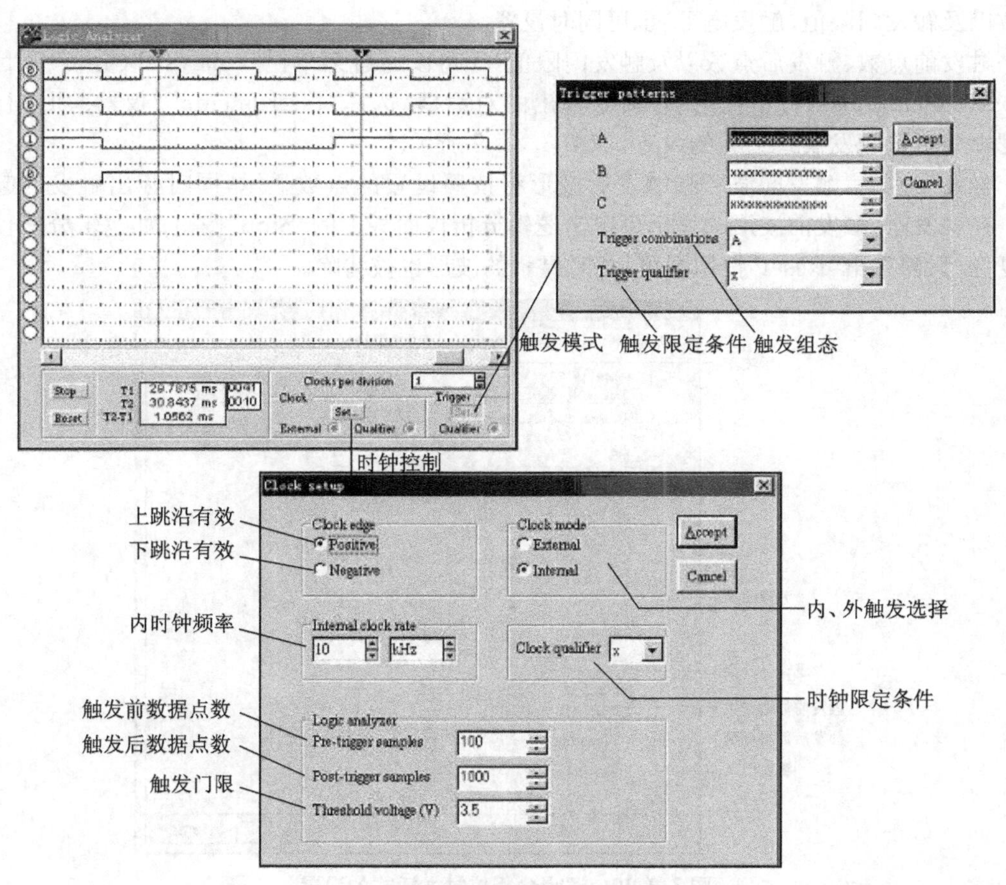

图 3.3.38 逻辑分析仪触发模式选择、时钟控制设置

触发方式有多种选择。单击 Trigger(触发脉冲)区的 Set 按钮，弹出触发模式对话框(见图 3.3.38)。在对话框中可输入 A、B、C 三个触发字。通过 Trigger combination(触发组态)可以对三个触发字的识别方式进行选择，分为如下八种组合情况：A；A or B；A or B or C；A then B；(A or B) then C；A then B then C；A then (B or C)；A then B (or C)。

触发字的某一位设置为 X，则表示该位为"任意"(0、1 均可)。三个触发字的默认设置均为 XXXXXXXXXXXXXXXX，则表示只要第一个输入逻辑信号到达，无论是什么逻辑值，逻辑分析仪均被触发，并开始波形的采集。否则就必须满足触发字的组合条件才能被触发。此外，对触发有控制作用的还有"Trigger qualifier"(触发限定条件)。若该位设为 X，触发控制就不起作用，完全由触发字决定触发；若该位设置为 1(或 0)，只有当触发控制输入信号为 1(或 0)时，触发字才起作用；否则即使触发字组合条件满足也不能引起触发。

单击面板下部"Clock"(时钟)区的"Set"按钮，弹出如图 3.3.38 中所示的时钟控制对话框。用于对波形采集的控制时钟进行设置。有内时钟或者外时钟、上跳沿有效或下跳沿有效可供选择。如选择内时钟，其频率还可以设置。另外，时钟控制输入对时钟的控制方式由"Clock qualifier"(时钟限定)的设置决定；若该位设置为 1，则表示时钟控制输入为 1 时开放时钟，逻辑分析仪可以进行波形采集；若该位设置为 0，则表示时钟控制输入 0 时开放时钟；若该位设置为 X，则表示时钟总是开放的，不受时钟控制输入的限制。触发前点数、触发后点数以及触发门限值(触发电平)也可同时设置。

触发前点数、触发后点数以及触发门限值，还可以通过菜单栏"Analysis"(分析)条目中"Analysis Options"(分析任选项)命令弹出的对话框，选择"Instruments"(仪器)项进行关于逻辑分析仪触发模式选项的设置，如图 3.3.39 所示。

触发发生后，触发前波形和触发后波形将按照设置的点数显示，同时标出触发的起始点。在触发前，触发前波形的显示可单击逻辑分析仪面板上的"Stop"按钮；如逻辑分析仪需要复位，只需单击"Reset"按钮即可，此时显示的波形也被清除。

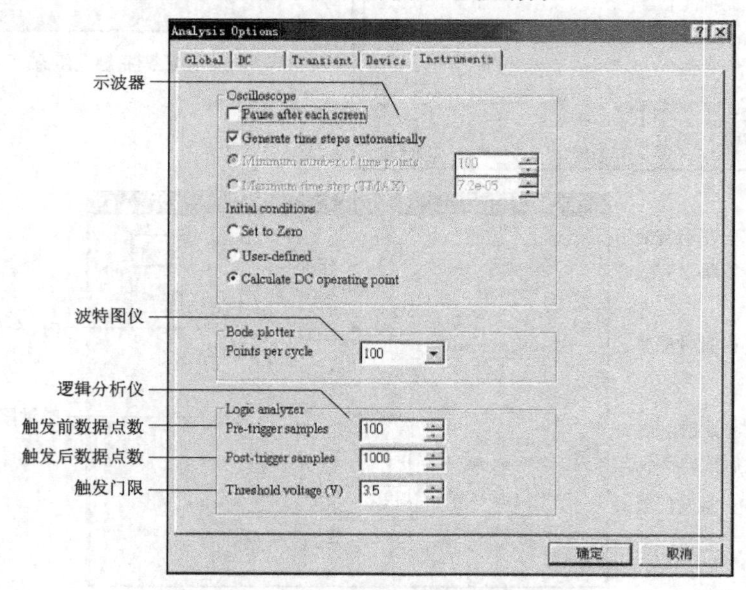

图 3.3.39　逻辑分析仪触发模式的设置

6）逻辑转换仪的使用

逻辑转换仪是为了方便进行数字逻辑电路的设计与仿真，而在实际工作中并不存在与之对应的设备，是 EWB5.0 中所特有的仪表。逻辑转换仪能够完成真值表、逻辑表达式和逻辑电路三者之间的相互转换。图 3.3.40 为逻辑转换仪的图标和面板图，图 3.3.41 是转换方式选择按钮的含义。

逻辑电路转换为真值表的方法与步骤：画出逻辑电路图，将其输入端、输出端与逻辑转换仪的输入端、输出端相连接后，按下“电路→真值表”按钮，在真值表区即出现该电路的真值表。

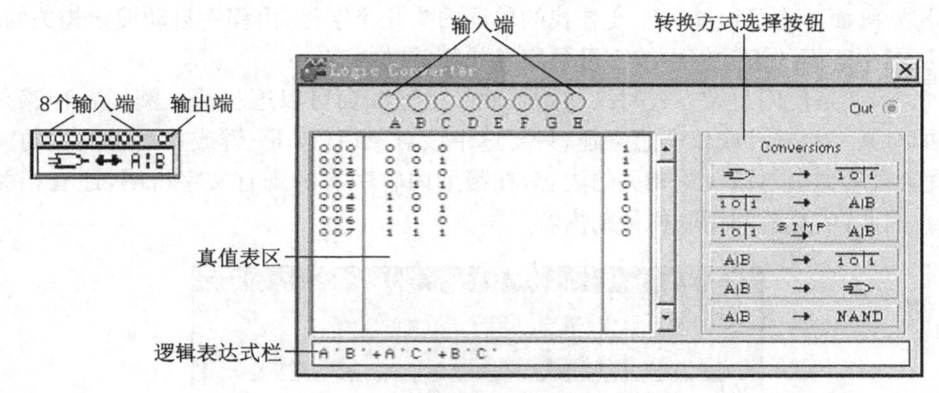

图 3.3.40 逻辑转换仪图标、面板

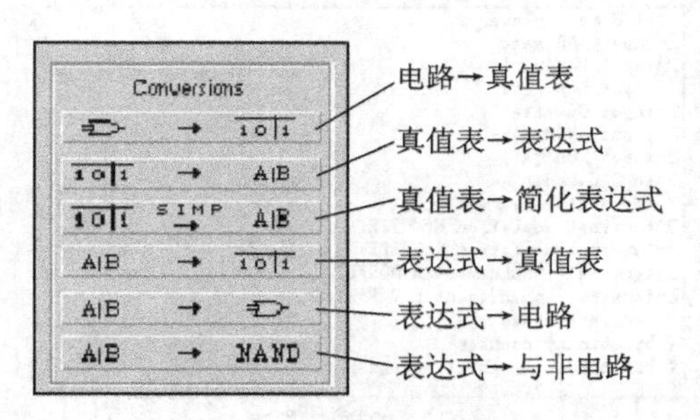

图 3.3.41 转换方式选择按钮

真值表转换为逻辑表达式的方法与步骤：用鼠标左键单击逻辑转换仪代表输入端的面板顶部小圆圈，选定输入信号的个数（由 A 至 H）；这时真值表区将自动出现输入信号的所有组合，而相对应的输出列其初始值则全部为零；然后根据所需的逻辑关系来修改真值表的输出值；这时按下“真值表→表达式”按钮，相应的逻辑表达式将在面板底部的逻辑表达式栏中出现。如再按下“真值表→简化表达式”按钮，则可得到化简该表达式，也可通过该按钮直接由真值表得到简化的逻辑表达式。表达式中的“′” 表示逻辑变量的“非”。

逻辑表达式转换为真值表、逻辑电路的方法与步骤：在逻辑表达式栏中直接输入逻辑表达式（“与—或”式、“或—与”式均可），再按下“表达式→真值表”按钮，就可以得到相应的真值表；如按下“表达式→电路”按钮，则可以得到相应的逻辑电路图；而按下“表达式→与非电路”按钮，将得到由“与非”门构成的电路。

3.3.4　帮助功能的应用

在电子电路创建及电路实验过程中，对某一分析功能或操作命令没有把握时，都可以使用帮助菜单或 F1 键，查阅各种有关的信息，EWB5.0 提供了较丰富而详尽的联机帮助功能。

选择菜单栏 Help(帮助)条目中 Help Index(帮助索引)命令即可调用和查阅有关的帮助内容。既可以按目录或主题搜索方式进行查阅，图 3.3.42 中所示的就是使用主题搜索方式时的初始画面。也可以输入需要查找的单词的头几个字母，由程序自动搜索相关的内容，还可以从图中下面的滚动框中按字母顺序寻找相关的内容。

图 3.3.43 是使用目录方式时的初始画面。由该画面可以逐步深入阅读各种感兴趣的内容。如对某一元器件或仪器感兴趣，只要选中该对象后，按 F1 键或单击工具栏的“帮助”按钮，就会自动弹出与该对象相关的内容，在帮助内容中有的既有文字说明，还有相关的使用举例。因此，应充分利用联机帮助内容。

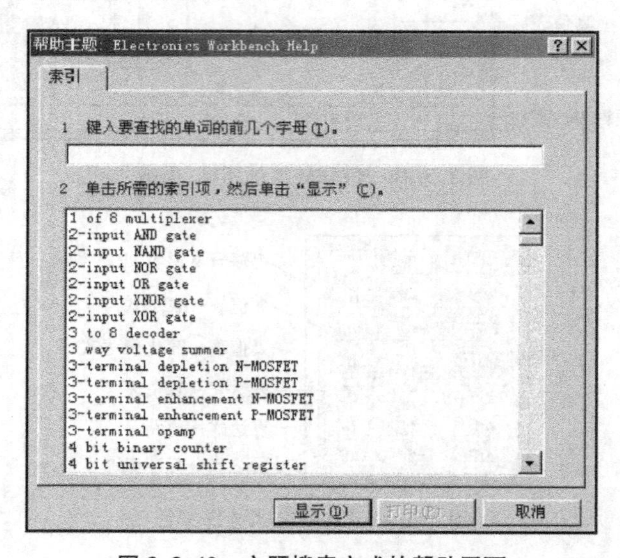

图 3.3.42　主题搜索方式的帮助画面

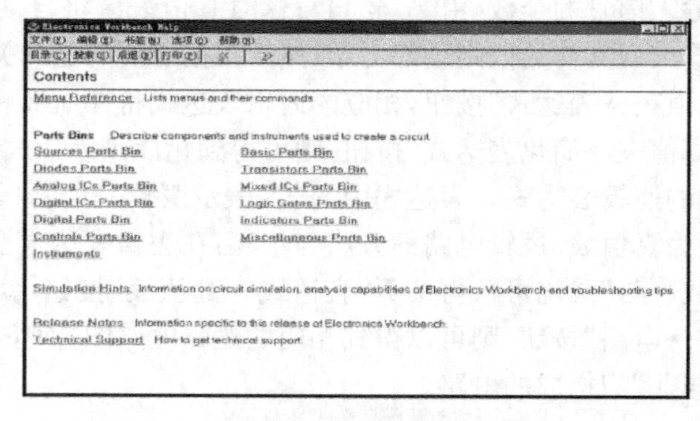

图 3.3.43　目录方式的帮助画面

4 数字逻辑电路(EWB仿真)实验

数字逻辑电路是一门电子技术方面入门性质的技术基础课程。通过学习,将获得电子技术的基本理论、基本知识和基本技能,并培养分析问题、解决问题的能力,为以后深入学习、研究电子技术以及将电子技术更好地应用在专业中打好基础。

作为工程方面的技术基础课程,在学习中,应充分注意它的理论性和实践性,为此,进行一定的实验是十分必要的。为了在实验中逐步培养实践动手能力,特将实验分为以下几个类型:

1) 基础型实验

注重验证基本概念、基本原理,了解常用元件、集成模块的性能和测试方法,了解常用电路的逻辑功能。

2) 设计型实验

从最简单的基本逻辑电路设计入手,加深对数字逻辑电路的认识和理解,着重了解常用单元电路的设计方法。

3) 综合型实验

结合理论知识和实际操作的学习,完成具有一定实际应用功能的逻辑电路的设计,了解数字系统在实际应用中可能出现的问题,并学习分析、解决各种问题的方法。

4.1 基础型实验

4.1.1 门电路的性能测试

1) 实验目的

(1) 了解门电路的性能和测试方法。

(2) 加深对门电路逻辑功能的认识。

(3) 掌握电路仿真的操作技术。

2) 预习要求

(1) 阅读所用门电路的说明书,了解其线路、外引线排列及逻辑功能。

(2) 分析 TTL 与非门、CMOS 电路的电压传输特性,选择较合理的测试点。

3) 实验内容

测试 TTL 与非门电路和 CMOS 与门电路的电压传输特性。

4) 实验步骤

(1) TTL 门电路的传输特性测试

① 启动 EWB5.0 软件,在 EWB 主窗口的电路工作区内创建如图 4.1.1 所示的 TTL 门电路的传输特性测试电路。

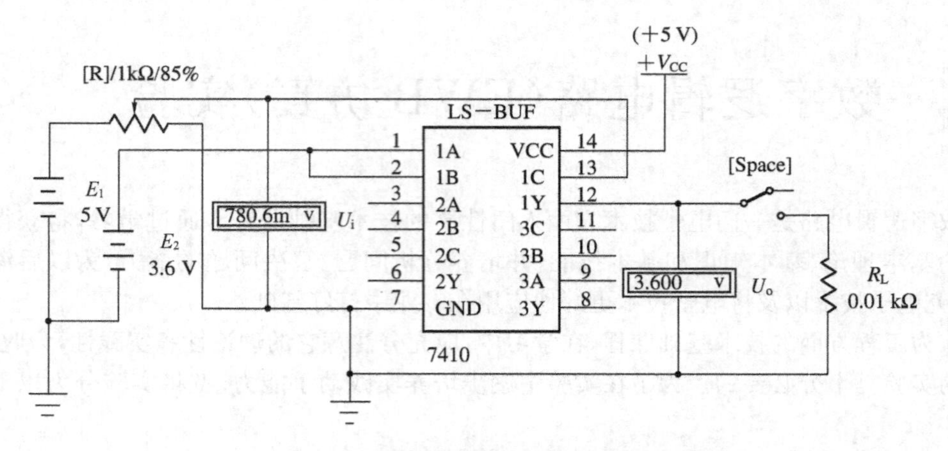

图 4.1.1　TTL 电路传输特性测试原理图

② 为了对 TTL 门电路各主要参数加深理解，可以通过选择改变 TTL 与非门的参数值来观察其对电路传输特性的影响。

TTL 与非门的参数选择：首先选定门电路符号，接着单击工具栏中的"元器件特性"按钮，调出元件特性对话框，在 Models（模型）选项中选取"TTL - LS - BUF"，然后单击 Edit 按键弹出"LS - BUF"（典型参数）的对话框，如图 4.1.2 所示，这时就可对各参数进行选择。

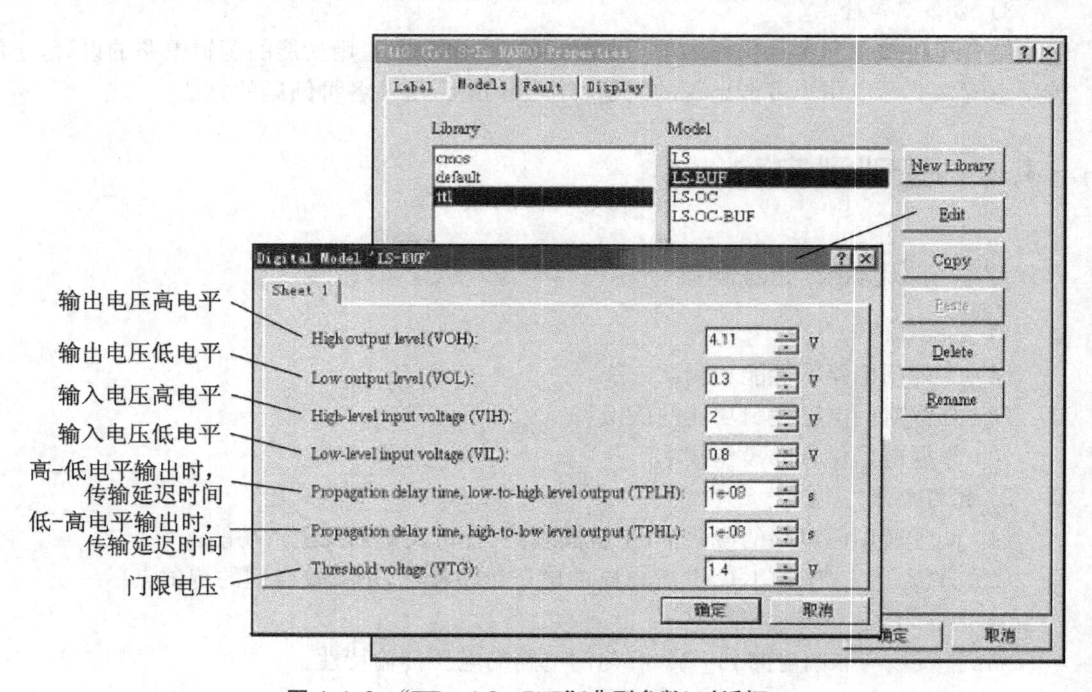

图 4.1.2　"TTL - LS - BUF"（典型参数）对话框

③ 测试电路中，利用调节可变电阻来改变被测输入端的输入电压值 U_i，在输出端可同时观察到输出电压 U_o的变化。并将两者关系分别用列表（结果填入表 4.1.1）和坐标曲线表示。

表 4.1.1　TTL 电路的电压传输特性

输入电压 U_i(V)										
输出电压 U_o(V)	空载									
	有　载 R_L(kΩ)	0.01								
		0.1								

(a) 考虑接上负载(有载)和不接负载(空载)两种情况。

(b) 坐标曲线:纵坐标——U_o,横坐标——U_i。

(2) CMOS 与门电路传输特性的测试

图 4.1.3 为 CMOS 与门电路的传输特性测试电路。比照 TTL 门电路的测试方法进行电路仿真和测试。将观察结果填入表 4.1.2 并画出坐标曲线。

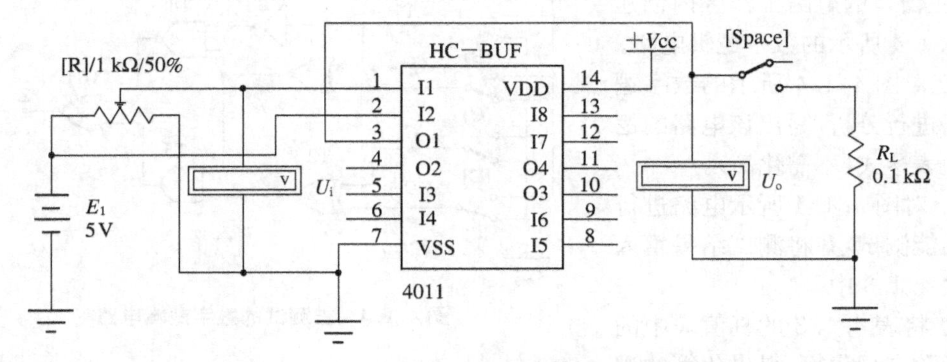

图 4.1.3　CMOS 与门电路传输特性测试原理图

表 4.1.2　CMOS 与门电路的电压传输特性

输入电压 U_i(V)									
输出电压 U_o(V)	空　载								
	有　载								

5) 实验报告

(1) 整理实验数据,画出门电路的电压传输特性曲线。

(2) 问题讨论:

① TTL 电路与 CMOS 电路的电压传输特性有哪些异同点?

② 门电路接负载测试与不接负载测试时,有哪些异同点?

③ TTL 集成电路电源的工作电压应接多少伏?

④ TTL 与非门电路 7410 的阈值电压 U_T=__________V;
CMOS 与非门电路 4011 的阈值电压 U_T=__________V。

4.1.2　组合逻辑电路逻辑的功能测试

1) 实验目的

(1) 认识、了解组合逻辑电路的功能和测试方法。

(2) 加深理解组合逻辑电路的功能和特点。

(3) 掌握电路仿真的操作技术。

2) 预习要求

(1) 复习组合逻辑电路的分析方法。

(2) 查阅常用组合逻辑电路的功能、集成电路型号等有关资料。

3) 实验内容

(1) 测试数字逻辑电路的逻辑关系，掌握逻辑函数的不同表示方法。

(2) 测试典型组合逻辑电路(MSI 芯片)的逻辑功能。

4) 实验步骤

(1) 组合逻辑电路的测试

① 启动 EWB5.0 软件，在 EWB 主窗口的电路工作区内创建如图 4.1.4 所示的数字逻辑电路。

② 对图 4.1.4 所示的数字逻辑电路进行分析，写出该电路的逻辑函数表达式(不需化简)。

③ 对图 4.1.4 所示电路进行逻辑功能测试，并将测试结果填入真值表 4.1.3 中。

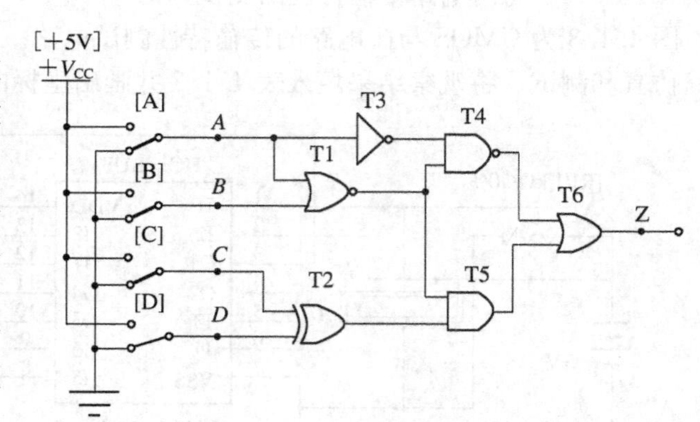

图 4.1.4　被测试的数字逻辑电路

④ 将表 4.1.3 的真值表中的逻辑函数进行化简，得出化简的逻辑函数表达式是：________。

⑤ 将图 4.1.4 中的逻辑电路用逻辑函数转换仪直接进行逻辑函数的化简，得出的逻辑函数表达式为：________。

表 4.1.3　测试电路真值表

A	B	C	D	Z

(续表 4.1.3)

A	B	C	D	Z

(2) 一位全加器电路的测试

全加器逻辑功能的测试电路如图 4.1.5 所示。对该电路进行测试,并将测试结果记录在真值表 4.1.4 中。

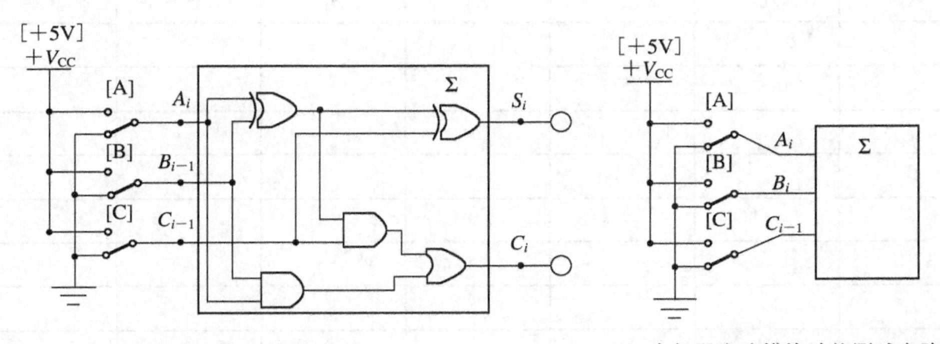

(a) 全加器电路功能测试电路　　(b) 全加器电路模块功能测试电路

图 4.1.5　一位全加器逻辑功能测试电路

表 4.1.4　测试电路真值表

A_i	B_i	C_{i-1}	S_i	C_i

(3) 两位全加器电路的测试

图 4.1.6 所示是一个两位全加器电路,输入:$A = A_1A_0$;输入 $B = B_1B_0$,输出 $S = S_1S_0$;输出进位 $C = C_1$。试设计一个该器件的逻辑功能的测试电路,并对该电路进行运行测试,将测试结果填入真值表 4.1.5 中。

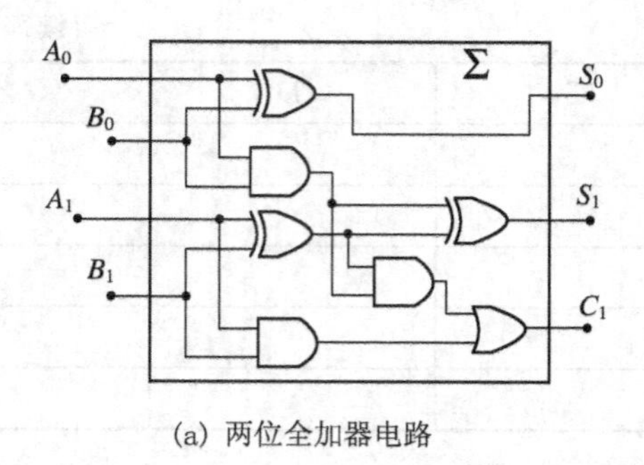

(a) 两位全加器电路

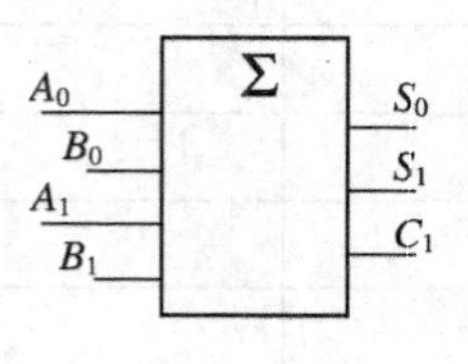

(b) 两位全加器示意图

图 4.1.6　被测全加器电路

表 4.1.5　测试电路真值表

A_1	A_0	B_1	B_0	S_1	S_0	C_1

5）实验报告

（1）画出测试电路，整理实验数据，并进行分析。

（2）回答问题：

① 与非门在什么情况下输出高电平？什么情况下输出低电平？

② 或非门输入端全部接低电平，或者全部接高电平时，输出端分别是什么状态？

③ 试分析用理论计算、用逻辑函数转换仪两种方法化简的逻辑函数表达式是否相同？若不相同，其主要原因是：______________________________。

④ 全加器的逻辑表达式为：$S_i=$______________，进位 $C_i=$____________________。

4.1.3 触发器的组成及集成触发器的性能测试

1) 实验目的

(1) 验证基本 RS 触发器、D 触发器、JK 触发器的逻辑功能。

(2) 熟悉集成触发器的特点和测试方法。

(3) 了解各类触发器间的相互转换。

2) 预习要求

(1) 复习各类触发器的逻辑功能及电路结构。

(2) 主从型 JK 触发器和维持阻塞型 D 触发器的触发边沿有何不同?

(3) 画出 JK 触发器与 D 触发器之间的相互转换电路。

3) 实验内容

触发器功能测试,触发器功能转换。

4) 实验步骤

(1) 基本 RS 触发器逻辑功能测试

图 4.1.7 是一个基本 RS 触发器,试创建一个该电路的测试电路,并将测试结果填入特性表(见表 4.1.6)中。

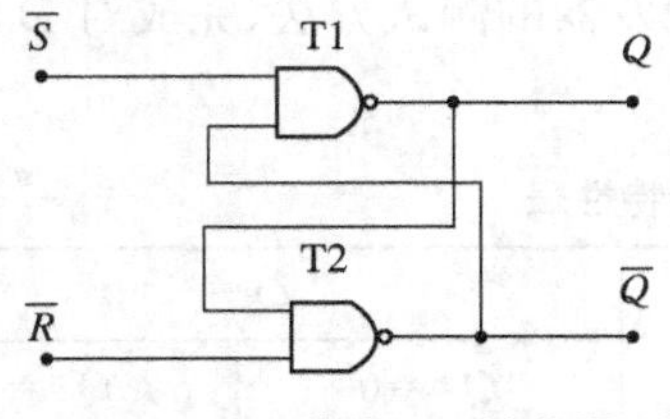

图 4.1.7 基本 RS 触发器

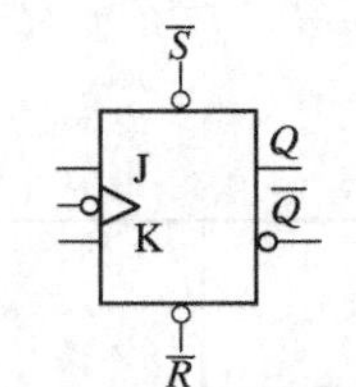

图 4.1.8 JK 触发器

表 4.1.6 RS 触发器特性表

$\overline{R}$	$\overline{S}$	Q^n	Q^{n+1}	$\overline{Q}^{n+1}$	触发器状态
1	1				
1	0				
0	1				
0	0				

(2) JK 触发器逻辑功能测试

① 选择电路文件中的 JK 触发器(见图 4.1.8),按＜F1＞键了解、掌握该触发器的性能。

② 试设计一个该电路的功能测试电路。

③ 确定该器件的置 1 端（$\overline{S}_D$）和置 0 端（$\overline{R}_D$），将其标识在电路上，并将这两个控制端的功能测试结果填入表 4.1.7。

表 4.1.7　JK 触发器的直接置数、置位

$\overline{S}_D(\overline{PRE})$	$\overline{R}_D(\overline{CLR})$	Q	$\overline{Q}$
1	⊔		
⊔	1		
1	1		
0	0		

④ 将该器件的逻辑功能测试结果填入表 4.1.8 的 JK 触发器特性表中。

⑤ 设置，$J=K=1$，$\overline{S_D}=\overline{R_D}=1$，然后给 CP 端输入频率 $f=1$ kHz 的方波信号，用逻辑分析仪检测该 JK 触发器的输出端 Q 的波形，观察输出状态何时被触发翻转。

(3) D 触发器逻辑功能测试

在“Digital”库中选择一个 D 触发器，比照 JK 触发器的测试方法，完成对 D 触发器的功能检测。

表 4.1.8　JK 触发器特性表

J	K	CP	Q^{n+1}	
			$Q^n=0$	$Q^n=1$
0	0	0→1		
		1→0		
0	1	0→1		
		1→0		
1	0	0→1		
		1→0		
1	1	0→1		
		1→0		

(4) D 触发器与 JK 触发器间的功能相互转换

将 JK 触发器转换成 D 触发器，并验证其逻辑功能。参考电路如图 4.1.9 所示。转换后的触发器逻辑功能表如表 4.1.9 所示。

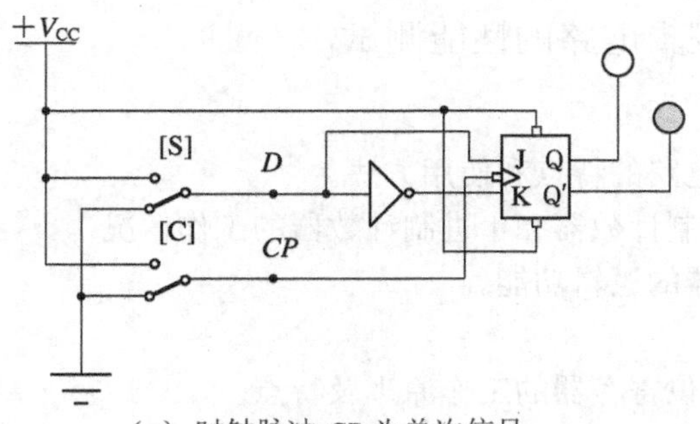

(a) 时钟脉冲 CP 为单次信号

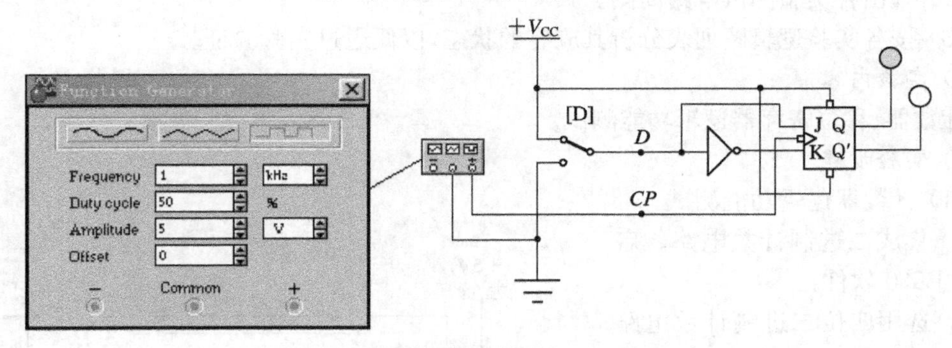

(b) 时钟脉冲 CP 为方波信号

图 4.1.9 JK→D 触发器转换逻辑图

表 4.1.9 转换后的触发器逻辑功能表

时钟信号	输　　入	输出		
CP	D	Q^n	Q^{n+1}	$\overline{Q}^{n+1}$
_↑ — ↓_	0	0		
		1		
_↑ — ↓_	1	0		
		1		

5) 实验报告

(1) 记录各触发器的逻辑功能,整理实验测试结果。

(2) 总结$\overline{S}_D$、$\overline{R}_D$ 及各输入端的作用。

(3) 比较基本 RS 触发器、D 触发器和 JK 触发器的逻辑功能、触发方式。

(4) 问题讨论:

① 当 JK 触发器的 $J=K=1$,CP 输入频率为 1 kHz 的方波时,Q 端输出波形的频率 f 为多少?此时该器件有何功能?

② 画出将 D 触发器转换成 JK 触发器的逻辑图,并验证其逻辑功能。

4.1.4 典型时序逻辑电路的性能测试

1）实验目的

(1) 熟悉专用计数电路的特点和使用方法。

(2) 观察、了解二进制计数器和十进制计数器的工作情况。

(3) 测试移位寄存器的逻辑功能。

2）预习要求

(1) 复习计数器、移位寄存器的工作原理及特点。

(2) 画出各实验测试电路简图。

(3) 按各实验逻辑图列表分析其应有的状态，以便通过实验验证。

3）实验内容

计数器、移位寄存器逻辑功能测试。

4）实验步骤

(1) 计数器逻辑功能测试

① 集成二进制计数电路。启动 EWB5.0 软件：

a. 选用四位二进制计数电路(7493)，并按<F1>键了解该器件的功能。

b. 要求使得该电路工作在计数状态，则：$R0(1)=$________；$R0(2)=$________。

c. 选用带译码器的七段 LED 数码管，显示其输出的二进制数据。

d. 输入时钟采用频率 $f=1\text{Hz}$ 的时钟信号。

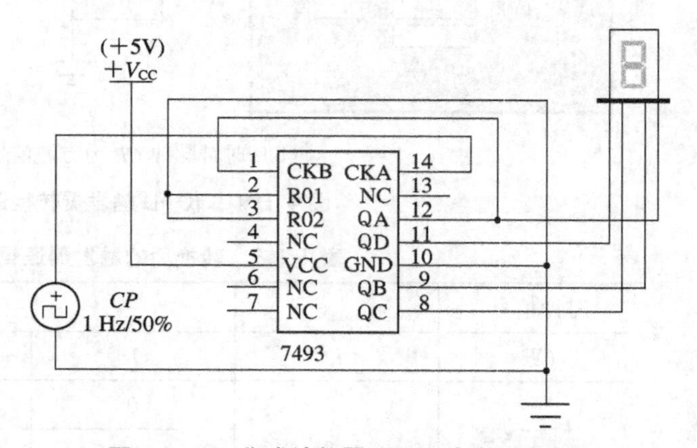

图 4.1.10 集成计数器(7493)功能测试电路

e. 计数器功能测试参考电路如图 4.1.10 所示，观察输出结果。

f. 数码管显示的数字分别为：____________。

② 同步可逆四位二进制计数电路

a. 选用二进制可逆计数电路(74191)，按 F1 键了解该器件的功能。

其中：A(15)、B(1)、C(10)、D(9)为预置数据输入端；QA(3)、QB(2)、QC(6)、QD(7)为输出端；U/D′(5)为加减计数控制端；LOAD′(11)为预置数据控制端(低电平有效)；CTEN′(4)为工作控制端(高电平状态保持)；MAX/MIN(12)为进位／借位信号输出端；RCO′(13)为串行时钟脉冲输出端；CLK(14)为时钟脉冲输入端。

b. 选用带译码器的七段 LED 数码管，显示输出的二进制数据。

c. 输入时钟采用频率 $f=1\text{Hz}$ 的时钟信号。

d. 可逆二进制计数器功能测试的参考电路如图 4.1.11 所示，观察输出结果。

e. 若要求该电路工作在减法计数状态，则：

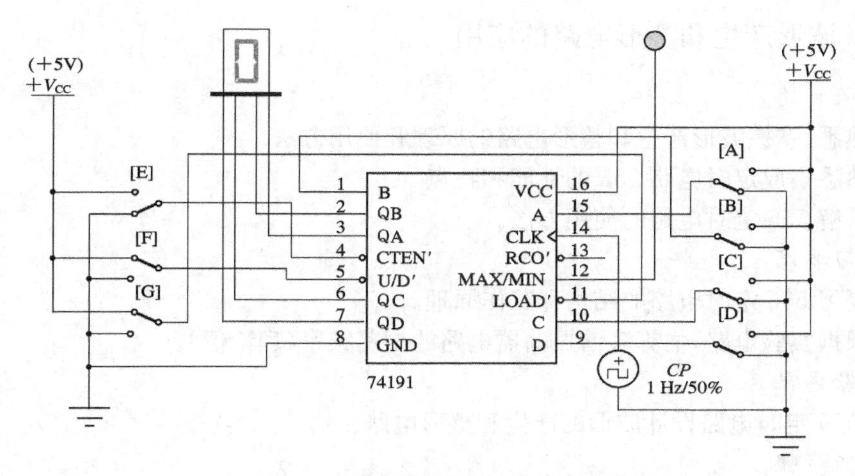

图 4.1.11 集成计数器(74191)功能测试电路

U/D′=________;LOAD′=________; CTEN′=________。

f. 若电路工作在预置数加法计数状态,而且预置数 DCBA=0100,请完成电路设计,并观察输出结果和各点波形。

③ 集成十进制计数电路

a. 选取十进制计数电路(74160),按 F1 键了解该器件的功能。

b. 选用带译码器的七段 LED 数码管,显示输出的十进制数据。

c. 输入时钟采用频率 $f=1\text{Hz}$ 的时钟信号。

d. 完成功能测试电路的设计,并观察输出结果和各点波形。

(2) 移位寄存器功能测试

启动 EWB5.0 软件,选取移位寄存器(74194),并按 F1 键了解该器件的功能。设计该器件的测试电路,并将验证结果填入移位寄存器的逻辑功能表。

5) 实验报告

(1) 整理记录实验数据。

(2) 画出二进制计数器和十进制计数器的输出波形。

(3) 写出移位寄存器的逻辑功能表。

(4) 问题讨论:

① 若将集成十进制计数测试电路中的十进制计数器改换为四位二进制计数器。请问七段译码、显示电路还能否正常工作?试写出改换后的显示结果。

② 二进制可逆计数器,当预置数 DCBA=1001 时,输入第五个时钟脉冲后,加法计数和减法计数其计数器中的输出状态分别是多少?

③ 当移位寄存器数据输入端 $SR=1110010$,时钟脉冲输入第五个脉冲后,移位寄存器中各触发器的输出状态如何?

4.1.5 波形产生和整形电路的应用

1）实验目的

(1) 熟悉、掌握波形产生和整形电路的原理和使用方法。

(2) 熟悉集成定时电路 555 的性能和特点。

(3) 了解 555 定时电路的使用方法。

2）预习要求

(1) 复习 555 定时电路的结构和工作原理。

(2) 根据实验电路，估算多谐振荡器电路的振荡频率(理论值)。

3）实验内容

应用 555 定时电路设计波形的产生和整形电路。

4）实验步骤

(1) 555 定时电路构成多谐振荡器。

① 选择 555 定时电路，按 F1 键了解、掌握该器件的性能和使用特点。

其中：GND(1)：接地；TR(2)：比较器 C2 输入端(触发输入端)；OUT(3)：输出端；RES(4)；置零端；CON(5)：控制电压输入端；THR(6)：比较器 C1 输入端(阈值输入端)；DIS(7)：晶体管输出；VCC(8)：电源。

② 按图 4.1.12 所示创建电路，并根据 555 电路的原理，计算、回答下列问题(理论值)：

U_{R1}(上基准电压)＝__________V；

U_{R2}(下基准电压)＝__________V；

电容 C_1 从 $U_{R2} \to U_{R1}$ 充电时间 T_1＝__________s；

电容 C_1 从 $U_{R1} \to U_{R2}$ 放电时间 T_2＝__________s；

该电路输出波形的频率 f＝__________；

该电路输出波形的占空比 q＝__________。

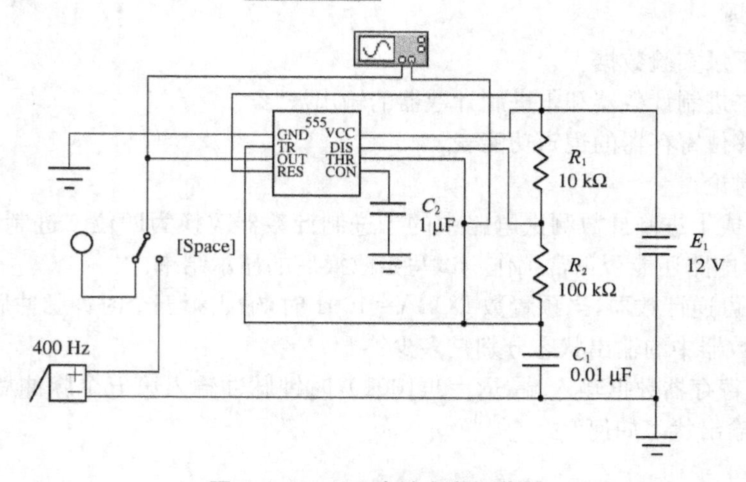

图 4.1.12 555 电路多谐振荡器

③ 运行图 4.1.12 所示的电路，并选用相应的测试仪器，测出(瞬态分析形式)下列结果：

U_{R1}(上基准电压)=________V；

U_{R2}(下基准电压)=________V；

电容 C_1 从 $U_{R2} \to U_{R1}$ 充电时间 T_1=________s；

电容 C_1 从 $U_{R1} \to U_{R2}$ 放电时间 T_2=________s；

该电路输出波形的频率 f=________；

该电路输出波形的占空比 q=________。

④ 试将电阻 $R1$ 改成 51 kΩ，并重复上述测试过程：

U_{R1}(上基准电压)=________V；

U_{R2}(下基准电压)=________V；

电容 C_1 从 $U_{R2} \to U_{R1}$ 充电时间 T_1=________s；

电容 C_1 从 $U_{R1} \to U_{R2}$ 放电时间 T_2=________s；

该电路输出波形的频率 f=________；

该电路输出波形的占空比 q=________。

⑤ 将 $R1$ 恢复成 1 kΩ 电阻，再用一个 10 kΩ 电阻从控制电压输入端⑤连至接地，根据555电路原理讨论输出波形的频率和占空比将发生什么变化？

对该电路进行仿真运行，并使用相应的测试仪器，测试结果：

该电路输出波形的频率 f=________；

该电路输出波形的占空比 q=________。

(2) 555定时电路构成单稳态触发器

图4.1.13为由555定时电路组成的单稳态触发器电路。

① 用示波器观察输出电压与输入电压的波形及时间对应关系，并画出对应的波形。

② 改换电阻 $R1$ 的阻值，观察输出电压和电容两端电压的变化情况，并画出对应的波形。

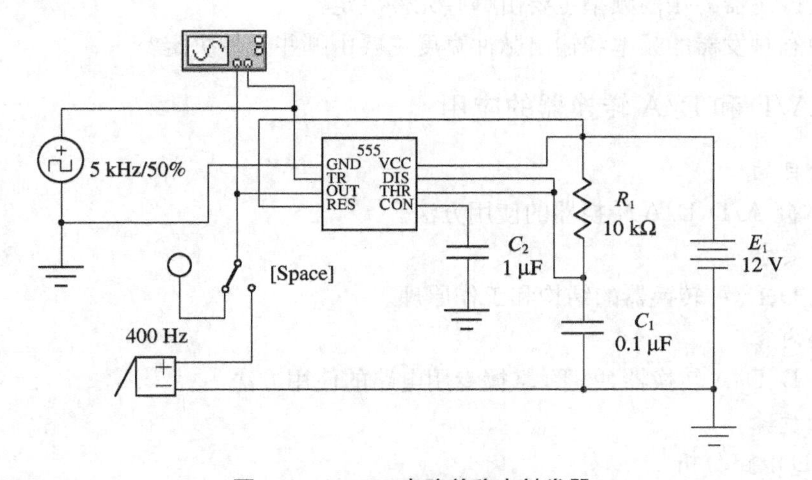

图4.1.13　555电路单稳态触发器

(3) 555电路构成电压—频率转换电路的分析

① 按图4.1.14所示创建电路，并运行该电路。

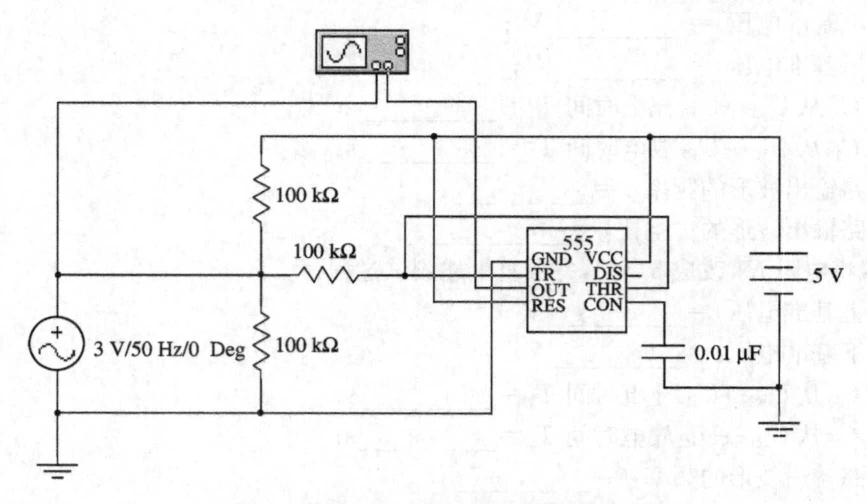

图 4.1.14　555 电路构成施密特触发器

② 根据 555 定时电路的原理，分析该电路，计算、回答下列问题（理论值）：

该电路的正向阈值电压 U_{T+} = ________V；

负向阈值电压 U_{T-} = ________V；

回差电压 ΔU = ________V。

③ 用示波器观察输出电压与输入电压的波形，找出输入、输出电压发生变化的对应关系，并画出对应的工作波形。

5）实验报告

（1）画出实验电路图，记录实验数据。

（2）将根据给定条件计算出的各项理论数据与实际测量值进行分析、比较。

（3）回答问题

① 多谐振荡器的振荡频率主要由哪些元件决定？

② 单稳态触发器的频率和输出脉冲宽度主要由哪些元件决定？

4.1.6　A/D 和 D/A 转换器的应用

1）实验目的

熟悉、掌握 A/D、D/A 转换器的使用方法。

2）预习要求

复习 A/D、D/A 转换器的结构和工作原理。

3）实验内容

分析 A/D、D/A 转换器，熟悉、掌握专用电路的使用方法。

4）实验步骤

（1）A/D 电路分析

① A/D 转换电路见图 4.1.15 所示，其中：

VIN：电压输入端；

VREF＋：上基准电压输入端；

VREF－:下基准电压输入端;

SOC:转换数据启动端(高电平启动);

DE:三态输出控制端;

EOC:转换周期结束指示端(输出正脉冲);

D0～D7:二进制数码输出端。

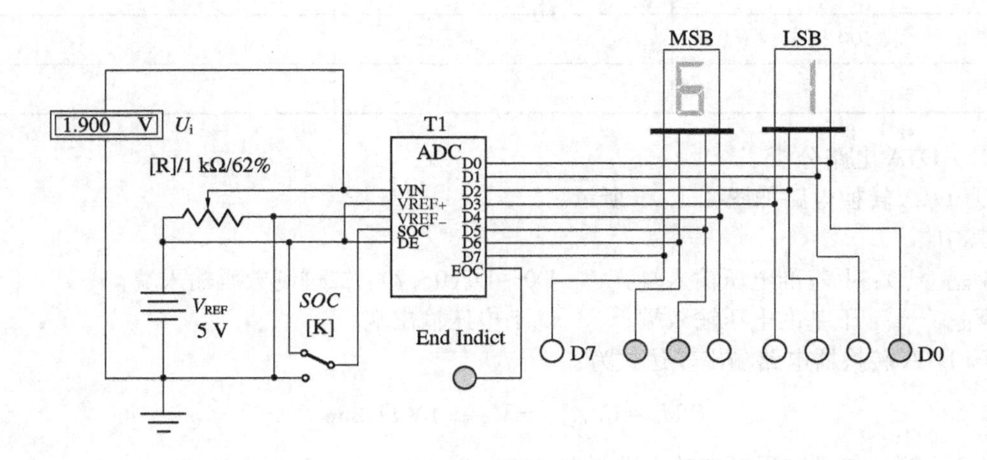

图 4.1.15　A/D 转换电路

该电路的输入电压通过改变电位器 R 值来提供,与输出的关系可表示为:

$$U_i = 数字输出(对应十进制数) \times V_{REF}/256$$

输出的二进制数有关系式:

$$BIN[U_i \times 255/(V_{REF+} - V_{REF-})]$$

由带译码器的七段 LED 数码管以十六进制数形式显示。SOC(模数转换启动端)在输入信号改变时,可连续按动 K 键两次,实现模数转换。

② 选择电路中的 A/D 转换器 T1,按<F1>键了解该器件的主要功能。

③ 运行该电路,观察输入和输出信号,熟悉、掌握该电路的使用方法。

a. 将 SOC 端连至电源(5 V),此时的数字输出(十六进制)为:__________,试求出对应的模拟输入电压 U_i=__________V。

b. 改变输入电压调节电位器 R,将由此得到的对应输入模拟电压 U_i 及数字输出(十六进制)填入表 4.1.10。

表 4.1.10　A/D 转换器的输入与输出

输入电位器 R	输入模拟电压 U_i(V)	数字输出(十六进制)
0 %		

（续表 4.1.10）

输入电位器 R	输入模拟电压 U_i(V)	数字输出(十六进制)
50 %		
100 %		

(2) D/A 电路分析

① D/A 转换电路如图 4.1.16 所示。

其中：

V_{REF}(+)：上基准电压输入端；　　D0～D7(0～7)：二进制数码输入端；

V_{REF}(−)：下基准电压输入端；　　U_o：电压输出端。

该 D/A 转换器电路输出表达式为：

$$U_o=(V_{REF+}-V_{REF-})\times D/256$$

其中，D 为输入二进制码对应的十进制数。

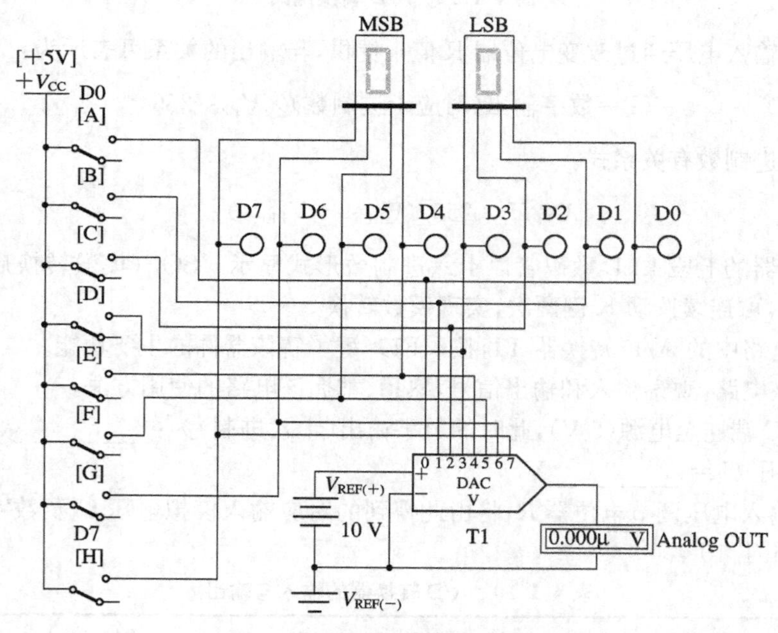

图 4.1.16　D/A 转换器测试电路

② 选择 D/A 转换器(图 4.1.16)，按〈F1〉键了解该器件的主要性能和特点。并运行该电路。

a. 假定输入的数字码为 36(十六进制数)，则输入的二进制数为：D7～D0：________，输出电压计算值为：________V，输出电压测量值为：________V。

b. 假定输入的数字码为 08(十六进制数),则输入的二进制数为:D7～D0:________________,输出电压计算值为:________V,输出电压测量值为:________V。

c. 假定输入的数字码为 F2(十六进制数),则输入的二进制数为:D7～D0:________________,输出电压计算值为:________V,输出电压测量值为:________V。

(3) 采样速率对转换结果的影响

① 图 4.1.17 是一个将模拟信号转变为数字信号后,进行存储、处理,然后再转换成模拟信号的电路。

该电路中的 A/D 转换器的最高采样频率为 1MHz。而 D/A 转换器为电流输出形式,其中:D0～D7 为二进制数输出端;I_O 为上电流输出端;$\overline{I}_O$ 为下电流输出端;I_{REF}(+)为上基准电流输入端;I_{REF}(−)为下基准电流输入端。

该 D/A 转换器输出表达式为:

$$I_O=(I_{REF+}-I_{REF-})\times D/256$$

其中:D 为输入二进制码对应的十进制数。

② 选择电路图中的 A/D 和 D/A 转换器,按〈F1〉键了解器件的主要特点。

a. 运行该电路,使用示波器观察输入、输出波形。

b. 改变输入信号的频率,观察不同采样频率的信号对输出波形的影响。

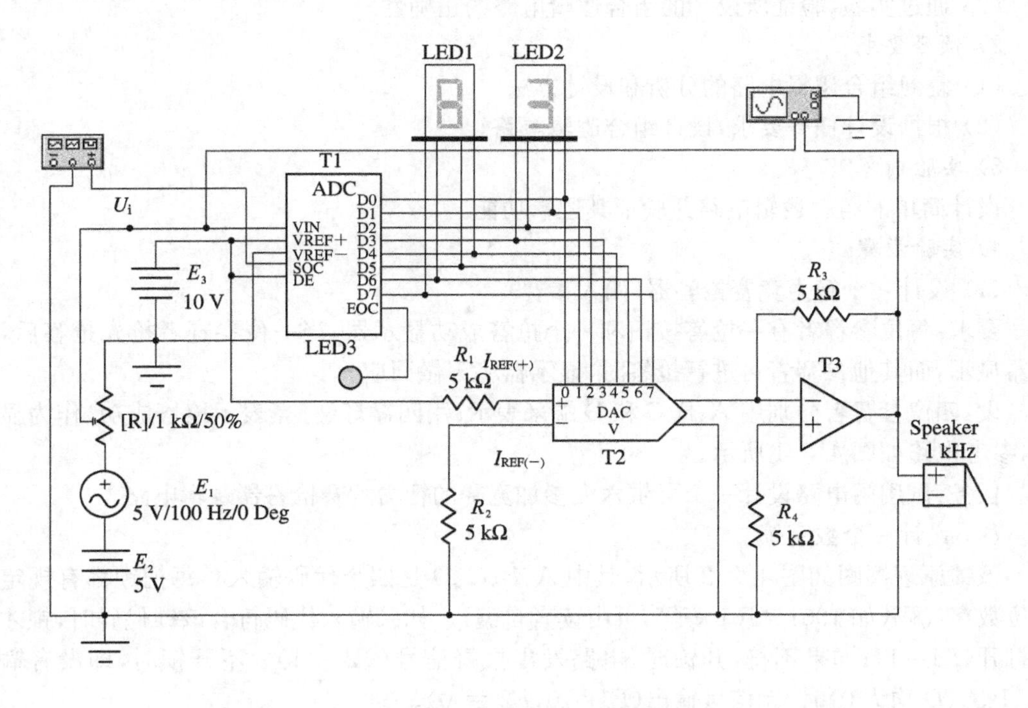

图 4.1.17　A/D 与 D/A 应用电路

5) 实验报告

(1) 画出实验电路图,整理实验数据。

(2) 问题讨论:

① 图 4.1.15 提供的电路,是一个 8 位 A/D 转换器,基准电压为 5 V,试求出对应每 bit

数字输出的电压是多少？(需写出计算表达式)

② 若输出显示的数据是 6F(十六进制)，则输入的模拟信号数值是多少？(需写出计算表达式)

③ 一个 8 位 D/A 转换器(见图 4.1.16)，当参考电压为 10 V 时，每 bit 对应的模拟电压输出是多少(需写出计算表达式)？若输出电压是 3.62 V，试求出此时的输入二进制数。(需写出计算表达式)

④ 要使电路经 A/D、D/A 转换后的信号尽量不失真，应该考虑哪些因素？采取哪些措施？

⑤ 试讨论改变参考电压 V_{REF} 对 A/D 转换精度的影响。

4.2 设计型实验

4.2.1 组合逻辑电路的设计

1) 实验目的

(1) 熟悉组合逻辑电路的一般设计方法。

(2) 通过实验，验证所设计的组合逻辑电路的正确性。

2) 预习要求

(1) 复习组合逻辑电路的分析和设计方法。

(2) 根据设计任务要求，设计组合逻辑电路。

3) 实验内容

设计简单的组合逻辑电路并验证其逻辑功能。

4) 实验步骤

(1) 设计一个智力竞赛抢答器(四人参赛)

要求：每位参赛者有一抢答按钮和一个抢答成功显示器，当一位参赛者抢先抢答后，显示器显示，而其他参赛者再进行抢答时，显示器将不做回应。

设：四位参赛者分别用 A、B、C 和 D 端来表示；用四盏灯(灯亮表示抢答成功)作为显示器，参考电路如图 4.2.1 所示。

任务：试用门电路设计一个可供六人参加竞赛的智力竞赛抢答器逻辑电路。

(2) 设计一个数字锁

该锁原理框图如图 4.2.2 所示，其中 A、B、C、D 是四个代码输入。每把锁都有规定的四位数字代码(如 1001、1101 等等，可由读者自编)。如果输入代码符合该锁代码时，锁才能被打开($F1=1$)；如果不符，开锁时，电路发出报警信号($F2=1$)。不开锁时，即没有输入(A、B、C、D 均为 0)时，无信号输出($F1=0$，$F2=0$)。

实验时，锁被打开或报警可分别用两个发光二极管(或彩色指示灯)发光与否来示意。

图 4.2.3 是使用与非门和非门实现的数字锁参考电路。

任务：试用门电路设计另选开锁密码的一个数字锁逻辑电路。

(3) 设计一个三变量的表决电路

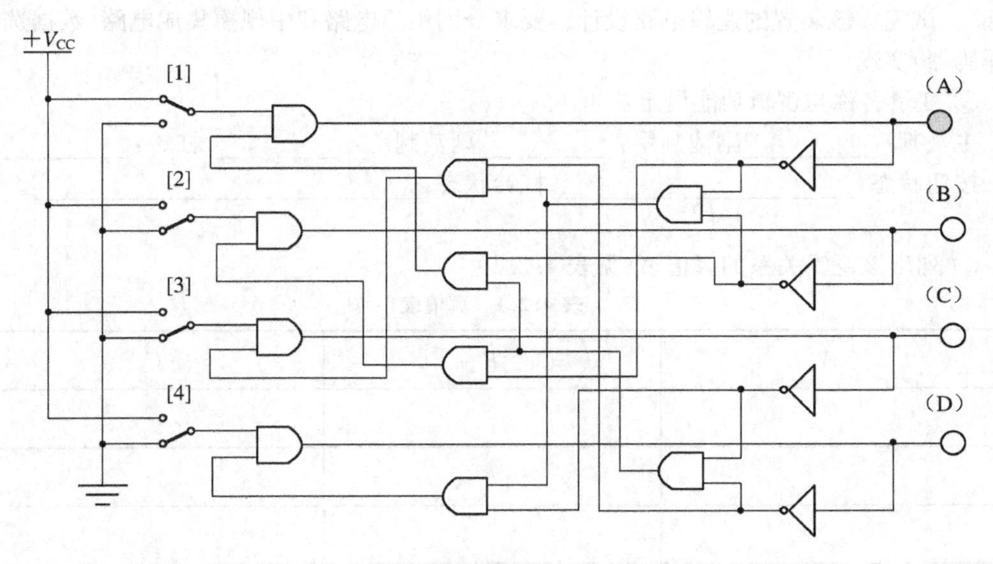

图 4.2.1　智力竞赛抢答器(四人)参考电路

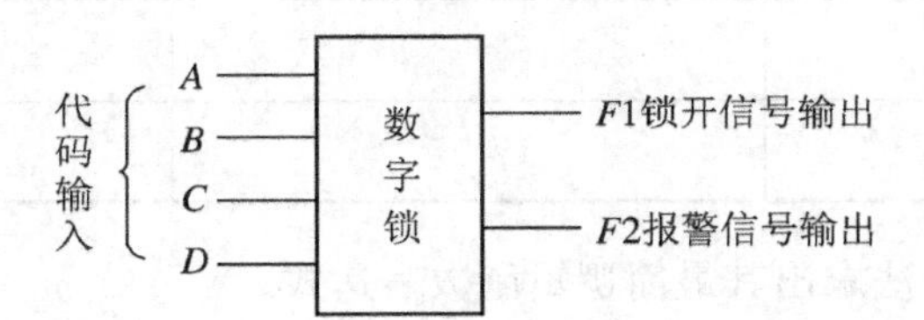

图 4.2.2　数字锁开关示意图

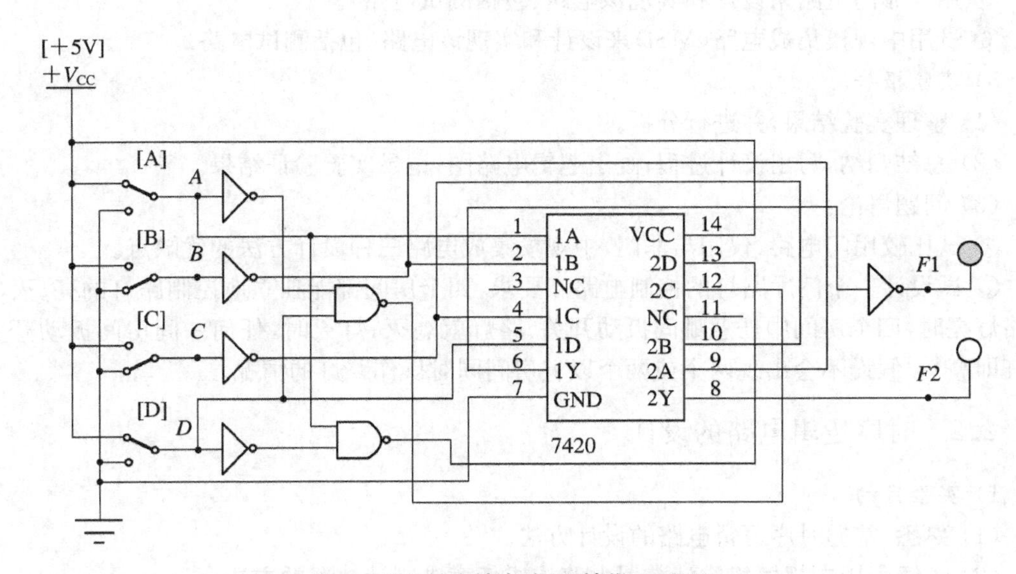

图 4.2.3　数字锁电路(开锁代码 1001)

在举重比赛中,有三位裁判:一位主裁判和两位副裁判。在他们的面前各有一个按钮,只有当三位裁判均按键或一个主裁判和一个副裁判同时按下自己面前的按钮时,表示"杠铃举起”。试完成该装置的逻辑电路设计。要求分别用门电路和中规模集成电路(数据选择器或译码器)实现。

① 变量名称与逻辑功能设定：

主裁判：__________副裁判甲：__________副裁判乙：__________杠铃：__________；
按钮状态：____________________杠铃状态：__________________________。

② 列出该逻辑关系的真值表(见表 4.2.1)

表 4.2.1 真值表

A	B	C

③ 用卡诺图化简方法求出其最简逻辑函数表达式。

④ 用门电路来设计和实现化简的逻辑函数表达式(包括测试电路)。

⑤ 用与非门电路来设计和实现该电路(包括测试电路)。

⑥ 试用中规模集成电路(MSI)来设计和实现该电路(包括测试电路)。

5) 实验报告

(1) 整理实验结果,并进行分析。

(2) 总结归纳,写出设计过程;画出逻辑电路图;记录实验验证结果。

(3) 问题讨论：

① 试比较用门电路、仅用与非门、中规模集成电路三种设计方法的优缺点。

② 试设计一个门厅路灯的控制电路。要求:四个房间都能独立地控制路灯的亮、灭(即若路灯亮时,四个房间中任意哪间扳动开关,路灯就熄灭;灯灭时,任何一间房间扳动开关,路灯即亮)。假设不会出现两个或两个以上房间同时操作路灯的情况。

4.2.2 时序逻辑电路的设计

1) 实验目的

(1) 熟悉、掌握时序逻辑电路的设计方法。

(2) 了解利用中规模集成计数器电路构成任意进制计数器的方法。

(3) 练习正确连接数字系统的线路。

2) 预习要求

(1) 复习时序逻辑电路的分析和设计方法。

(2) 分析实验电路的工作原理及其逻辑功能。

3) 实验内容

设计时序逻辑计数电路和数码序列检测电路。

4) 实验步骤

(1) 设计时序逻辑计数电路

① 设计一个五十进制减法计数器。

a. 选取十进制可逆计数电路(74190),按＜F1＞键了解该器件的功能。

其中:A(15)、B(1)、C(10)、D(9)为预置数据输入端;QA(3)、QB(2)、QC(6)、QD(7)为输出端;U/D′(5)为加减计数控制端;LOAD′(11)为预置数据控制端(低电平有效);CTEN′(4)为工作控制端(高电平状态保持);MAX/MIN(12)为进位/借位信号输出端;RCO′(13)为串行时钟脉冲输出端;CLK(14)为时钟脉冲输入端。

b. 选用带译码器的七段LED数码管,显示输出的十进制数据。

c. 输入时钟采用频率 $f=1\text{Hz}$ 的时钟信号。

d. 五十进制减法计数器的参考电路如图 4.2.4 所示,观察输出结果。

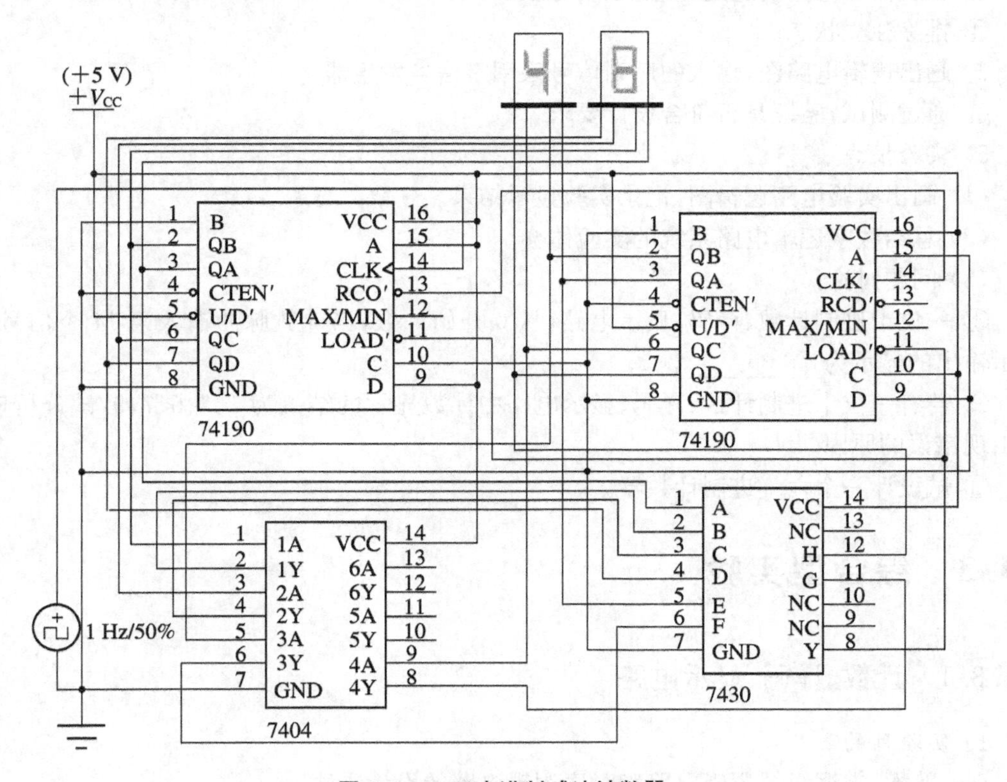

图 4.2.4　五十进制减法计数器

任务:设计一个三十进制减法计数器。

② 设计一个五十进制加法计数器。

a. 选取十进制同步计数电路(74160),按 F1 键了解该器件的功能。

其中:A(3)、B(4)、C(5)、D(6)为数据输入端;QA(14)、QB(13)、QC(12)、QD(11)为输

出端；ENP(7)为计数控制端；ENT(10)为计数控制端；LOAD(9)为预置数输入控制端；CLR(1)为置零端；RCO(15)为进位输出端。

b. 若要求该电路工作在加法计数状态,则要求：

$ENP=$________；$ENT=$________；$CLR=$________；$LOAD=$________。

c. 试用 74160 构成五十进制加法计数器,用带译码器的七段 LED 数码管作为显示器件,输入是频率为 1Hz 的时钟信号。

d. 请完成电路设计,并观察输出结果和各点波形。

(2) 设计数码序列检测电路

试设计一个数字二进制码 10110 序列检测器,即输入序列中连续五个码符合 10110 时,检测器输出“1”。要求输出指示在检测到该序列后灯才亮,并保持一个时钟周期。

① 确定状态变量和状态转换图,并进行化简。

② 进行状态分配。

③ 触发器和电路的选定,确定驱动方程。

④ 排除独立状态。

⑤ 画出逻辑电路图,输入的序列信号采用字信号发生器。

⑥ 通过测试,验证是否符合设计要求。

5) 实验报告

(1) 画出实验电路逻辑图,记录实验显示结果。

(2) 总结数字逻辑电路系统的实验体会。

(3) 问题讨论：

① 一位十进制计数、译码、显示电路,从 0 开始计数,当计数脉冲输入第 14 个信号时,显示输出的显示为________。

② 若有一位十进制计数、译码、显示电路中计数显示的结果为 1、3、5、7、9,试分析该电路出现错误的原因。

③ 试设计一个六十进制计数器。

4.3 综合型实验

4.3.1 计数、译码、显示电路

1) 实验目的

(1) 熟悉、掌握组合逻辑电路和时序逻辑电路的设计方法。

(2) 了解简单数字系统的构成方法。

(3) 练习正确连接数字系统的线路。

2) 预习要求

(1) 复习组合逻辑电路与时序逻辑电路的分析和设计方法。

(2) 分析实验电路的工作原理及其逻辑功能。

3) 实验内容

设计组合逻辑的译码、显示电路和时序逻辑的计数电路。

4) 实验步骤

(1) 设计一个六十进制计数、译码、显示电路

① 选取十进制同步计数电路(74160),按 F1 键了解该器件的功能。

② 试用 74160 构成一个六十进制的加法计数器。

③ 用集成七段译码器(7447)完成 BCD 码——七段显示的译码,用七段 LED 数码管作为显示器件。

④ 时钟信号是频率为 1Hz 的矩形波。

⑤ 完成电路设计,并观察输出结果和各点波形。

(2) 设计一个二十四进制计数、译码、显示电路

① 选取十进制计数电路(7490),按 F1 键了解该器件的功能。

② 试用 7490 构成一个二十四进制的加法计数器。

③ 用带译码器的七段 LED 数码管作为显示器件。

④ 时钟信号是频率为 1Hz 的矩形波。

⑤ 完成电路设计,并观察输出结果和各点波形。

(3) 设计具有时、分显示的电子钟电路

将上面完成的六十进制计数器和二十四进制计数器,通过适当的连接构成可以显示小时、分钟的时钟电路。

5) 实验报告

(1) 画出实验电路逻辑图,记录实验显示结果。

(2) 总结数字逻辑电路的实验体会。

4.3.2 汽车尾灯显示电路

1) 实验目的

(1) 了解数字逻辑电路课程与实际生活的联系。

(2) 掌握简单数字系统的构成方法。

(3) 练习正确连接数字系统的线路。

2) 预习要求

(1) 复习组合逻辑电路与时序逻辑电路的分析和设计方法。

(2) 分析实验电路的工作原理及其逻辑功能。

3) 实验内容

设计一个汽车尾灯显示电路。

4) 实验步骤

(1) 电路要求分析

汽车尾灯是用来显示汽车行驶状态的。当汽车左转时,左边的尾灯(一排三个灯泡)依次向左逐个点亮并连续循环;当汽车右转时,右边的尾灯(一排三个灯泡)依次向右连续循环逐个发光;当汽车刹车时,左右两边的尾灯同时点亮。

(2) 电路设计

根据电路要求,进行电路分析、设计。图 4.3.1 为汽车尾灯示意图。

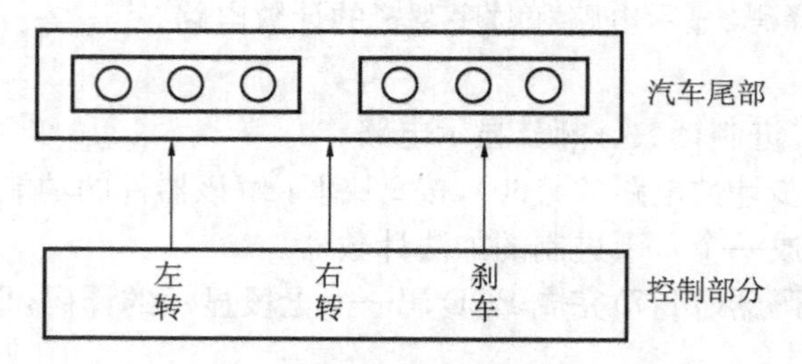

图 4.3.1　汽车尾灯示意图

① 元器件选择。根据设计的电路选择集成电路、逻辑开关、显示器件等有关元器件。

② 电路实现。完成逻辑电路的设计后,启动 EWB 仿真软件,检验、调试电路。

5) 实验报告

(1) 画出实验电路逻辑图,记录实验显示结果。

(2) 总结数字逻辑电路的实验体会。

4.3.3　竞赛抢答器电路

1) 实验目的

(1) 了解数字逻辑电路课程在实际中的应用。

(2) 掌握数字系统的构成方法。

(3) 练习正确连接数字系统的线路。

2) 预习要求

(1) 复习组合逻辑电路与时序逻辑电路的分析和设计方法。

(2) 分析实验电路的工作原理及其逻辑功能。

3) 实验内容

设计一个智力竞赛抢答器电路。

4) 实验步骤

(1) 电路要求分析

试设计一个可允许六人参加有限时功能的竞赛抢答器。要求:

① 显示出最先抢答者(可用发光二极管显示,也可用数码管显示)的号码,同时使其他抢答者的抢答失效。

② 当主持人宣布开始(可用一个开关的动作来表示)后,30 s 内无人抢答,将进行下一个问题的抢答。用数码管显示时间(从 30 开始,减至 0 时用一个发光二极管表示时间结束)。

③ 在问题提出后的 30 s 内如有人抢答,显示时间的数码管则自动回零。

(2)电路设计

根据电路要求,进行电路分析、设计。图 4.3.2 为竞赛抢答器的方框图。

① 元器件选择。根据设计的电路选择集成电路、逻辑部件、逻辑开关、显示器件等有关元器件。

② 电路实现。完成逻辑电路的设计后,启动 EWB 仿真软件,检验、调试电路。

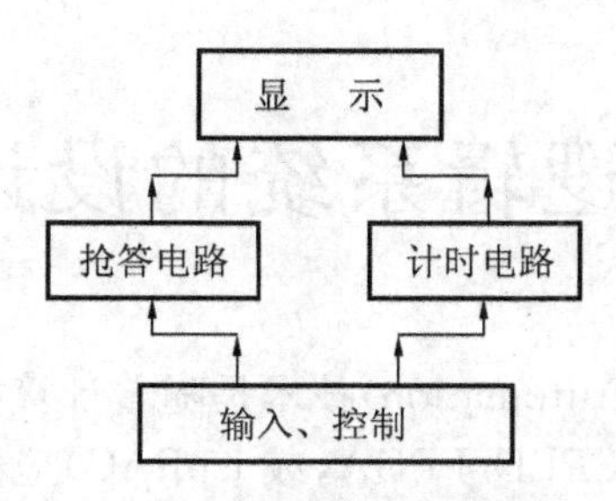

图 4.3.2 竞赛抢答器方框图

5）实验报告

(1) 画出实验电路逻辑图,记录实验显示结果。

(2) 总结数字逻辑电路系统的实验体会。

5 现代数字逻辑系统的设计方法

EDA(Electronics Design Automation)技术是随着计算机与超大规模集成电路技术的成熟，借助于可编程逻辑器件(CPLD/FPGA，或 ispPAC)应运而生的一门新技术。它实现了无需从电路板上拆除芯片，而改变芯片逻辑内容的在系统(ISP)技术。由此可以缩短电子系统研发时间，降低开发费用，简化生产流程，降低生产成本，并可在现场对系统进行逻辑重构和升级。同时由于硬件随时能够改变组态，实现了硬件设计软件化，革命性地改变了电子系统设计的传统概念和方法。

EDA 技术具有完备的开发工具，可以完成电路的合成与仿真，并能自动实现电路的最佳化，提供弹性的设计方式，并允许多次对芯片进行清除与重新烧录。目前对电子线路(数字电路、模拟电路)都实现了可编程设计，开发人员完全可以根据自己的设计来定制芯片内部的电路功能，成为设计者自己的专用集成电路(ASIC，Application Specific IC)，因此 EDA 技术正逐渐成为电子信息等相关专业的工程技术人员所必备的基本技能。

EDA 技术使数字系统的分析、设计方法发生了根本的变化，它采用直接设计(对于简单的数字系统，将设计看成一个整体，将其设计成为一个单电路模块)，自顶向下设计(对于一些功能复杂的数字逻辑系统，常采用将设计划分为不同的功能子块，每个子块完成不同的特定功能，先进行顶层模块设计，再进行模块详细设计，在子模块设计中可以调用库中已有的模块或设计过程中保存的实例，此方法为自顶向下的设计方法)，自底向上设计(此方法与自顶向下的方法相反)。

基于 EDA 技术的数字逻辑系统设计流程一般分为：① 设计输入——可以有图形、文本、波形等不同输入形式，主要是所实现的数字系统的逻辑功能进行描述；② 设计处理——主要进行设计编译、逻辑优化、适配等，生成编程文件；③ 设计校验——对设计的电路进行检查，验证是否满足设计要求；④ 器件下载——将适配后生成的数据文件，通过编程器对 CPLD/FPGA 器件进行下载，进行硬件调试与验证；⑤ 设计电路硬件调试—将已编程的器件与其他相关器件等连接，以验证可编程器件所实现的逻辑功能是否满足要求。

目前应用较为广泛的是基于可编程逻辑器件的 EDA 技术，它主要由一台计算机、一套 EDA 软件开发工具、一片或几片可编程芯片(CPLD/FPGA，或 ispPAC)及实验开发系统组成。

EDA 软件在 EDA 技术应用中占有重要的地位，它是利用计算机实现电路设计自动化的保证，现有很多种类，按其应用领域可分为电子电路设计工具、仿真工具、PCB 设计软件、PLD 设计工具等。

每个 CPLD/FPGA 生产厂家为了方便用户，往往提供集成开发环境，如：由 Altera 公司提供的 Max+plusⅡ/Quartus Ⅱ、Lattic 公司提供的 ispEXPERT、由 Xinlinx 公司提供的 Foundation，本书所用的 EDA 软件是 Altera 公司提供的 Max+plusⅡ/Quartus Ⅱ。

5.1 可编程逻辑器件简介

可编程逻辑器件PLD是大规模集成电路技术发展的产物，是一种半定制的集成电路，自20世纪70年代发展以来，特别是20世纪末，集成技术得到飞速发展，可编程逻辑器件才得以实现。

可编程逻辑器件常按集成度分：500逻辑门以下的，称为简单PLD器件，如：PROM、PLA、PAL、GAL等。集成度较高的，称为复杂PLD，如目前大量使用的CPLD、FPGA器件。按结构分：乘积项结构器件，基本结构“与—或”阵列器件，PLD、CPLD一般属于此类；查找表结构器件，简单查找表组成可编程门，再构成阵列形式，如：FPGA。按编程工艺分：熔丝、反熔丝型器件，是只能编程一次的器件；EPROM、EEPROM：可多次擦除（编程），前者为紫外光擦除，后者为电擦除；SRAM型：查找表结构器件，多数FPGA采用此类编程方式，这种编程方法速度快，但是在掉电后，存放在SRAM器件中RAM的编程信息就丢失了；Flash型：克服反熔丝一次编程的弱点，推出采用Flash工艺的FPGA，可以实现多次编程。

目前，常用CPLD/FPGA器件产品系列主要由Lattice、Xilinx、Altera公司生产。Lattice公司的CPLD产品主要有：ispLSI系列器件；Xilinx公司以CoolRunner、XC9500系列为代表的CPLD，以XC4000、Spartan、Virtex系列为代表的FPGA器件；Altera生产的Classic、MAX、FLEX、APEX、ACEX、APEXⅡ、CycloneⅡ、StratixⅡ等系列。

由于Altera公司的产品性价比高、集成度高，且提供功能全面的开发工具和宏功能库，本书附录中介绍的实验开发系统是采用Altera公司芯片构成的EDA实验开发系统。本章希望通过EDA开发工具Max+plusⅡ的及Quartus Ⅱ的介绍，使大家掌握这一新型的数字逻辑系统设计的技术。

5.2 CPLD/FPGA开发环境之一——Max+plusⅡ

5.2.1 Max+plusⅡ概述

Max+plusⅡ是Altera公司提供的CPLD/FPGA开发集成环境，界面友好，使用便捷，被誉为业界最易用易学的EDA软件。在Max+plusⅡ上可以完成设计输入、元件适配、时序仿真和功能仿真、编程下载整个流程，它提供了一种与结构无关的设计环境，使设计者能方便地进行设计输入、快速处理和器件编程。

Max+plusⅡ开发系统的特点如下：

（1）开放的界面

Max+plusⅡ支持与Cadence、Exemplarlogic、Mentor Graphics、Synplicty、Viewlogic和其他公司所提供的EDA工具接口。

（2）与结构无关

Max+ plus Ⅱ系统的核心Complier支持Altera公司的FLEX10K、FLEX8000、FLEX6000、MAX9000、MAX7000、MAX5000、ACX1K和Classic可编程逻辑器件，提供了

世界上唯一真正与结构无关的可编程逻辑设计环境。

(3) 完全集成化

Max＋plusⅡ的设计输入、处理与较验功能全部集成在统一的开发环境下，这样可以加快动态调试、缩短开发周期。

(4) 丰富的设计库

Max＋plusⅡ提供丰富的库单元供设计者调用，其中包括 74 系列的全部器件和多种特殊的逻辑功能(Macro-Function)以及新型的参数化的兆功能(Mage-Function)模块。

(5) 模块化工具

设计人员可以从各种设计输入、处理和校验选项中进行选择从而使设计环境用户化。

(6) 硬件描述语言(HDL)

Max＋plusⅡ软件支持各种 HDL 设计输入选项，包括 VHDL、Verilog HDL 和 Altera 自己的硬件描述语言 AHDL。

(7) Opencore 特征

Max＋plusⅡ软件具有开放核的特点，允许设计人员添加自己认为有价值的宏函数。

5.2.2　Max＋plusⅡ 的安装、设置

Max＋plusⅡ 的安装简单方便，只要在安装向导的指引下，依次执行操作，就可完成。

一般只要执行安装光盘中的“setup. exe”文件，即可出现安装界面。接着在安装向导(见图 5.2.1)的指引下，出现 Altera 公司与用户的协议、用户名称、安装类型等界面，只要按照向导要求执行即可。

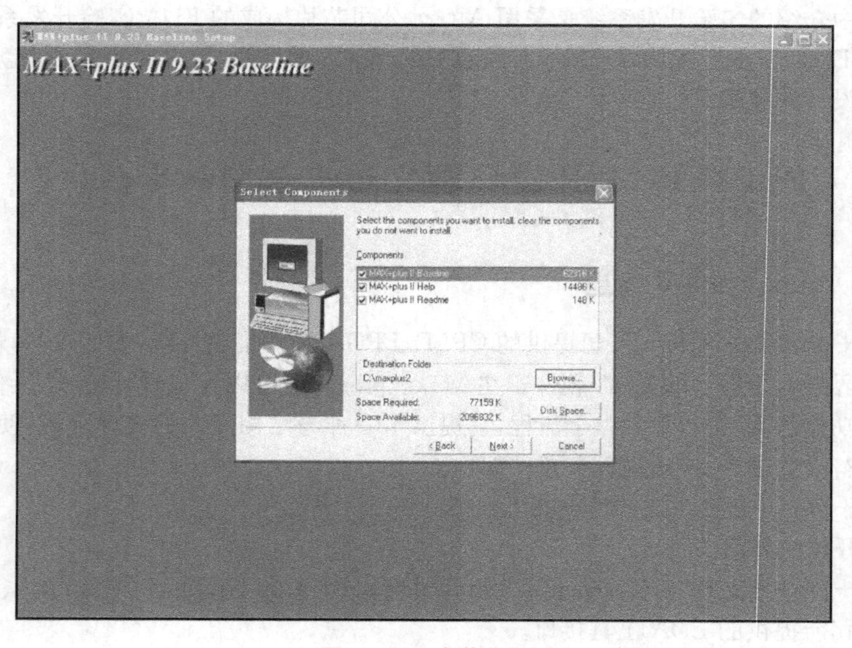

图 5.2.1　安装向导

用户可在安装路径选择界面(见图 5.2.2)，通过单击“Browse”按钮来选择希望的软件安装位置，本书选择路径为 C：\maxplus2 ，名称为“Max＋plusⅡ 10.0 Baseline”，如

图 5.2.3所示。

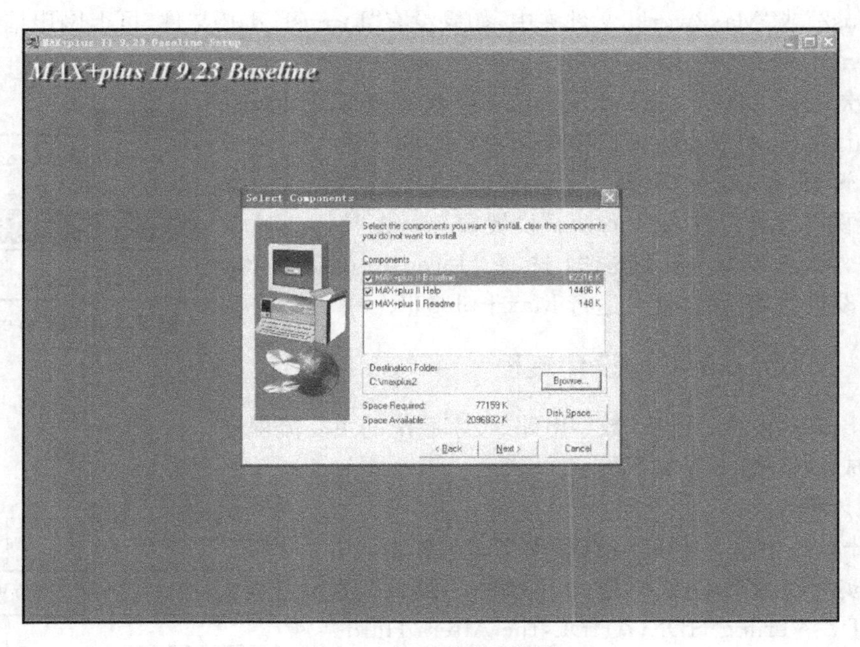

图 5.2.2　安装路径选择

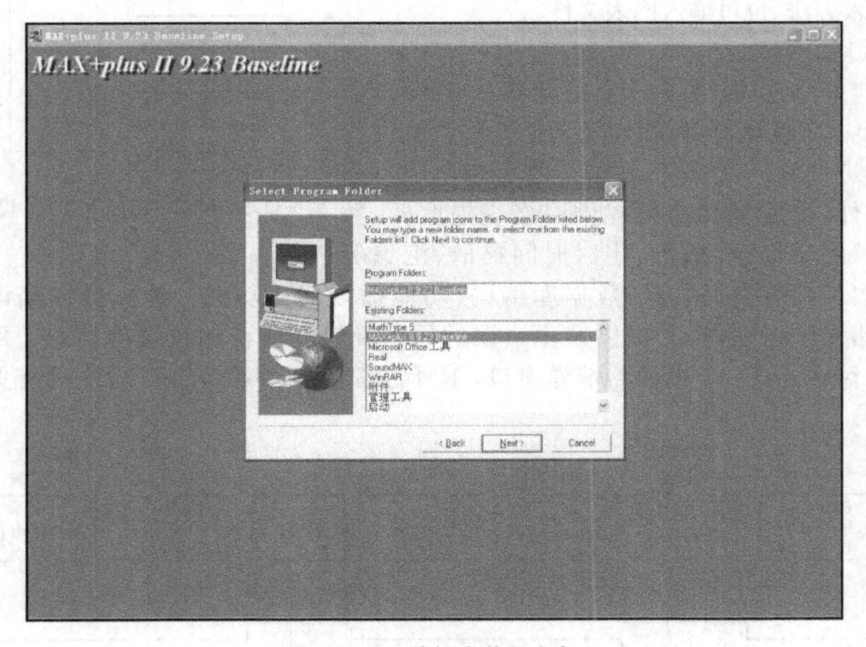

图 5.2.3　选择安装程序名

5.2.3　Max+plus Ⅱ 的 License 设置

特别指出的是：Max+plus Ⅱ 安装完成以后，在第一次运行之前需要设置“License”，否则软件无法使用。为了获取“License. dat”文件，可在安装光盘中将“License. dat”文件拷贝至“Maxplus2”或“Max2work”文件夹中，如果没有“License. dat”文件，可上网申请一个学生版的“License. dat”文件。

第一次运行 Max＋plus Ⅱ，会出现授权码提示（License Agreement）窗口，只要在该窗口中单击“Yes”，即可进入 Max＋plus Ⅱ 的管理窗口，此时从“Option”菜单中选择“License Setup”（见图 5.2.4），进入“License”设置窗口。在“License”设置窗口中，单击“Browse”按钮，选择“License. dat”文件，“License”设置完成以后，就可运行 Max＋plus Ⅱ。

图 5.2.4　License Setup

5.2.4　Max＋plus Ⅱ 的设计流程

Max＋plus Ⅱ 10.0 设计数字电路、数字系统的主要流程分为四个组成部分，如图 5.2.5 所示。

1）设计输入

Max＋plus Ⅱ 提供图形编辑器和文本编辑器，因此用户可实现用图形输入方式(.gdf文件)、硬件描述语言(VHDL；Verilog HDL；AHDL：the Altera Hardware Description Language)文本输入、波形输入等多种设计输入方法，也可输入网表文件。

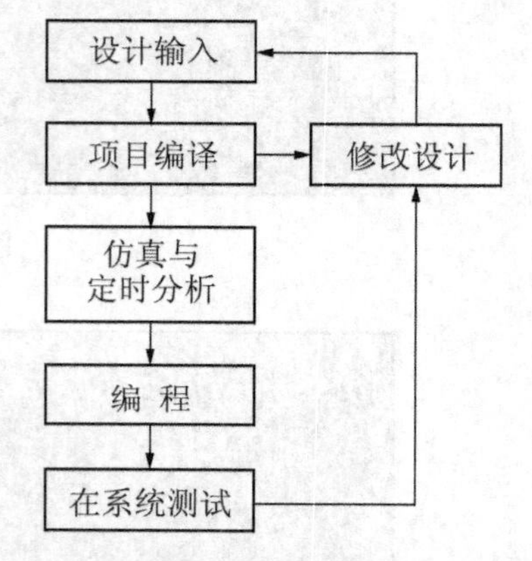

图 5.2.5　Max＋plus Ⅱ 10.0 设计流程图

2）项目编译

Max＋plus Ⅱ 提供了一个完全集成的编译器(Compiler)，在编译前可对时序、功能两种仿真进行选择。在进行时序模拟时，在编译过程中生成一系列标准文件，集成编译器可提供网络表提取器、数据库编码、逻辑综合、适配、定时时间提取、汇编等功能；可提供网络表提取器、数据库编码、功能提取器等功能。编译器在编译的过程中，会因错误停止编译，并提供产生错误的原因及错误所在的位置等信息。图 5.2.6 为 Max＋plus Ⅱ 10.0 编译器编译窗口，编译过程的各个环节将在后面的有关章节中详细讲述。

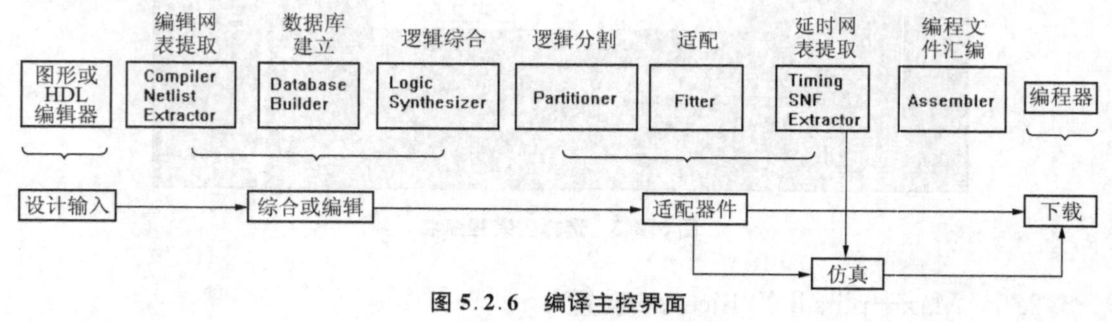

图 5.2.6　编译主控界面

3）项目校验

完成对设计电路的逻辑功能、时序功能仿真，时序仿真是在考虑了设计项目的具体适配器的各种延迟时间的情况下以检验设计项目是否正确，时序仿真对设计项目的逻辑功能、器件内部的时序关系均进行了测试，可以保证器件在设定的外部条件下正常工作。该软件还提供了定时分析器，用来分析器件的引脚及内部节点间的传输路径延时、最高工作频率、最小时钟周期、器件内部各种寄存器的建立/保持时间，定时分析模拟器还可生成一些为其他EDA 工具使用的标准文件。

4）器件编程

通过计算机的接口，将所设计的电路下载/配置到选择的器件中去，实现对芯片的编程、配置，即为在系统对芯片的逻辑重构。

5.2.5　图形输入法的设计过程

本节首先通过设计数字电路常见的计数器这一实例，介绍应用 Max+plus 10.0 的 图形输入法设计数字电路的使用方法及注意事项。

在 Max+plus Ⅱ 10.0 中，用户每进行一个独立设计，在进入设计前，必须设置一个项目与设计对应。所谓项目是一个用户存放设计文件的文件夹，有时也称为用户库，项目（用户库）的名称一般用英文命名，一个项目可包含一个或多个设计文件，但只有其中一个是顶层文件，顶层文件名、项目名必须相同，注意：编译器是只对项目中的顶层文件进行编译（初次使用该软件，一定要清楚在打开的多个文件中，只有一个文件是顶层文件，至于顶层文件的切换，今后在编译环节操作中详细解释）。项目还管理所有中间文件，所有项目的中间文件后缀名（扩展名）不同，文件名相同。一般来说，每个新的项目放置在所建立的一个单独子目录中。

本例用 74161 芯片，采用清零法设计一个模为 12 的计数器。该设计使用图形输入方法，因此项目仅含一个设计文件，设计项目（本例即为文件）放置在目录“D:\mywork”下。

1）项目建立

(1) 启动 Max+plus Ⅱ 10.0

从“开始”菜单“程序”中的“Max+plus Ⅱ 10.0 Baseline”组件中的“Max+plus Ⅱ 10.0 Baseline”单击“Max+plus Ⅱ 10.0”项，或已建快捷方式，双击图标，进入 Max+plusⅡ的管理窗口，在 File 菜单中选择 Project 的 Name 项，出现的界面如图 5.2.7 所示。

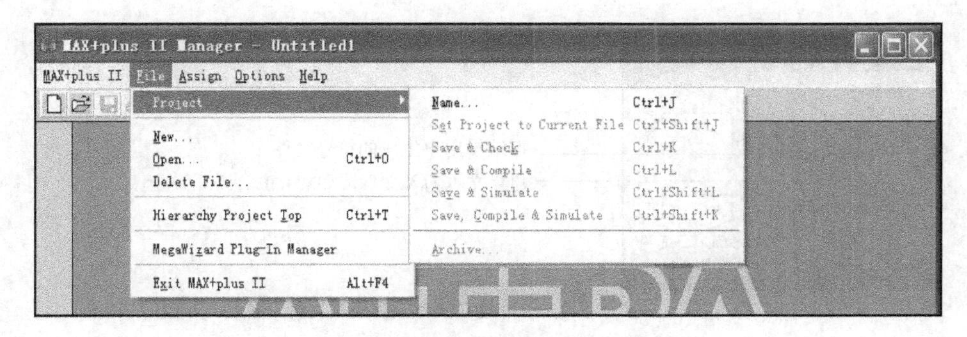

图 5.2.7　File 菜单中的对话框

(2) 输入项目名称

单击图 5.2.7 中的“Name”，出现如图 5.2.8 所示对话框。

图 5.2.8 中的“Directories”区显示已经为项目所建的目录，在“Project Name”区输入项目名，此处为“cntm12”。

(3) 在图 5.2.8 中选择“OK”确定。

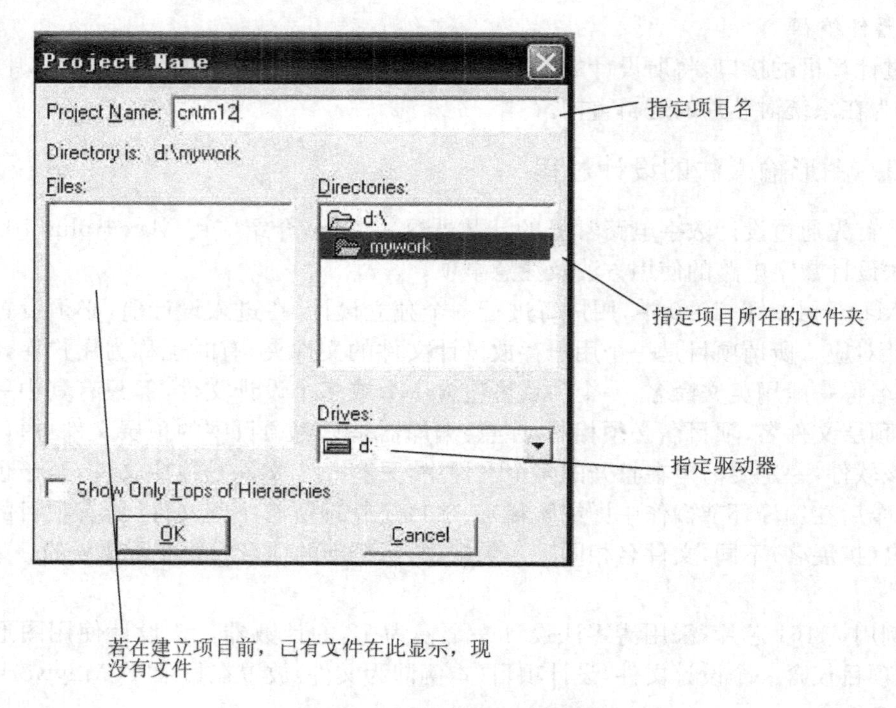

图 5.2.8 指定项目文件对话框

2) 图形输入

(1) 建立图形输入文件：选择 File 菜单下 “New…”子菜单或单击 按钮，出现新建文件对话框，如图 5.2.9 所示。

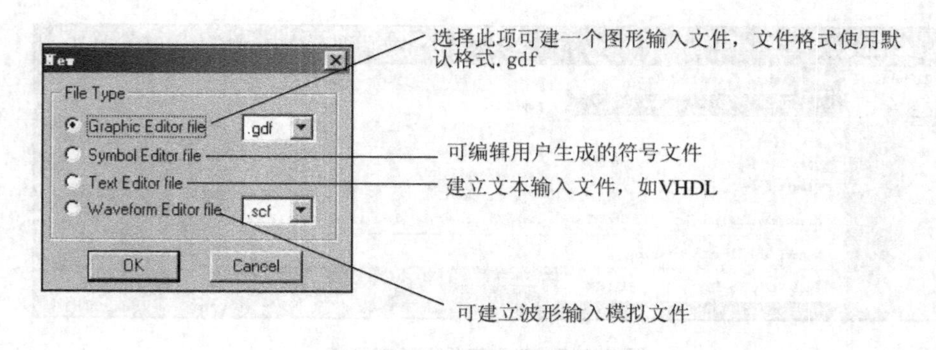

图 5.2.9 新建文件对话框

(2) 在图 5.2.9 中选择“Graphic Editor file”后，单击“OK”键后，出现图形编辑窗口如图 5.2.10 所示，即可开始建立图形输入文件。图 5.2.10 的图形编辑器窗口，主要由以下几部分组成：

第一行：当前正在设计的项目名及所在的目录；

第二行：图形编辑窗口的菜单；

第三行：图形编辑窗口的基本操作工具栏；

窗口的第一列：绘图专用操作工具栏。

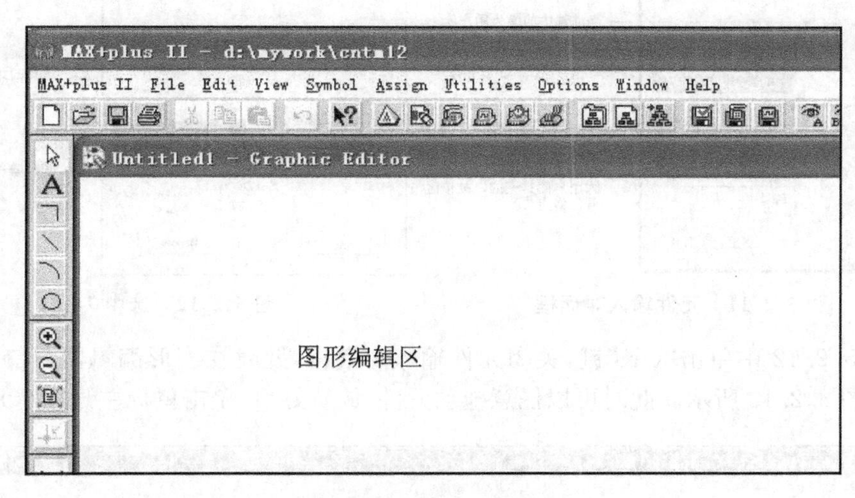

图 5.2.10　图形编辑器窗口

3）编辑电路原理图

(1) 调入一个元件

如输入一个 74161 芯片：在图 5.2.10 图形编辑区双击鼠标左键或单击鼠标右键，可打开“Enter symbol”对话框，如图 5.2.11 所示。在该对话框可直接键入元件名，调出元件。也可以选择元件库，然后选择元件，因此需先找到元件所在的目录。Max＋plus Ⅱ 10.0 的元件按库方式存在库文件中，该软件为用户提供了实现不同逻辑功能的库文件，每个库对应一个目录。表 5.2.1 中列出了相应库的具体功能、大小及特点。

若用户使用的元件在库文件中找不到，用户可自行设计一些自建元件，放在用户库中，用户库名可自定，其具体的设计方法将在后面的层次化设计中详细叙述。

表 5.2.1　Max＋plus 10.0 的器件库

库　　名	内　　容
用户库	放置用户自建的元器件，即一些底层设计
prim(基本图元库)	基本的逻辑块器件，如各种门、触发器等
mf(逻辑宏功能库)	包含所有 74 系列逻辑元件，如 74160
mga_lpm(可调参数库)	包含参数化模块、兆功能模块、核模块等
Edif(接口库)	逻辑电路接口

因为现在所选择的元件 74161 位于宏功能库，所以在图 5.2.11 中的库选择区双击目录“c:\maxplus2\maxlib\mf”，此时在元件列表区列出了该库中所有器件，找到 74161，单击该元件。此时 74161 出现在元件符号名输入区，如图 5.2.12 所示。

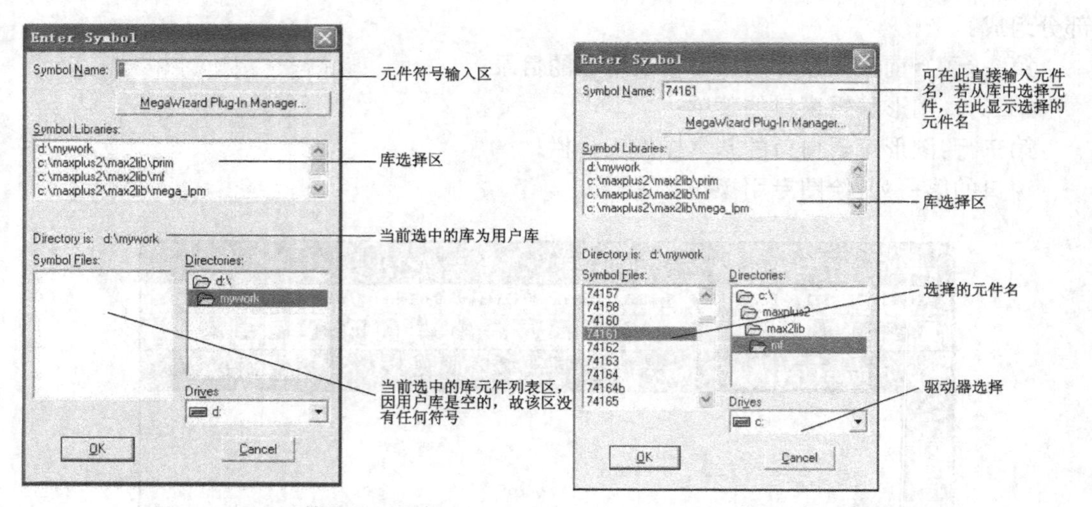

图 5.2.11　元件输入对话框　　　　**图 5.2.12　选中 74161**

在图 5.2.12 中单击“OK”键，关闭元件输入对话框，此时在图形编辑器窗口中出现了 74161，如图 5.2.13 所示。此时可以任意拖动元件，放置好后，单击鼠标左键固定元件。

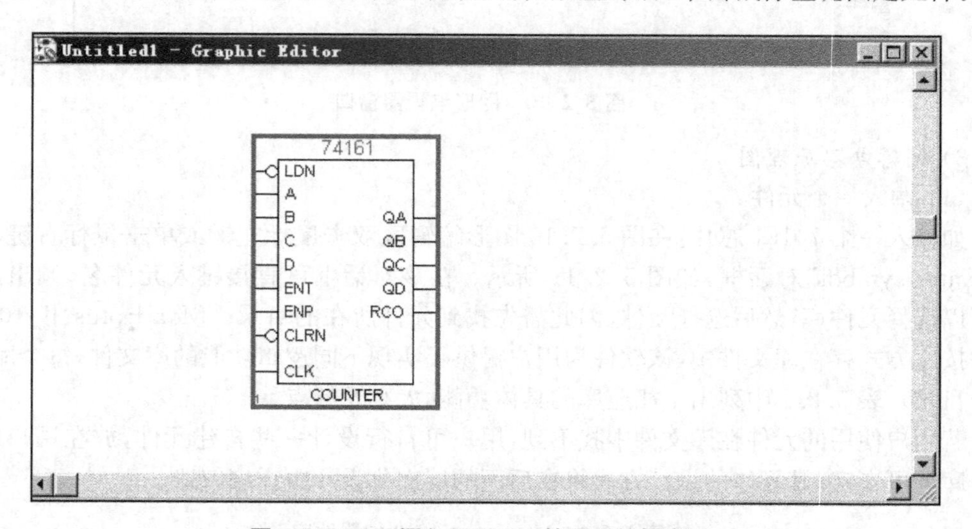

图 5.2.13　已调入了 74161 的图形编辑窗口

(2) 保存文件

从 File 菜单下选择“Save”，出现文件保存对话框，单击“OK”，使用默认的文件名存盘。此处默认的文件名为“ cntm12. gdf”，即项目名“ cntm12”加上图形文件的扩展名“. gdf”，也可单击按钮，进行存盘。

(3) 输入其他元件

① 输入一个三输入与非门。采用同步置零法，使 74161 在“1011”时置零实现模为 12 的计数器。故需调用一个三输入与非门，三输入与非门位于库“prim”中，名称为“nand3”(n 代表输出反向，and 代表与门，3 代表输入端的个数，所以“nand3”为一个三输入与非门。同样“or6”代表一个 6 输入或门；xor 代表异或门；当然元件库中含有：21mux

二选一多路选择器)。可按照上述步骤输入“nand3”,此时图形编辑区出现了一个三输入与非门。

② 输入接地极。同样可输入代表低电平的接地极“gnd”(位于库 prim 中),也可在图形编辑区双击鼠标左键后,在符号输入对话框中直接输入“gnd”,单击“OK”即可。需要注意的是,在一个数字电路中,必须输入代表低电平的接地极“gnd”。如需要固定的正负电平,也可输入一个确定的电平。

③ 了解元件的功能。若需了解调入元件的逻辑功能,即阅读元件的功能表,只要使用在线帮助,点击工具栏中的键,移至需要分析的元件,此时元件的功能表就会出现在屏幕上。

在输入“74161”、“nand3”、“gnd”三个符号后,可得图 5.2.14。

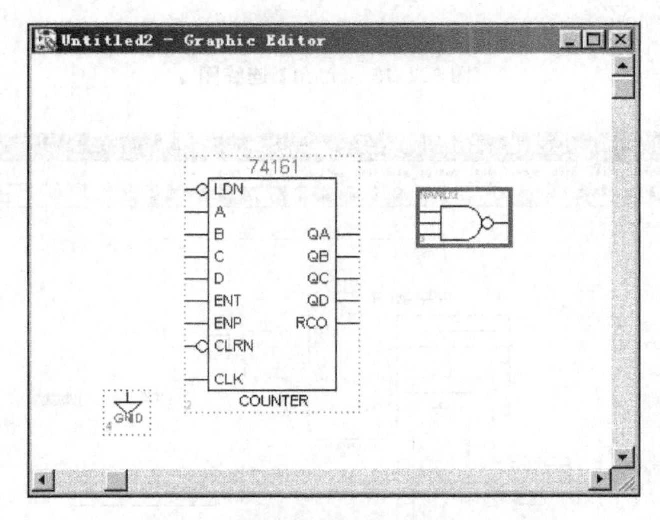

图 5.2.14　在图形编辑窗口中输入三元件图

(4) 连线

如果需要连接元件的两个端钮,则将鼠标移到其中的一个端钮上,这时鼠标指示符会自动变为“+”形,然后进行下列步骤:

① 按住鼠标左键并拖动鼠标至第二个端钮(或其他需连接的地方);

② 松开鼠标左键后,则可画好一条连线;

③ 若想删除一条连线,只需用鼠标左键点中该线,被点中的线会变为高亮线(变为红色),此时按 Delete 键即可删除。

④ 按图 5.2.15 连好线,并存盘。

(5) 添加输入输出引脚

为了今后的仿真,在图 5.2.15 中,需要将信号输入使能、时钟、清零三个端钮,同时将计数器的计数结果信号输出,所以在连线图上需添加输入、输出引脚。“input” 为输入引脚的符号名,“output” 为输出引脚的符号名,按照前面输入元件 74161 的方法,添加输入、输出引脚,如图 5.2.16 所示。“ input”和“output”皆位于库“prim”下,引脚的方向代表了信息流的方向,不可将输入、输出引脚用错。

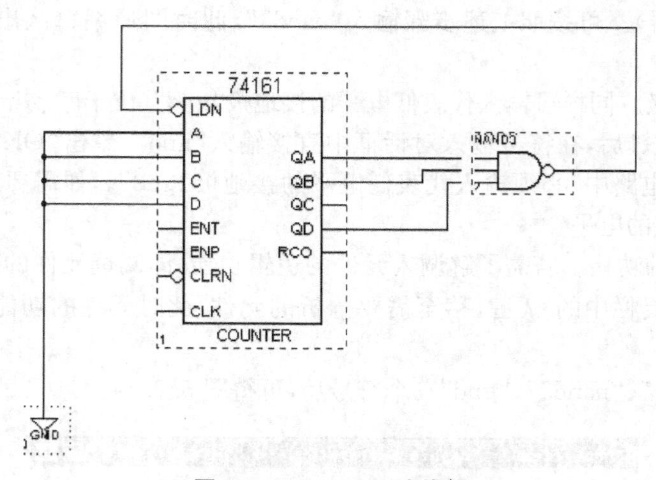

图 5.2.15　cntm12 连线图

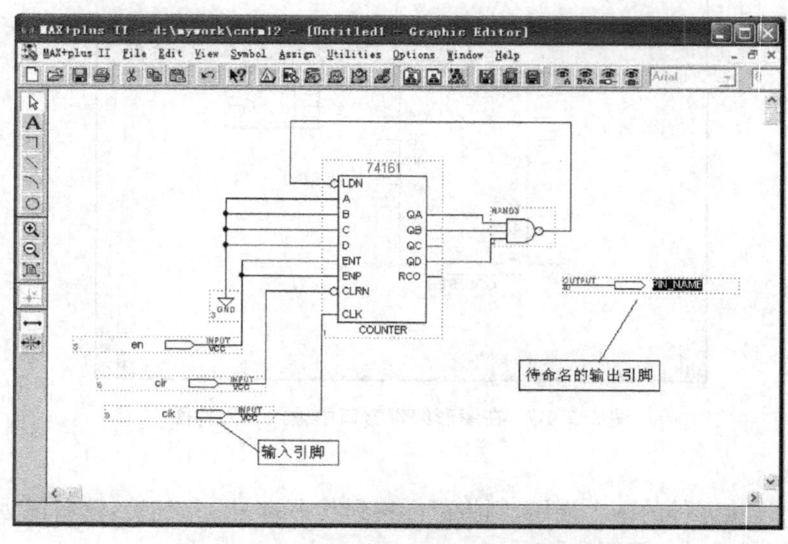

图 5.2.16　添加了输入、输出引脚的接线图

在本例中，三个输入引脚将分别被命名为 en、clk、clear，分别作为计数使能，清零，时钟输入。五个输出引脚分别被命名为 q0、q1、q2、q3、cout，分别作为计数器计数输出、进位输出。引脚名不一定要与库元件的端钮名相同。

双击其中一个输入引脚的“PIN_NAME”，输入“en”，就命名了输入引脚“en”。按同样方法命名其他输入/输出引脚。

命完名后将这些引脚同对应好的元件端口连接好，可得图 5.2.17。图中的复位信号指的是计数器计满回零的信号，即此处 LDN 是低电平有效，为用发光二极管显示，加一非门。

在绘图过程中，可利用绘图工具条实现元件拖动、交叉线连接、断开功能。绘图工具条将在图 5.2.18 中加以说明。

在完成图 5.2.17 绘制后，为验证项目设计的正确性，一般要进行项目编译。

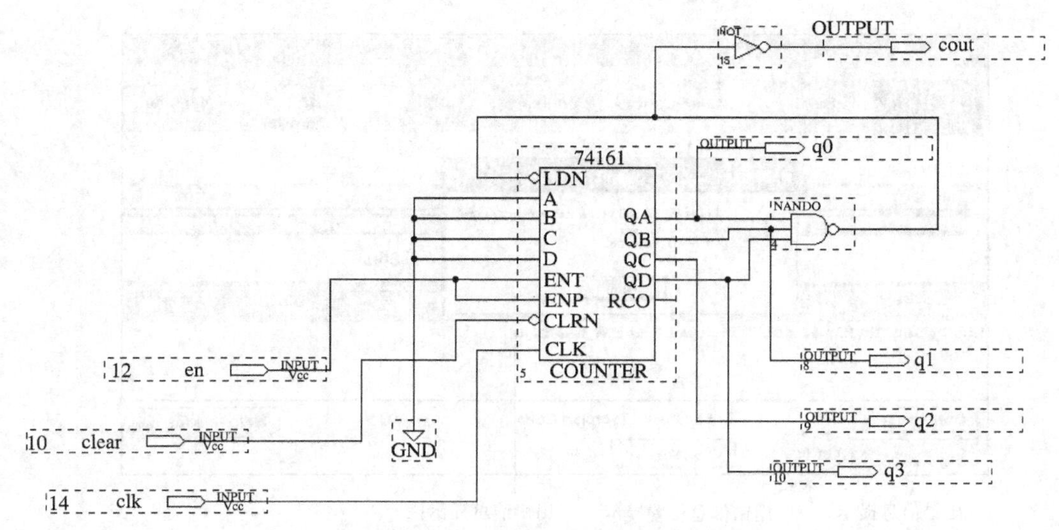

图 5.2.17 cntm12 的计数器电路图

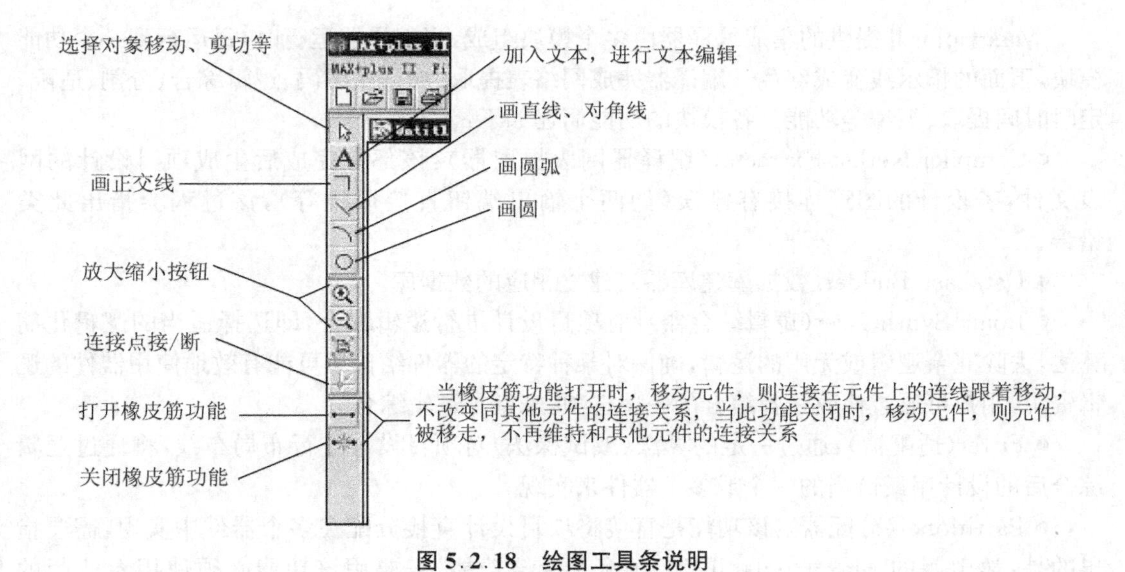

图 5.2.18 绘图工具条说明

5.2.6 项目编译

完成电路原理图输入后，可开始对用户的设计进行编译。在"Max+plus Ⅱ 10.0"图形编辑器窗口的菜单中选择"Compiler"，即可打开编译器，选择"Start"就可开始编译。或在"Max+plus Ⅱ 10.0"管理窗口选择"File/Project/Save & Check"，或单击按钮将编辑的文件存盘并运行集成编译器的网表提取器模块检查文件的错误。如果设计项目有错误，编译器将自动停止编译，并在编译器窗口下的信息框中输出错误信息，双击错误信息条，一般可指出错误之处，如图 5.2.19 所示，此时需要返回编辑区修改，直至完全正确。编译成功后可生成时序模拟文件及器件编程文件。

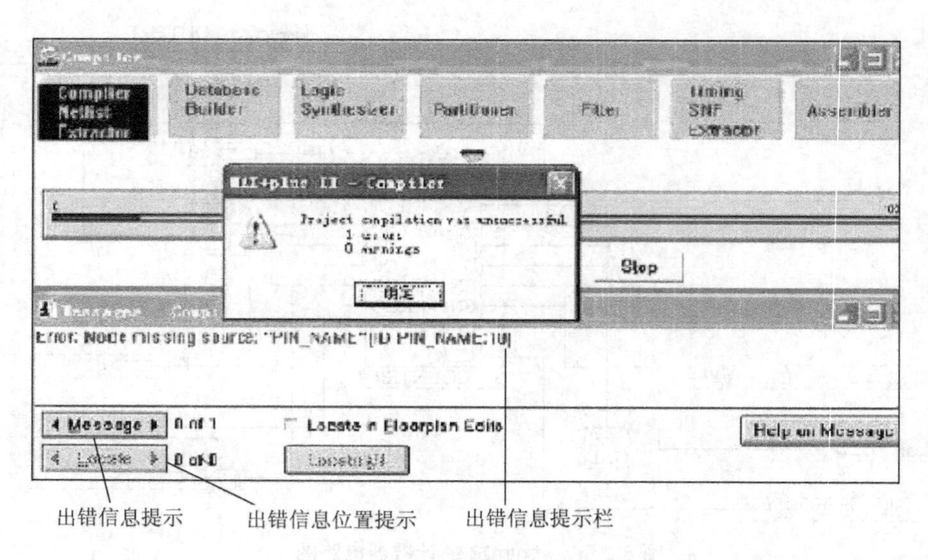

图 5.2.19　编译检查文件

Max＋plusⅡ提供的集成编译器由多个模块组成，当编译器运行时，每运行到一个功能模块，下面的指示线变成红色。编译器完成网络表提取、数据库编码、逻辑综合、分割、适配、定时时间提取、汇编等功能。各模块的功能简述如下：

- Compiler Netlist Extractor（编译器网表提取器）：该部分完成后生成项目设计的网表文件，若设计的图形连接有错误（如两个输出端钮直接短接等），该过程会指出此类错误。
- Database Builder（数据库建库器）：建立相应的数据库。
- Logic Synthesizer（逻辑综合器）：对项目设计进行逻辑综合，即选择适当的逻辑化简算法，去除冗余逻辑或无用的逻辑，确保对某种特定的器件结构尽可能有效地使用器件的逻辑资源，用户可通过修改逻辑综合的一些选项，来指导逻辑综合。
- Fitter（适配器）：通过一定的算法（或试探法）对项目设计进行布局布线，将通过逻辑综合后的设计用最恰当的一个或多个器件来实现。
- Partitioner（分配器）：该功能是直接将项目设计直接分配在多个器件中实现，需要指出的是：学生版的 Max＋plus Ⅱ 10.0 不支持该功能，需要用该功能必须使用专业版的 Max＋plus Ⅱ 10.0。
- Timing SNF Extractor（时序模拟器/网表文件生成器）：它可生成用于时序模拟（项目校验）的标准时延文件。若需进行功能模拟，可在菜单“Processing”中选择“Functional SNF Extractor（功能模拟器）”项，此时编译器仅由三项构成：Compiler Netlist Extractor；Database Builder；Functional SNF Extractor。
- Assembler（适配器/编译器）：该适配器与 Fitter（适配器）不同，其功能是生成用于器件下裁/配置的文件，是对器件进行逻辑重构的编程器。由于 Altera 公司的 Max＋plus 10.0支持的器件种类较多，如：EPF10K、EPF10K10A、MAX7000 系列、MAX5000 系列、EPM9320、EPF8452A、ClassicTM 等系列。由于芯片系列的不同，其内部结构一般分为 CPLD 结构、FPGA 两种结构，对于不同结构器件的下载分别称为下载或适配。

注意：在 Assembler(适配器/编译器)自动为用户的设计选择目标器件并进行管脚锁定；但在实际使用中，用户需要根据情况自行选定器件，在下面的器件选定与编程章节中，将详细介绍如何由用户进行目标器件选择和管脚锁定。

5.2.7　项目校验

Max+plusⅡ提供的仿真功能为电路设计带来了革命性的变化，以往设计电路须经多次硬件调试才能定型。调试过程要多次修改电路板，非常繁琐。应用 Max+plusⅡ的仿真工具后，可在计算机上对设计的逻辑电路进行仿真，若仿真结果不满意，就可修改电路，然后再仿真、模拟，直至满意。

需要强调的是，设计编译成功以后，只能保证为项目创建一个编译文件，表明设计输入的基本正确性，而不能保证该项目的逻辑关系的正确性，因此作为项目验证的一种手段，仿真是十分必要的。

仿真有时序、功能两种。功能仿真是在不考虑器件的延时理想情况下的一种项目校验法，通过功能仿真来验证项目的逻辑功能是否正确；时序仿真是在考虑设计项目具体适配器的各种延时的情况下的一种项目校验法。时序仿真不仅测试逻辑功能，而且测试目标器件最差情况下的时间关系，若通过时序仿真，电路设计基本能达到设计要求。

1）建立仿真通道文件

从 File 菜单中选择“New”打开新建文件类型对话框，如图 5.2.8 所示，选择“Waveform Editor File (波形文件编辑器)(.scf)项后选择“OK”(与图形输入文件相同，波形文件的后缀为 scf。一个项目的不同文件，文件名相同，文件后缀不同)，则出现如图 5.2.20 所示的波形文件编辑窗口。

需要指出的是，使用 Max+plusⅡ波形编辑器进行输入时，用户可创建以“.wdf”为扩展名的文件，该“.wdf”文件使用输入逻辑量的逻辑电平波形进行项目设计，而不是仿真通道文件“.scf”。

2）仿真通道文件的编辑

(1) 输入节点：在图 5.2.20 波形编辑器窗口的 Name 下空白处单击鼠标右键，出现浮动菜单，如图 5.2.21 所示：

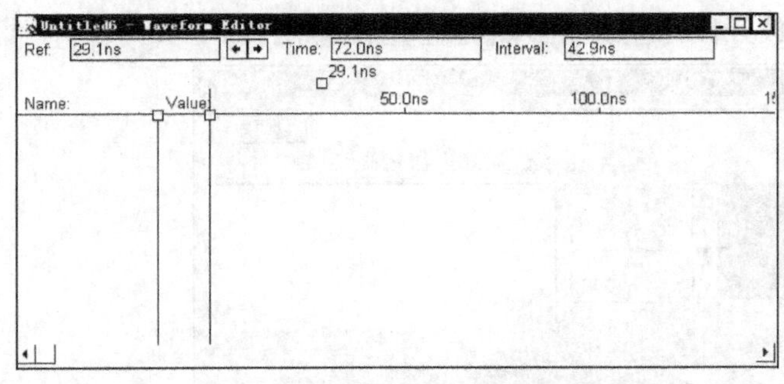

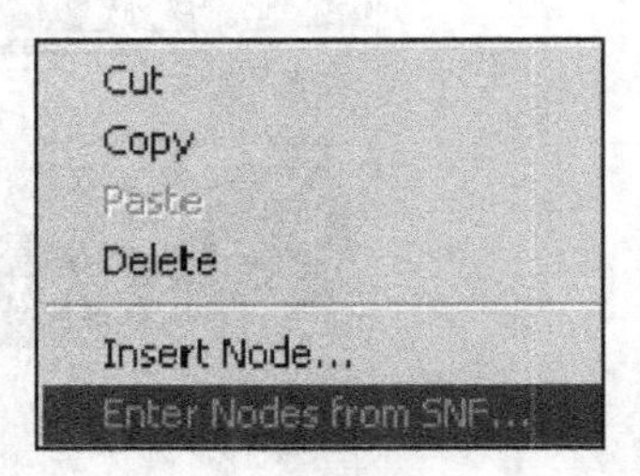

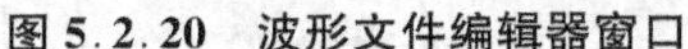

图 5.2.20　波形文件编辑器窗口　　　　**图 5.2.21　浮动菜单**

在图 5.2.21 显示的浮动菜单中选择“Cut”、“Copy”、“Paste”进行剪切、复制、粘贴等基本编辑操作，若选择“Insert Node...”(输入观测节点)，或选择“ Enter Nodes from SNF…”可打开如图 5.2.22 所示的对话框，“Enter Nodes from SNF”(从 SNF 文件输入观测节点)

对话框”。这些观测节点均已经用输入、输出引脚表示。

在图 5.2.22 中的“Type”(类型)区选择“ Inputs”和“ Outputs”,默认情况下已选中(其他类型是:“Registered”(寄存器);“Group”(组:一般是总线))。单击“List”(列表)按钮,可在“Availiable Nodes&Groups” (可用于观测的观测节点和观测节点组)区看到用户在设计中已定义的输入/输出信号,如图 5.2.23 所示,这些信号为蓝色高亮,表示被选中。单击按钮条 => 可将这些信号拷贝到“ Selected Nodes& Groups”(选择的观测节点和观测节点组)区,表示所选择的节点已进入波形编辑器中,所有没选择的输入节点的波形都默认为逻辑低电平,而所有输出节点都默认为定义(X)逻辑电平。

此后单击“ OK”按钮,关闭图 5.2.22 的对话框。此时图 5.2.20 波形编辑器窗口变为图 5.2.24 所示的窗口。

(2) 将仿真通道文件存盘:在 Flie 菜单中选择“Save”命令,将此波形文件保存为默认名:“ctnm12. scf”。

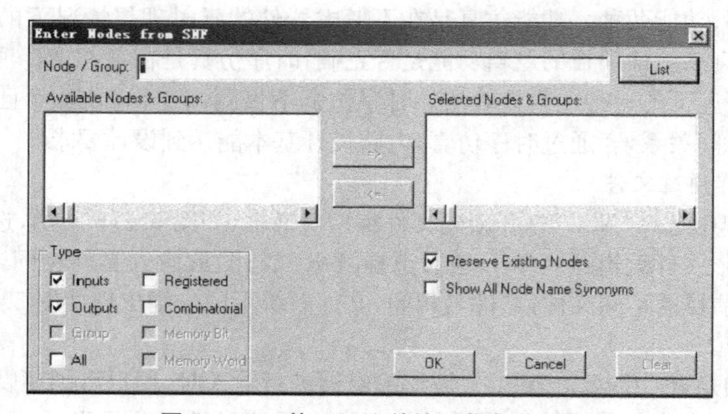

图 5.2.22　从 SNF 文件输入节点对话框

(3) 添加节点或组:在图 5.2.24 的 Name 域中双击已存在的节点下的空白,出现“Insert Node”对话框,输入节点名和初始值,选择“OK”按钮,新增加的节点就在所选的空白处。

(4) 删除节点或组:单击要被删除节点图标,按<Delete>键,即可删除节点或向量组。

(5) 波形编辑器中的节点顺序:节点和组是任意排序的,可以按住鼠标拖动,出现一条随光标移动的虚线,移到合适位置放开鼠标左键将节点与组重新排序。

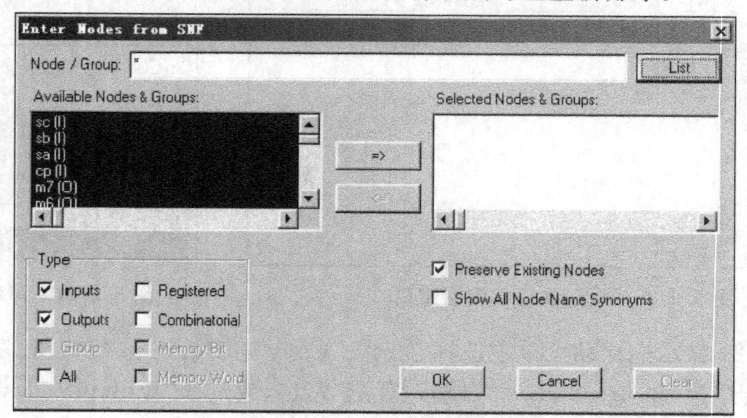

图 5.2.23　输入节点对话框

(6) 编辑输入节点信号波形：在输入节点以后，得到如图 5.2.24 所示的波形编辑窗口。在该窗口中，还需对输入节点信号波形进行编辑。

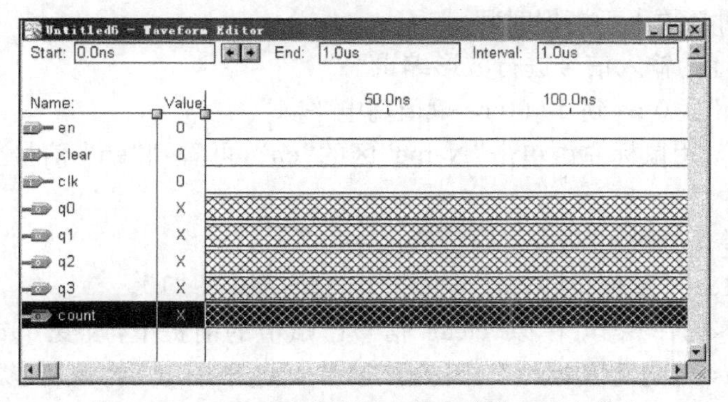

图 5.2.24　已建立好波形文件中的输入输出节点

在编辑输入信号波形之前，先了解一下与此操作相关的菜单选项及工具条。

在波形编辑窗口(见图 5.2.25)，在“Options”(选择)菜单下，可点击“Snap to Grid”子菜单，以左边是否打钩，表示选择该子菜单与否。此时的画线对齐网格、显示网格均指在波形编辑窗口中显示网格与对齐网格(图 5.2.26)。图 5.2.27 所示为绘制波形图用的工具条。其步骤为：

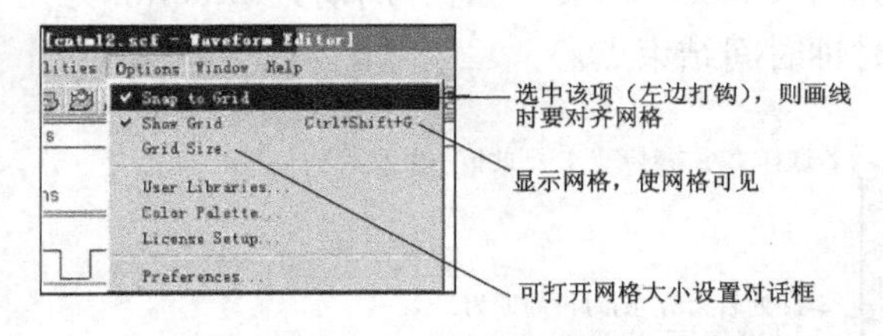

图 5.2.25　绘图网格设置菜单条

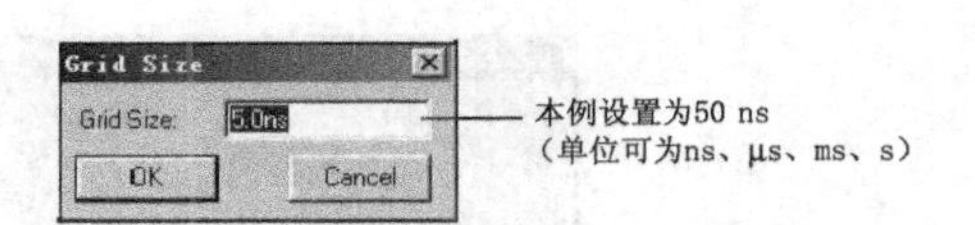

图 5.2.26　网格大小设置对话框

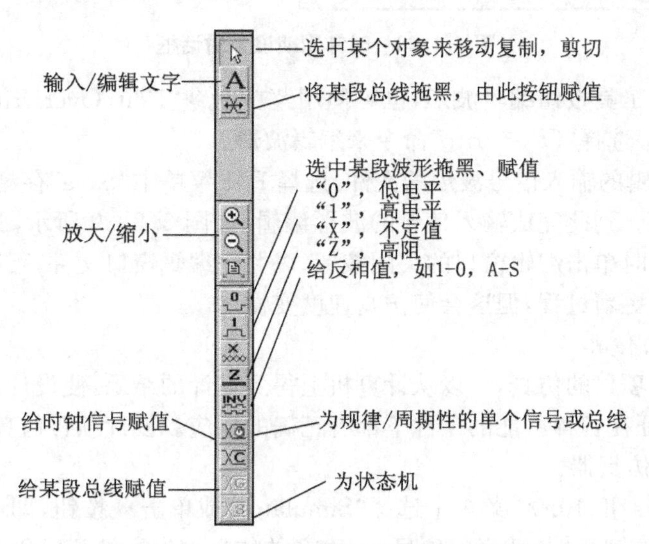

图 5.2.27　波形图绘制用工具条说明

① 设定时间轴长度：可从 File 菜单命令下选择“End Time…”来设置模拟时间的长短。在默认情况下，模拟时间为 1 μs。必须指出的是，设置的模拟时间与网格设置大小要匹配，网格所表示的时间必须小于模拟时间。

② 对本例设计的输入信号进行波形编辑。

a. 为信号“en”从 0 ns 到 1 000 ns 赋值高电平“1”。

选中信号“en”，用鼠标左键单击“Name”区的“en”，可看到“en” 信号全部变为黑色，表示信号“en”被选中；

用鼠标左键单击即可将“en”赋值高电平“1”。

b. 为信号“c1ear ”赋值：从 0 ns 到 1000 ns 赋值高电平“1”。

为观察其清零的作用，可在原“clear”信号已赋值的前提下，改变 60～75 ns 之间的赋值，即在 60～75 ns 之间将其赋“0”(因为该芯片低电平有效)将鼠标移到“clear”信号的 60 ns 处按下鼠标左键并向右拖动鼠标至 75 ns 处，松开鼠标左键。可看到这段区域呈黑色，被选中，用鼠标左键单击工具条中即可，此时“clear”信号在 60～70 ns 之间为“0”，其余均为“1”，在“clear”为“0”电平时起清“0”(复位)作用。

c. 为时钟信号“clk”赋周期为 10 ns 的时钟信号。

选中信号“clk”，设置信号周期：鼠标左键单击工具条中可打开图 5.2.28 所示的对话框，单击“OK”关闭此对话框即可生成所需时钟。改变“Mltiplied”(乘数)，可改变时钟周期。图 5.2.28 中，“Starting Value”为时钟周期的始点，“Clock period”为时钟周期，“Interval”为项目校验的时钟时间始点，“To”为项目校验的时钟时间结束点。

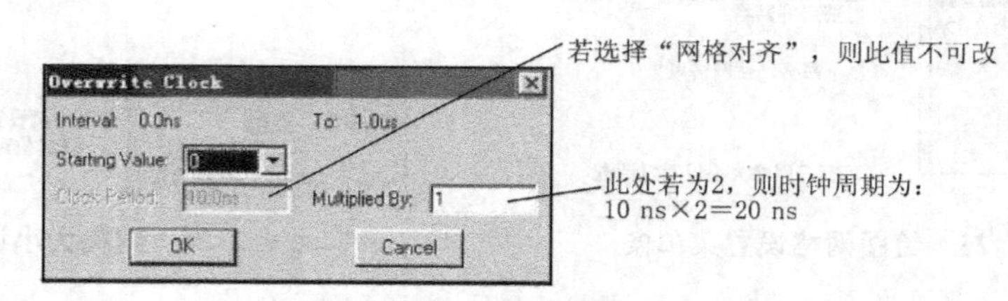

图 5.2.28　时钟周期设置对话框

若不使用图形工具按钮编辑波形，也可使用菜单命令“Edit/Overwrite”，或在待编辑处右击鼠标，在菜单中选择“Overwrite”命令来编辑波形。

(7) 保存已编辑的输入信号波形的文件：选择 File 菜单中“Save”存盘，将编辑好的输入信号波形文件保存。到此完成输入信号的波形编辑，如图 5.2.29 所示，为后面的时序模拟仿真做好准备。此时单击编辑窗口的关闭按钮，以关闭编辑窗口文件，否则在运行仿真器时可以看到输出波形更新过程，但这会使仿真速度变慢。

3) 设计项目的仿真

通过对所设计项目的仿真，可以从计算机上得到设计的结果，使设计者对设计项目进行全面的检查，以保证在各种可能的条件下都有正确的响应。设计项目仿真具体步骤如下：

(1) 打开模拟仿真器

从 “Max＋plus Ⅱ 10.0” 菜单中选择“Simulator”或单击按钮，即可打开模拟仿真器(如图 5.2.30(a))，并自动装载当前项目 cntm12 的仿真网表文件和已创建的与项目同名的仿真通道文件 cntm12. scf。

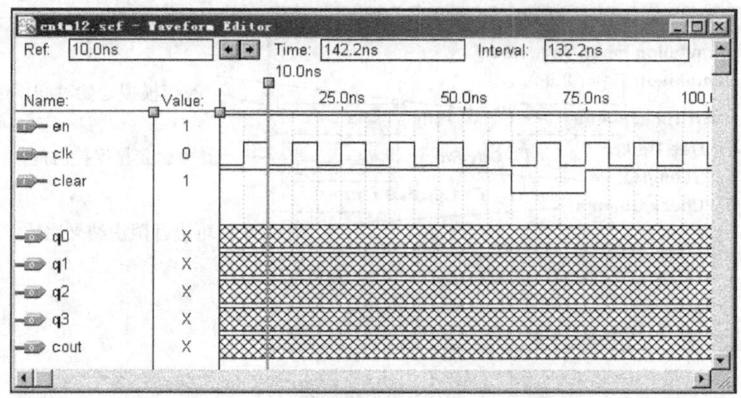

图 5.2.29 编辑好的输入信号波形图

(2) 设置模拟仿真时间

① 在图 5.2.30(a)中的"Start Time"输入开始时间,此时间应在 cntm12.scf 文件的时间轴范围内,若超出此范围则认为"0"。

② 在图 5.2.30(a)中的"End Time"输入结束时间,此时间应在 cntm12.scf 文件的时间轴范围内,并应大于开始时间,否则出错。

(3) 创建输出文件

模拟仿真时可指定输入相应的原文件及输出文件(历史文件.hst 和日志文件.log)。历史文件记录仿真过程使用的所有命令、选项、按钮,同时记录所有命令的输出和产生的信息;日志文件则记录除命令外的其他信息。只要在打开模拟仿真窗口中,选择命令"File/Input/Output",就可出现"Input/Output"的对话框,仿真输入文件 自动出现在"Vector Files"栏的"Input"域中,与项目相同的文件名的 cntm12.hst 和 cntm12.log 将自动出现在 History (.hst)和 Log (.log)框中,选择"OK",设置完毕。

(4) 设置建立和保持时间的监控项

选择仿真器窗口中的"Setup/Hold",即可监控仿真过程中是否有建立时间与保持时间的错误发生。

(5) 时序模拟运行

单击图 5.2.30(a) 中" Start" 按钮,运行模拟仿真器,即可开始时序模拟。

在仿真过程中,红色的进度指示条将向 100%的方向移动,仿真时间域自动更新,输出逻辑电平将记录到 cntm12.scf 中。仿真过程在后台进行,在仿真较大的、较复杂的项目时,可以切换到其他应用程序。

仿真过程中,可依据要求单击"Pause"暂停仿真,或单击"Stop"终止仿真。

4) 仿真结果分析

(1) 分析仿真通道文件

在模拟仿真完毕后,单击 图 5.2.30(a)窗口中的" Open Scf"(打开模拟文件)按钮,可打开当前项目的 cntm12.scf,此时窗口中就有了模拟仿真结果,图 5.2.30(b)即为图5.2.29所示的模拟结果,使用图形编辑窗口周围的工具按钮,进行图形放大、缩小,可对输出波形进行整体、局部观察,检查 cntm12 项目中,输入、输出关系是否正确。从模拟结果中可见,计数器每经过 12 个脉冲,输出一个进位脉冲,输出波形是正确的,表示计数器的设计是正确的。

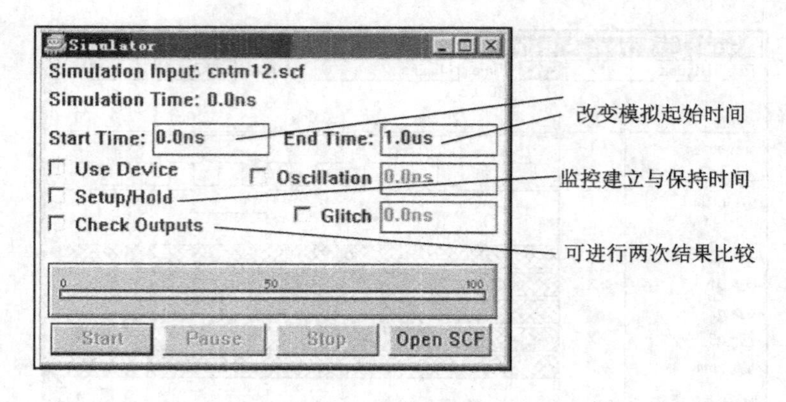

(a) 模拟仿真器

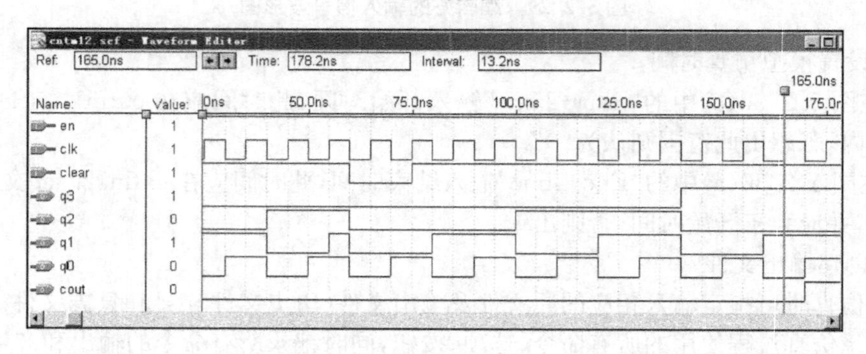

(b) 模拟仿真结果波形

图 5.2.30 模拟仿真器及模拟仿真结果波形

需要指出的是，移动参考线可观察所在位置的逻辑关系，逻辑状态显示在“Value”域，在功能仿真时，逻辑状态是一一对应的，而在时序仿真时，输入、输出之间的状态是有延时的。

为方便观测，可将计数输出中的 q3、q2、ql、q0 作为一个组来观测。具体步骤为：

① 将鼠标移到“Name”区的 q3 上，按下鼠标左键并往下拖动鼠标至 q0 处，松开鼠标左键，可选中 q3、q2、ql、q0 四个信号。

② 在选中区（黑色）上单击鼠标右键，打开一个浮动菜单，选择“Enter Group”（输入组）选项，出现图 5.2.31 所示的对话框。

③ 选择“ OK”按钮，关闭此对话框，可得到以组输出形式的时序模拟结果（如图 5.2.32 所示），现在观测、检查就比较容易了。

图 5.2.31 设置组的对话框

(2) 阅读历史文件

选择菜单命令“File/Open”或“File/Retrieve”，出现“Open”或“Retrieve”对话框，在下拉列表框中选择扩展名为. hst、. log 的文件与阅读即可。

如果仿真结果不正确，可修改项目设计。重新编辑仿真器通道文件.scf，直至得到期望的仿真结果。在给设计项目编程以前，应全面测试功能，进行设计项目仿真。

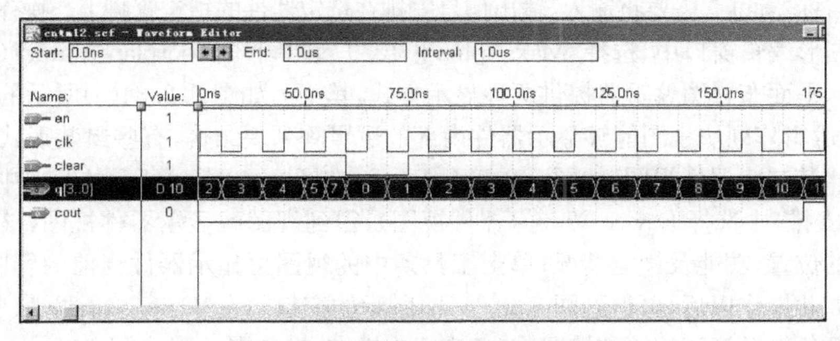

图 5.2.32　以组方式显示模拟结果

5.2.8　器件编程

在较为简单的电路模拟仿真通过以后，就可进行器件编程。"Max＋plus Ⅱ 10.0"在对设计项目编译时，可由编译器自动为用户的设计项目选择目标器件并进行管脚锁定；但用户也可自行选择目标器件、进行管脚锁定，下面将详细说明如何由用户选择目标器件和进行管脚锁定。

1）选择器件

Max＋plus Ⅱ支持 Altera 公司的多种器件，现采用的目标器件为 ACEX1K 系列中的 EP1K100QC208－3，器件选择步骤如下：

（1）从图形输入编辑窗口的菜单"Assign"下选择"Device"项，可打开图 5.2.33 所示的器件选择对话框；

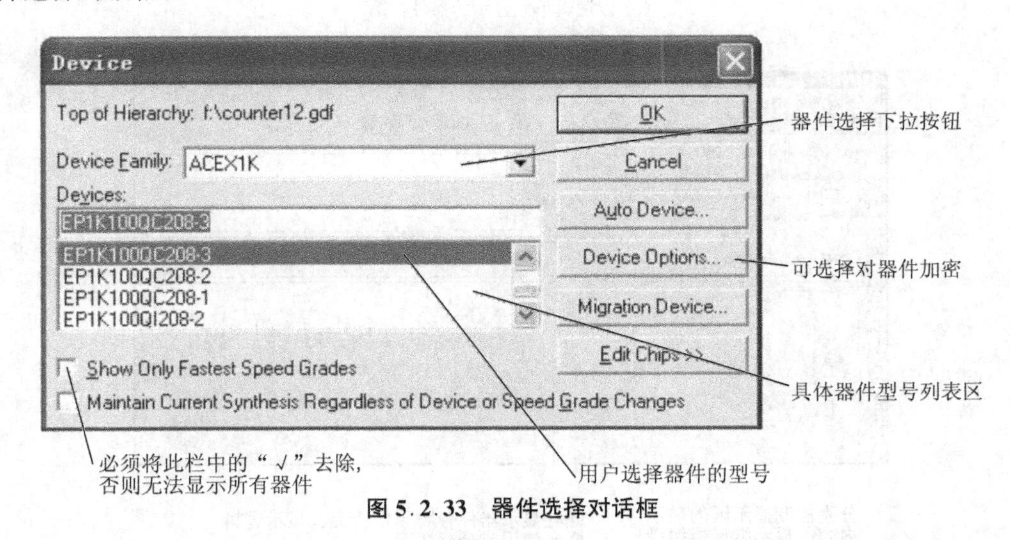

图 5.2.33　器件选择对话框

（2）单击"Device Family"（器件系列）区的下拉按钮，可进行器件系列选择，选择 ACEX1K 系列；

（3）在选择器件系列后，在具体器件型号列表区双击所要选择的 EP1K100QC208－3，可得到图 5.2.34(a)或图 5.2.34(b)；

(4) 单击“OK”按钮，关闭对话框即完成器件选择，下面可进行管脚锁定。

2) 管脚锁定

在确定目标器件后，需要将输入/输出信号安排在选定器件的指定管脚上。操作步骤如下：

(1) 在图形编辑窗口中，选择“Max+plus Ⅱ 10.0”菜单下 “Floorplan Editor”(平面布置图编辑器)窗口，平面布置图编辑器提供两种显示方式，其一为如图 5.2.34(a)所示的逻辑阵列块(LAB)视图，逻辑阵列块视图能够显示器件内部的逻辑阵列块结构，有些封装形式还能够显示引脚的位置。其二为器件视图，如图 5.2.30(b)所示，在图 5.2.34(a)所示的窗口中可通过在菜单“Layout”(安排)中选择 Device View”(器件视图)，得到视图区显示器件视图，该图能够明显地看到管脚的位置、功能及锁定情况；单击工具条中的视图可显示器件当前的管脚分配/逻辑分配情况。如此操作以后，可得到图 5.2.34(b)所示的窗口。在“Chip Name”栏(项目名“芯片名”)下方用颜色表示管脚的锁定情况，白色表示未锁定，有色表示锁定；在“Unassigned Nodes”(未锁定的节点)栏显示设计项目中未锁定的输入、输出节点。

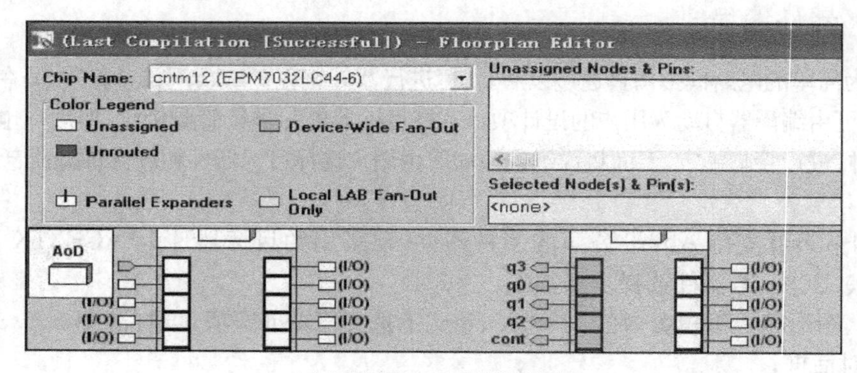

(a) 以逻辑单元显示的器件视图

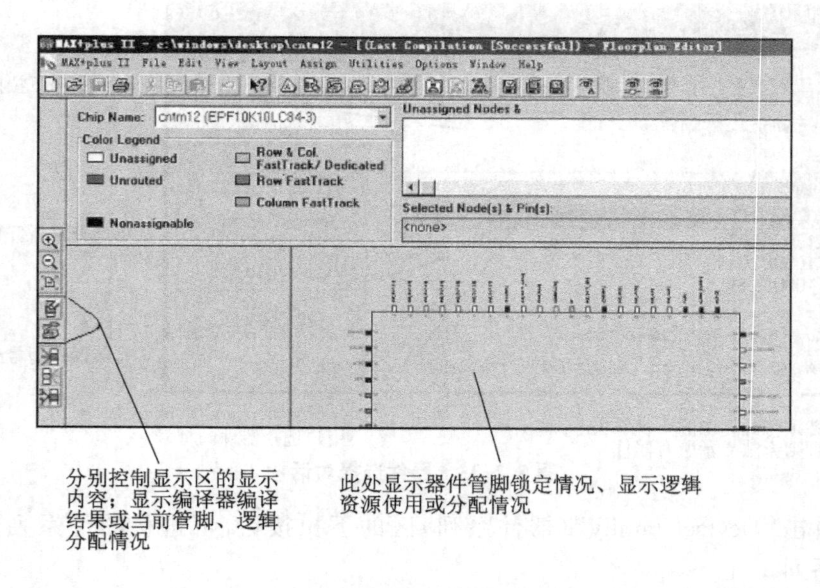

(b) 平面布置图编辑窗口

图 5.2.34 以逻辑单元显示的器件视图及平面布置图编辑窗口

(2) 将 clk 信号锁定在芯片 EP1K100QC208－3 的 79 号脚上，可先将鼠标移到节点显示区的“clk”左边上，按住鼠标左键，可看到鼠标显示符下有一个灰色的矩形框，此时继续按着鼠标左键，拖动鼠标至视图区中 79 号管脚的空白矩形处(见图 5.2.35)，松开左键即可完成信号 clk 的人工管脚锁定。

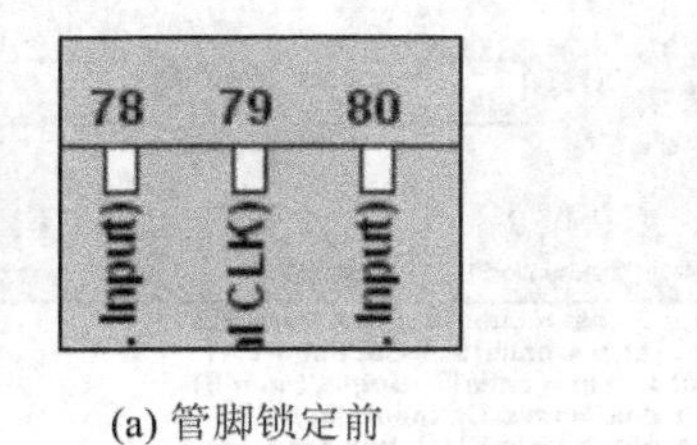

(a) 管脚锁定前

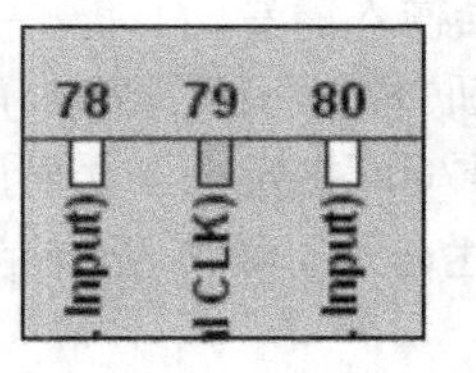

(b) 管脚锁定后

图 5.2.35　ClK 信号锁定

按上述方法可分别将其他信号锁定器件管脚。因本书采用的实验开发系统，目标器件与实验开发系统有一些固定连接，可以让用户使用系统自带的一些硬件资源，且这些连接不可用软件断开，所以在锁定管脚时，用户应参见本书附表器件管脚分配图，需要注意管脚的输入、输出定义，不可用错。

若用户不在指定的实验开发系统上进行器件下载，则管脚不一定按附表分配。若进行多器件配置时，可通过 JTAG 在系统编程，在此不多赘述。

完成上述各管脚锁定以后，再一次进行编译(这一步一定不能遗漏)，使管脚锁定生效。此时回到原来的项目设计文件“cntm12.gdf”，可观察到该文件的输入输出信号旁都标有其对应的管脚号(一般用有色字符标出)，如图 5.2.36 所示。

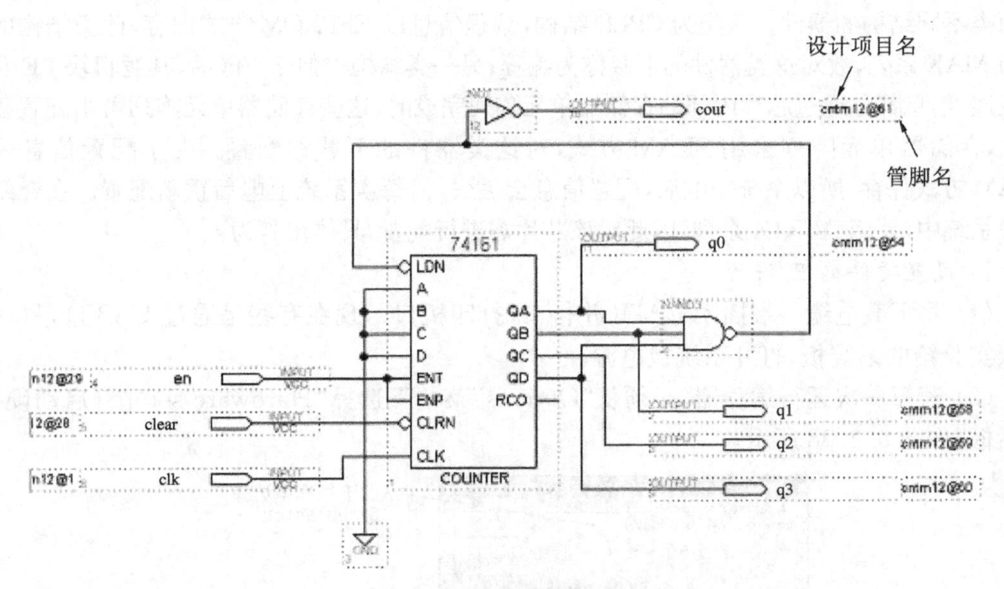

图 5.2.36　锁定后的计数器

(3) 管脚锁定也可从菜单“Assign”下打开“Pin/location/chip”(芯片管脚布置)编辑器，得到图 5.2.37 所示的对话框，具体操作步骤为：

① 在“node name”(节点名)区，填上信号名，如“clk”。

② 在“pin”(管脚名)区,填上管脚号,如“1”。

③ 在“pin type”(管脚类型)区选择信号输入/输出类型,对于信号“clk”选择“input”类型,因为“clk”是输入信号。

④ 此时,按钮“Add”变亮(表示有效),单击之,可将信号“clk”锁定在 1 号管脚上。

⑤ 重复上述步骤,可将所有信号锁定好。

(4) 如果想删除或改变一个锁定,可在图 5.2.37 中“Existing Pin/location/chip Assignments”(现存的芯片管脚分配)区选中需要删除或改变锁定的信号,利用“Delete”和“Change”按钮可对该信号的锁定进行删除或更改。

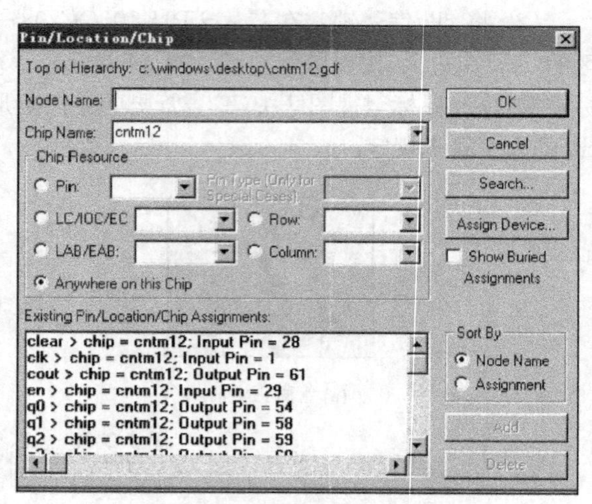

图 5.2.37 管脚锁定对话框

用此法锁定管脚以后,仍需重新编译使管脚锁定有效。在编译结束后,可再重新进行各项校验,如时序模拟仿真等。若模拟仿真正确,可进行器件编程/配置。

5.2.9 器件编程/配置

在通过项目编译后可生成文件“.sof”(下载文件)用于器件编程/配置。在 Altera 器件中,有两类不同结构的器件。一类为 CPLD 结构,编程信息以 EEPROM 方式保存,此类结构的芯片为 MAX 系列,故对这类器件的下载称为编程;另一类结构类似于 FPGA,其逻辑块 LE 及内部互连,信息都是通过芯片内部的存储器单元阵列完成的,这些存储器单元阵列可由配置程序装入,存储器单元阵列采用 SRAM 方式,对这类器件的下载称配置。由于配置信息采用 SRAM 方式保存,所以系统掉电后,配置信息会丢失,需每次系统上电后重新配置。在介绍的实验系统中,采用 ACX1K 系列,因此对该芯片需进行配置,具体步骤为:

1) 设置硬件编程/配置

(1) 将下载电缆一端插入 LPTI(并行口,打印机口),现在有些是通过 USB 口,另一端插入实验箱的系统板,打开系统板电源。

(2) 若第一次运行编程器,必须从“Options”菜单下选择“Hardware setup”(启动硬件)对话框,如图 5.2.38 所示。

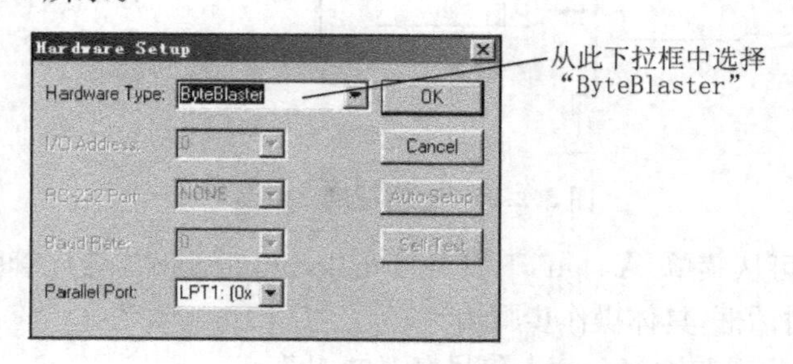

图 5.2.38 下载时硬件设置对话框

2）创建编程器日志文件

编程器日志文件把所有的编程操作和信息记录下来，具体步骤为：

(1) 从“Max+plus Ⅱ”菜单下选择“Programmer”(编程)，或单击“ ”按钮可打开编程器对话框，如图 5.2.39 所示。

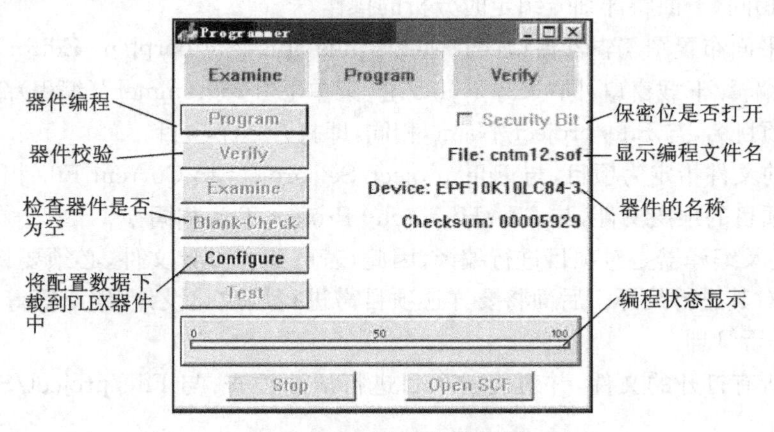

图 5.2.39 器件编程对话框

(2) 选择菜单“File/Input/Output”，出现“Input/Output”对话框。按<F1>键，进入“Input/Output Command”，可获得相应的帮助信息。

3）器件配置

在图 5.2.29 中，按下“Configure”键即可完成下载。若下载提示下载不成功信息，可按上述步骤检查设置是否正确，并检查计算机与实验开发系统的硬件连接，排除故障，再次下载。

5.2.10 单元练习

(1) 使用 74160 或 74161 设计一个模为 9 的计数器，锁定管脚到数码管上显示计数结果。

(2) 用两片 74160 设计一个模为 60，输出用 8421BCD 码显示的计数器。

5.3 常用工具介绍

1）工具条简介

“Max+plus Ⅱ”软件为不同的操作阶段提供了不同的工具条，它可方便软件的使用，使用户当前可以完成的操作一目了然。“Max+plus Ⅱ”的工具条中关于文件操作等的工具条与 Windows 操作系统下的标准一样。当把鼠标移动到工具条某一项上时，在窗口下面可看到该工具按钮的功能提示。下面简单介绍图形编辑窗口常用工具条的功能。

这些与 Windows 操作系统中功能相同，表示可打开新建设计输入文件类型对话框；其他分别为：打开一个文件；文件存盘；打印；剪切；复制；取消上次操作。

帮助选择功能，鼠标单击后，会变为此形状，处于帮助选择状态。此时，用鼠标左键单击某一对象,可获得此对象的帮助主题。例如,单击 74161 的符号,可获得 74161 的逻辑功能表。

分别打开编译器和模拟仿真器,与 Max+plus Ⅱ/Compiler(编译)和 Max+plus Ⅱ/Simulator(模拟仿真)菜单命令相同。

打开时序分析器,可进行时序分析,与 Max+plus Ⅱ/Timing Analyzer(时序分析器)菜单命令相同,下面将详细介绍定时分析的操作。

打开平面布置图编辑器窗口,与"Max+plus Ⅱ"/"Floorplane Editor"命令相同。

打开编辑/下载窗口,同"Max+plus Ⅱ"菜单下"Programmer"(编程)命令相同。

指定项目名,与 File/project/Name 相同,即打开一个项目。

将当前文件指定为项目,与 File/project/Set project to Current File 相同。

打开项目的顶层文件,与 File/Hierarchy Project Top 相同 。

前面已述及编译器是对项目进行编译,因此,若已建立设计文件,必须要将此文件指定为项目,才能对其进行编译。后面将要详述项目需进行层次化设计、编译等等,该软件需要对这些操作进行管理。

保存所有打开的文件,并对当前项目进行语法检查,与 File/project/Save & check 相同。

保存所有打开的文件,并对当前项目进行编译,与 File/project/Save & compile 相同。

保存打开的模拟器输入文件,并对当前项目进行模拟仿真,与 File/project/Save & simulate 相同。

打开层次化管理窗口,可看到当前设计的层次关系,如图 5.3.1 所示十二进制的计数器由 74161 组成,在下一个层次是由小规模电路(门电路)组成的计数器原理电路。

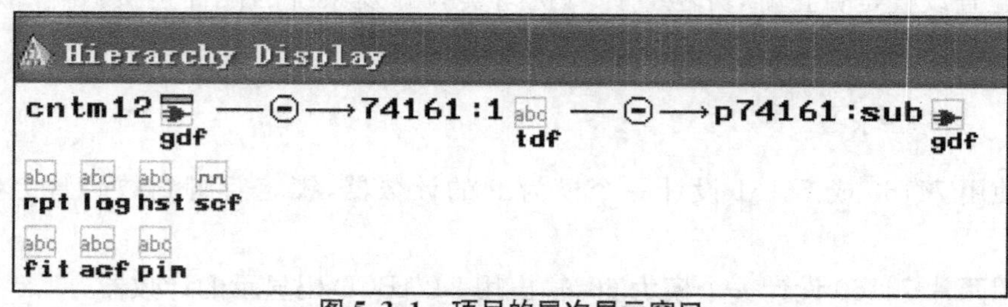

图 5.3.1 项目的层次显示窗口

对应菜单"Utilities"下的子菜单项,可进行字符搜索、字符替换,在当前文件/当前项目中搜索节点(Node)、符号(Symbol)等。

Arial Black 10 可利用该工具改变字体及其大小。

2) 定时分析

(1) Max+plusⅡ定时分析器提供如下三种分析模式:

① Delay Matrix:延时矩阵分析模式,分析多个源节点和目标节点之间的传输路径延时时间。

② Setup/Hold Matrix:计算从输入引脚到触发器和锁存器的信号输入所需要的最小建立时间和保持时间。

③ Registered performance:寄存器的性能分析模式,包括性能上有限定值的延时,可获

得最坏的信号路径、系统最小时钟周期和工作频率等信息。

切换上述三种分析模式，可通过工具条切换，也可在如图 5.3.2 所示的窗口菜单中选择。

（2）运行定时器，用鼠标单击后，或选择 Max+plusⅡ/ “Time Analysis”，即以默认的延时矩阵方式打开定时分析器，如图 5.3.2 所示，并自动装入项目文件的定时模拟器网表文件。

在时序分析器上单击“Start”按钮即可进行 Delay Matrix 分析。在延时矩阵模式下，定时分析器将自动把所有的输入引脚标记为源，若把所有的输出引脚标记为目标，每种分析模式都有自己默认的节点定时标记。也可选择菜单 Node/Timing Source 和 Node/Timing Destination 命令，在图形、文本、波形编辑器中的原始项目设计文件中标记某个特定节点。对于本例项目设计采用默认方式（选用器件 EPF10K10LC 84－3），从 clk 上升沿到 q0 的延时为 9.4 μs（若选用器件 EPF10K10LC84－4，则该值为 12.4 ns）。

若在图 5.3.2 菜单中选择“ Analysis/ Registered performance”（寄存器性能），或单击工具条按钮，可进行寄存器的性能分析。单击“Start”开始分析，可得图 5.3.3。其中的“Clock”对话框默认显示项目文件的时序逻辑电路的最长延时路径，速度表指示时序逻辑可能的运行速度，当然可在“Clock”对话框中选择一个延时路径，以便在消息窗口中观察。

若在图 5.3.2 菜单中选择“Analysis/Setup Hold Matrix”或单击按钮，出现建立/保持矩阵定时分析窗口，如图 5.3.4 所示。选择“Start”运行定时分析器，结果就会出现在对应的窗口之中。

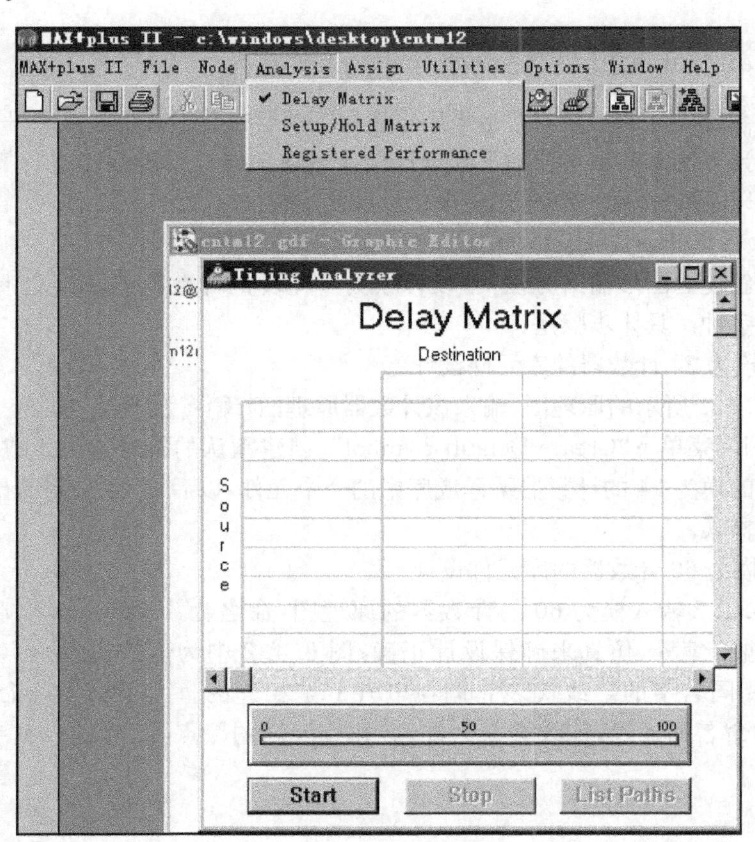

图 5.3.2　时序分析器窗口

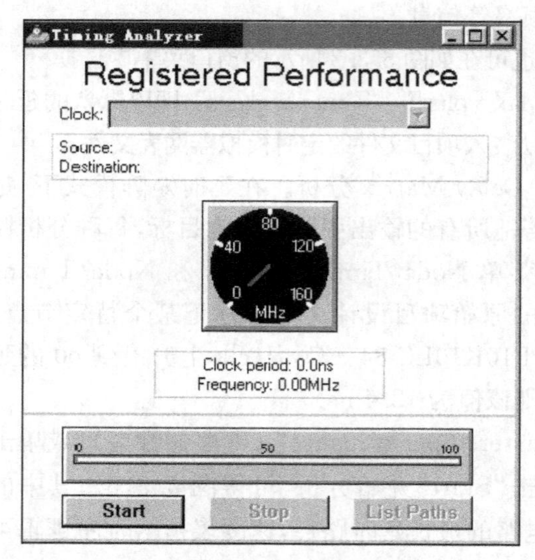

图 5.3.3　寄存器的性能分析

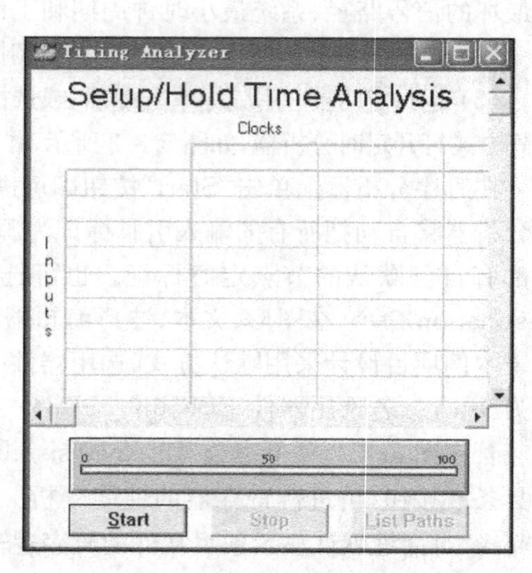

图 5.3.4　建立/保持矩阵的定时分析窗口

5.4　层次化设计及总线

5.4.1　Max＋plusⅡ层次化设计

数字逻辑系统设计的一般方法是采用自顶向下的层次化设计。在 Max＋plus Ⅱ 中，可利用层次化设计方法来实现自顶向下的设计。一般在顶层对系统性能进行描述，再进行底层设计。下面以图形输入为例，阐述层次化设计的过程。

1）用层次化设计方法设计一个数字钟

利用前面叙述的图形输入方法，在设计模为 60、24 的计数器的基础之上，设计一个含时、分、秒的数字钟。具体步骤是：

(1) 完成模为 24 计数器的库元件设计

① 按图 5.4.1 所示的原理图，输入该计数器原理图，编译、仿真成功。

② 执行 File 菜单下“Create Default Symbol”(创建默认的符号)，可生成元件“aaa24”，即将用户设计的模为 24 的计数器编译成库中的一个元件，以后该 24 进制的计数器，即可作为一个库元件输入。

(2) 完成模为 60 计数器的库元件设计

① 按图 5.4.2 输入模为 60 的计数器的原理图，命名为“aaa60. gdf”，将此文件设置为项目，对其进行编译、仿真来确保设计正确；图 5.4.2 中为连线进行命名，为的是避免连线的混乱，相同名字的导线代表它们在电气上是相连的。为了给导线命名，可先用鼠标左键单击要命名的连线，连线会变为红色，并有闪烁的黑点，此时键入文字即可为连线命名。

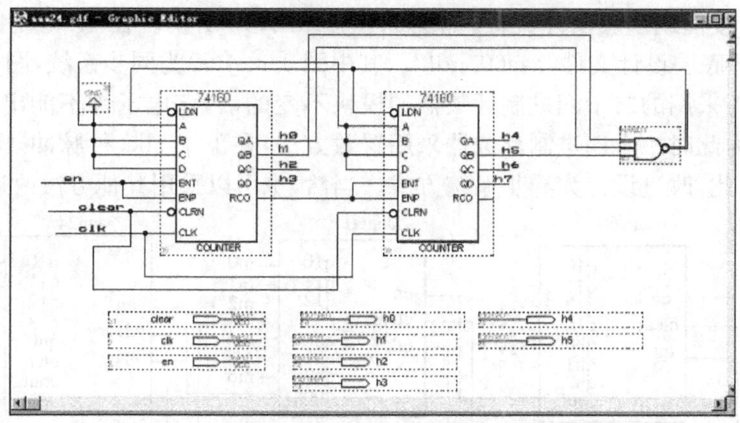

图 5.4.1　模为 24 的计数器的图形设计文件

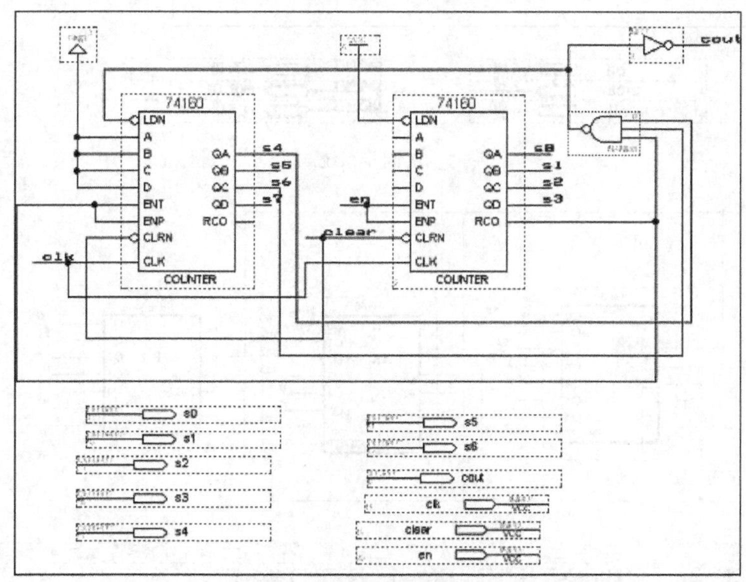

图 5.4.2　模为 60 的计数器的图形设计文件

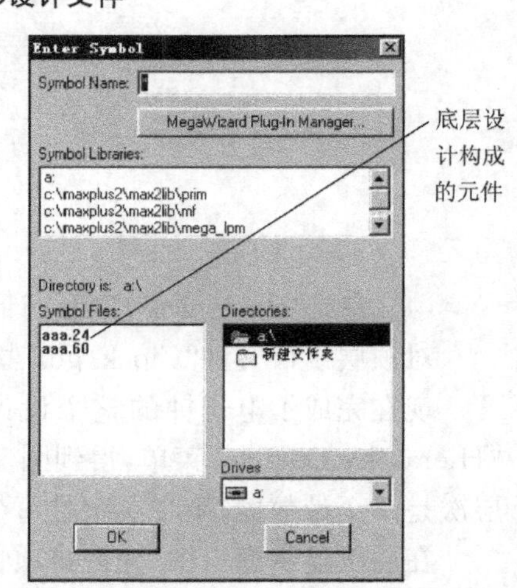

图 5.4.3　“输入文件”对话框

② 完成模为 60 的计数器设计后，采用第一项中的步骤②生成符号“aaa60”。

(3) 建立电子钟的顶层设计文件“Clock. gdf”

① 建立一个新的图形文件，保存为“Clock. gdf”。

② 将“Clock. gdf”文件指定为项目文件，执行 File 菜单下“ Project/Set Project to Current File”命令。

③ 在“Clock. gdf”的空白处(图形编辑区)双击鼠标左键可打开“Enter Symbol”对话框来选择需要输入的元件，此时看到它与图 5.2.11 稍有不同，在元件列表区可看到刚才生成的两个元件 aaa24 和 aaa60，如图 5.4.3 所示。

④ 因为电子钟的时、分、秒是由一个二十四进制、两个六十进制的计数器组成，所以输入 aaa24 一次，aaa60

两次，经适当连接构成顶层设计文件，如图 5.4.4(a)、(b)所示。在图 5.4.4 中，双击元件“aaa60”，可打开底层设计文件“aaa60.gdf”。其中图 5.4.4(a)为同步系统，图 5.4.4(b)为异步系统。但是若采用的二十四进制计数器的模块不变的话，该电子钟不能出现 23 小时，思考为什么？因为此时二十四进制计数器采用置数方法，在下个 clk(秒脉冲)出现时，二十四进制归“0”。因此，改进设计为异步系统方式。当然，也可以采用其他方法改进这个电路。

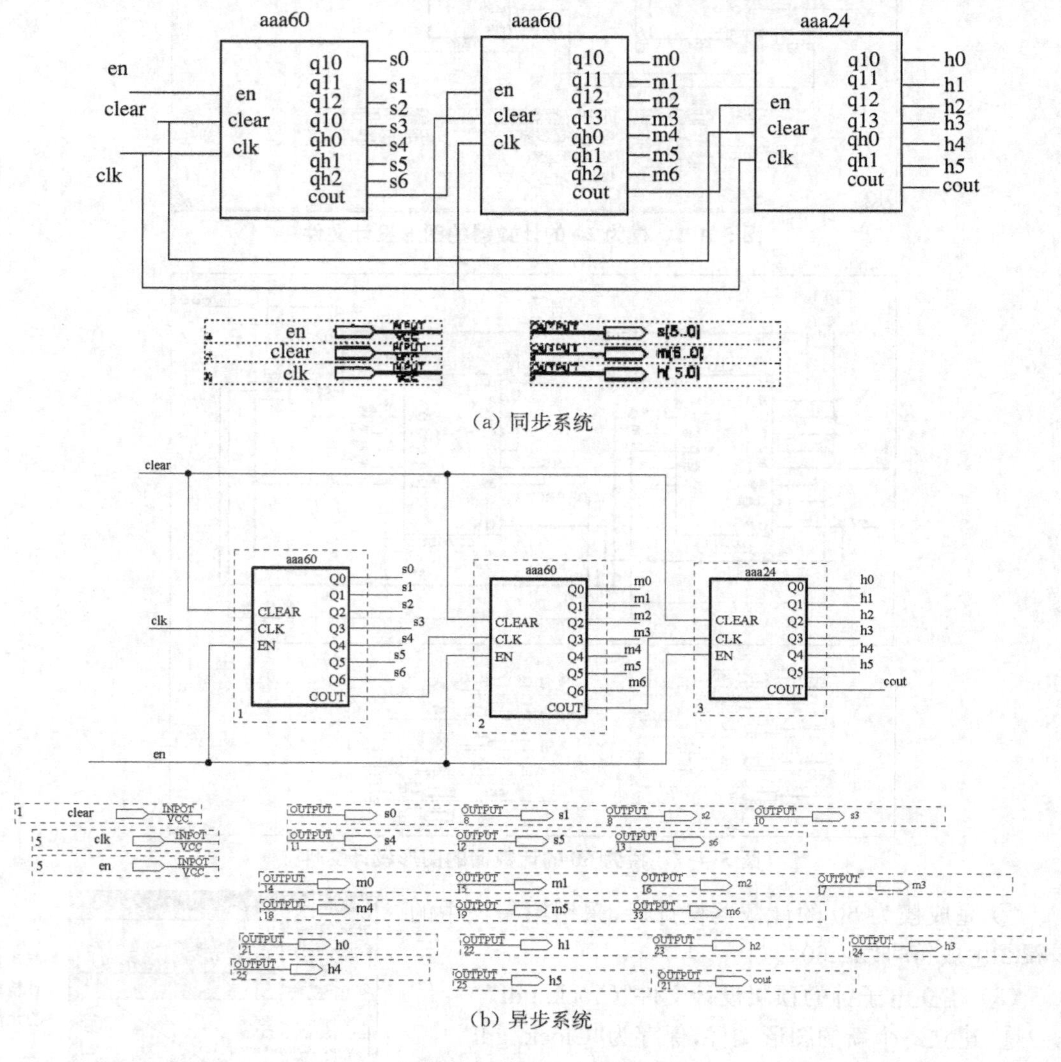

(a) 同步系统

(b) 异步系统

图 5.4.4　Clock.gdf 文件

(4) 完成“clock.gdf”项目设计

对顶层设计文件“Clock.gdf”构成的项目“Clock”进行编译、仿真，最后配置完成此设计

现在完成了电子钟的整个设计，此时，可通过工具条中▣或菜单“Max+plus Ⅱ”下“Hierarchy Display”菜单，得到图 5.4.5 所示的电子钟项目的层次。表明：电子钟项目第一层次是三个计数器；第二层次是每个计数器由 74160 芯片组成。

在层次显示窗口中，允许将项目设计中的任何一个设计文件及任何一个与项目名称同名的辅助文件快速打开或带至前台。在层次显示窗口中打开文件的同时，Max+plus Ⅱ 自动打开相应的编辑器。

在图 5.4.5 所示的窗口中,双击“Clock”文件名或后面的“gdf”图标,就可打开图形编辑窗口将文件“Clock.gdf”带至前台,供浏览、编辑用。双击后面的“aaa24” 文件名或后面的“GDF”图标,就会打开“aaa24.gdf”在编辑窗口中。

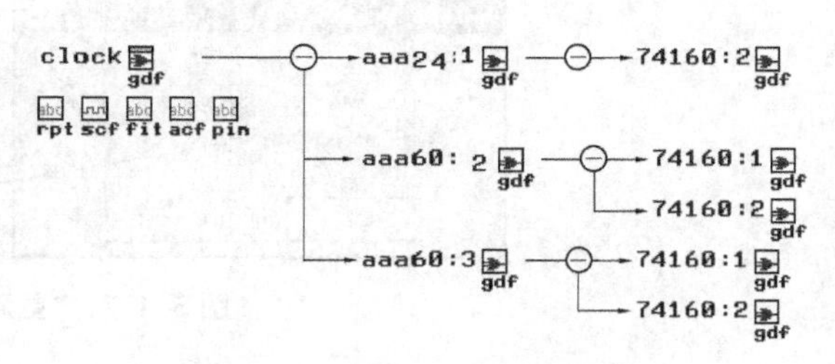

图 5.4.5　项目 Clock 的层次结构

选择菜单命令“File/Close Editor”或单击鼠标右键,在出现的菜单中选择“Close Editor”,以关闭已打开的文件及相应的编辑器。双击层次显示窗口标题左侧的层次窗口图标或标题条右侧的关闭按钮,以关闭层次显示窗口。

2) 层次化设计的注意事项

(1) 在同一设计项目中,顶层设计文件名与各底层符号所对应的设计文件必须是惟一的,不能有重名的文件。

(2) 设计时自动将当前设计项目定为顶层文件。

(3) 顶层文件可通过创建默认符号(打包)的方式降为底层文件,供其他顶层文件调用。

(4) 顶层文件中调用的符号所代表的文件为底层设计文件。

(5) 在同一设计项目中,不允许出现顶层文件或符号文件自身递归调用,允许顶层及底层文件设计单向调用底层设计符号,不允许出现顶层文件与符号文件之间及符号文件之间相互调用或间接相互调用。

5.4.2　BUS(总线)

此处 BUS 是指由多个信号线组成的总线,在项目设计中采用 BUS 可使设计的电路清楚易读,并且可减轻电路图中重复连线的负担。此外,利用 BUS 可方便地在波形窗口中观测仿真结果。

现在回到底层文件“aaa60.gdf”(六十进制计数器),将输出符号进行更换,如图 5.4.6 所示。然后重新将“aaa60”生成符号,替换原来的符号。回到顶层设计文件“Clock.gdf”,执行菜单命令“Symbol/update symbol”(符号/更新符号),出现图 5.4.7 对话框。

选择第二项更新所有符号。经过整理图中的连线并重命名,得到图 5.4.8,图中的粗线即为总线。

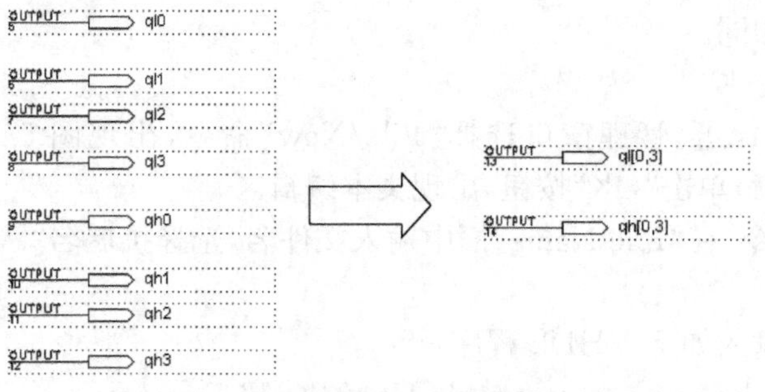

图 5.4.6　总线表示形式

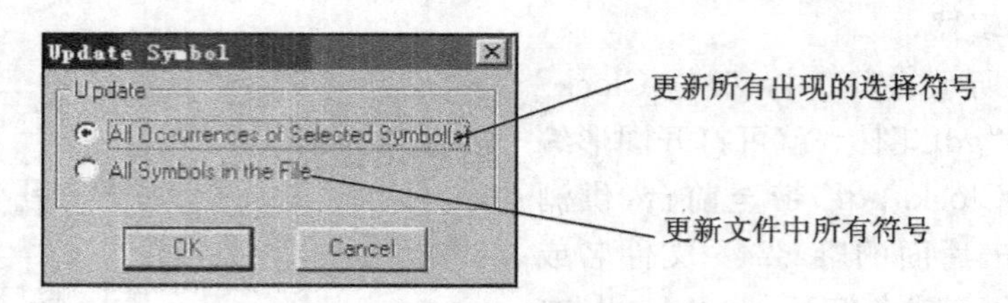

图 5.4.7 “更新符号”对话框

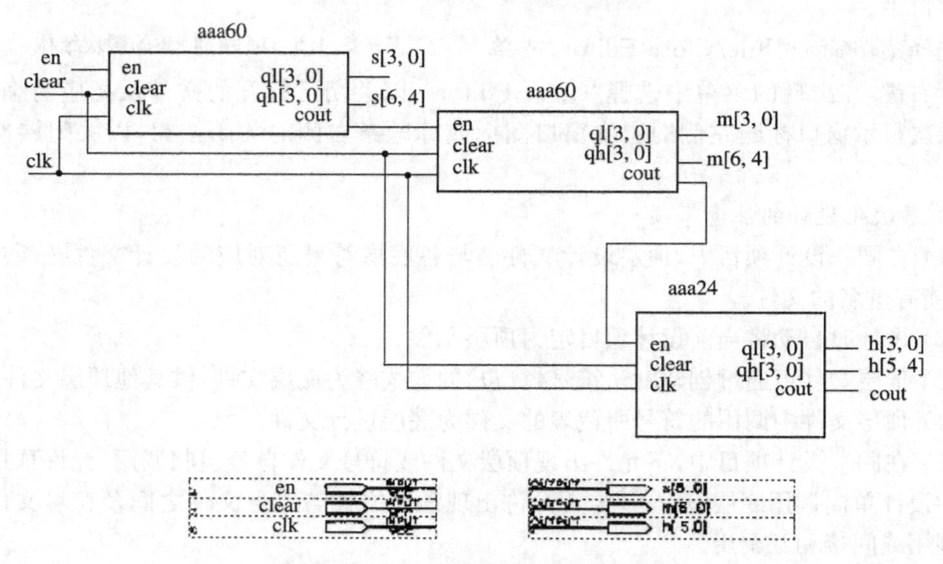

图 5.4.8 命名总线后的 clock. gdf 文件

5.4.3 其他输入法

1) 文本输入法

Max＋plus Ⅱ 10.0 支持 AHDL(the Alter Hardware Description Language)、VHDL、Verilog HDL 等多种语言输入。AHDL 是 Altera 公司的硬件描述语言，文件扩展名为“. tdf”，VHDL 是已成为 IEEE 工业标准、覆盖最为广泛的硬件描述语言，其文件扩展名为“. vhd”。下面仍以设计模为 60 的 8421BCD 计数器为例，说明用文本输入法（VHDL 语言）设计电路的一般步骤：

(1) 建立项目文件

与图形输入法相同。

(2) 建立设计文件

① 在 Max＋plus Ⅱ 管理窗口选择“File/New”命令，出现图 5.2.9 所示窗口，选择“Text Editor File”后，单击“OK”按钮，出现文本编辑区。

② 选择存盘命令，在“File Name”框中输入文件名，选择扩展名“. vhd”即可。

(3) 编辑程序

在文本编辑区输入如下 VHDL 程序：

```
—A asychronous reset; enable Up; 842 1BCD counter
```

```
—module=60;
library ieee;
use ieee. std_logic_1164. all;
use ieee. Std_logic_unsigned. all;
ENTITY cntm60v Is
PORT
  ( en:IN std_logic ;
  clear:IN std_logic ;
  clk:IN std_logic ;
  cout :out std_logic ;
  qh:buffer std_logic—vector (3 downto 0);
  ql: buffer std_logic—vector (3 downto 0);
END cntm60v

ARCHITECTURE behave OF cntm60v Is
BEGIN
cout<="1" when(qh="0101" and q1="1001" and en="1")else "0";

PROCESS(clk ,clear)
  BEGIN
   IF(clear="0") THEN
    qh<="0000";
     q1<="0000";
      ELSEIF(clk EVENT AND elk="1")THEN
       if(en="1")then
       if(q1=9) then
          q1<="0000";
       if(qh=5)then
          qh<="0000";
       else
          qh<=qh+ 1;
         end if;
       else
       q1<=q1+1
      end if;
     end if;—end if (en)
    END IF;——end if. clear
   END PROCESS;
END behave;
```

(4) 保存文件并检查语法错误

在"Max+plus Ⅱ 10.0"管理窗口选择"File/Project/Save & Check",或单击按钮,可将编辑的文件 cntm 60. vhd 存盘并检查语法错误,如有错误则返回编辑区修改。

(5) 建立默认符号及包含文件

① 在 Max+plus Ⅱ 10.0 管理窗口选择"File/Create Default Symbol"(创建默认的符号)命令,建立一个符号文件供以后的顶层图形设计文件中调用。

② 选择"File/Create Default Include Filel"命令,可产生一个包含文件。

(6) 仿真、下载

与图输入设计方法相同,也可建立模拟文件 cntm60. scf 来仿真此计数器。在编译、仿真成功以后,最后下载等。

对于用 Verilog HDL 设计,其过程与 VHDL 完全相同,但在存盘时其文件后缀为". v"。至于文中的 VHDL 语言的含义,可参看有关书籍。

2) *波形输入法*

使用 Max+plusⅡ波形编辑器进行设计输入时,用户必须创建以". wdf"为扩展名的波形设计文件。如:设计描述四相四拍步进电机电路中的步进脉冲分配电路的状态机。此方法与图形、文本输入法相似,只是在编辑输入、输出节点时,需要创建隐埋节点来提供输入、输出之间的逻辑关系。

3) *混合设计输入法*

所谓混合设计是指由 VHDL 设计的电路生成一个文件,然后在图形设计中调用,即在一个设计中采用不同的方式实现。如果将已完成的顶层设计文件"clock. gdf"中由图形输入方式实现的 aaa60,改为用 VHDL 实现的 aaa60,即完成 VHDL 与图形两种输入的混合设计。此时打开顶层文件,从文件中可见前两个计数器是由文本输入实现的。单击工具条中工具或菜单"Max+plus Ⅱ"下"Hierarchy Display"命令,可看到此时的层次结构中有两个 VHD 构成的底层,点击底层的文本文件可对其进一步编辑、修改。

5.5 CPLD/FPGA 开发软件之二——Quartus Ⅱ

Quartus Ⅱ是 Altera 公司推出的新型 FPGA/CPLD 开发工具,是继 Max+puls 后开发的一种 CPLD/FPGA 器件的设计、仿真、编程的工具软件。该软件界面友好,功能强大,使用方便,是开放、多平台、丰富的设计库、多种输入、多种编程语言接口、模块化设计的 EDA 工具软件。

5.5.1 Quartus Ⅱ简介

1) Quartus Ⅱ*的主要特点:*

(1) 最易使用的 CPLD 设计软件

Quartus Ⅱ支持 MAX Ⅱ器件及其他 MAX CPLD 系列,提供从开始到结束的整个 CPLD 设计环境,提供和业界领先的第三方综合和仿真工具的无缝集成。

(2) 器件支持

Quartus Ⅱ软件支持 Altera 公司的 MAX、ACEX、APEX、FLEX6000、FLEX10K 等系列器件外，还支持 MAX Ⅱ CPLD、Cyclone、CycloneⅡ、Syratix 、SyratixⅡ等最新的 FPGA 系列器件。

(3) 高效的设计流程

Altera 的 Quartus Ⅱ是领先的 FPGA 设计软件，易于使用，设计效率高，是第一个来自(PLD)供应商的 FPGA 和结构化 ASIC 规划工具。Altera 的 Quartus Ⅱ软件是第一个支持基于知识产权(IP)系统的软件，设计者可利用此特点，在很短的时间内将构想成为运行的系统。

Altera 的 Quartus Ⅱ包含 SOPC Builder、DSP Builder 等系统设计工具，以及其他现成的 IP 核。

(4) Quartus Ⅱ集成主要的第三方 EDA 验证工具与方法。

(5) Quartus Ⅱ具有强大的软件开发工具。

(6) Quartus Ⅱ给 Max＋puls Ⅱ 用户带来便利。

Quartus Ⅱ提供内置的 Max＋puls Ⅱ外观选项，用户在 Max＋puls Ⅱ界面中，获得 Quartus Ⅱ软件的性能与高级功能所带的优势。

2) Quartus Ⅱ安装

(1) Quartus Ⅱ安装平台要求(见图 5.5.1)

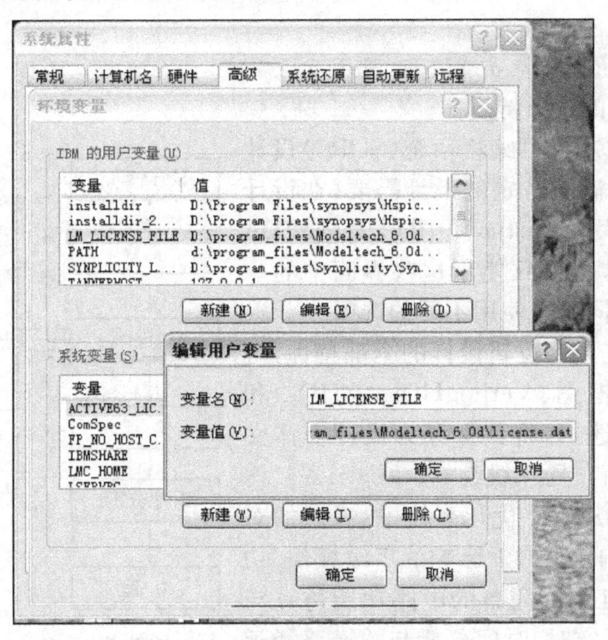

图 5.5.1 Modelsim 安装环境变量设置界面

PC：运行速度大于 400M Hz；操作系统：Windows 2000 或 Windows XP；有效内存：512MB；硬盘：10 GB 以上；端口：一个或多个 ByteBlaster 并口、USB 端口等。

(2) Quartus Ⅱ 的安装步骤

① license. dat 获得

安装 Quartus Ⅱ，首先获得 license. dat 许可文件，该文件可以通过订购 Altera 公司的软件获得，当然也可以选择 30 天试用版，30 天试用期后，必须获得有效的许可文件才能使用该软件。

② 运行 Quartus Ⅱ 的安装程序，按步骤操作，直至完成。

打开 Quartus Ⅱ，进入 Tools－>License Setup...，指定 license.dat 文件的路径，路径不允许出现中文！至此，Quartus Ⅱ 安装已经完成。

(3) Modelsim 模拟器安装

使用 Quartus Ⅱ 软件自带的仿真软件进行功能和时序仿真时，需要手工加入波形文件(这与 MAX＋PLUS 相同)比较麻烦，可以采用第三方仿真工具进行仿真，常用的是 Modelsim，其安装步骤为：点击 Modelsim 安装文件 setup.exe，按照提示进行软件安装。软件安装完后进行环境变量设置。

Windows2000 和 Windows XP 系统中需要设置的是环境变量。以 WindowsXP 为例，可打开"我的电脑"属性，高级选项，单击环境变量，就会出现图 5.5.1 所示界面。

列在上面的是用户变量，下面的是环境变量，建议在用户变量栏设置较好。栏内有两项，一项是变量，一项是值。可以看到它只是将 Windows 98 下的格式中的"set" 和"＝"去掉了，其他并没有变：在变量栏中填入变量名称，如 LM_LICENSE_FILE、SYNPLICITY_LICENSE_FILE，再在值一栏中输入完整路径和 license 文件名就可！如果 EDA 软件在安装时没有生成设置变量栏，则可以点击新建按钮，按照上述格式输入就行了。

3) Quartus Ⅱ 的设计特点及流程(见图 5.5.2)

(1) Quartus Ⅱ 的设计特点

Quartus Ⅱ 是单芯片可编程系统(SOPC)设计的综合性环境，可以满足特定的设计需要，在设计的每个阶段允许使用 Quartus Ⅱ 图形用户、EDA 工具或命令行界面，可以只使用这些界面中的一个，也可以选择在不同阶段使用不同的选项。

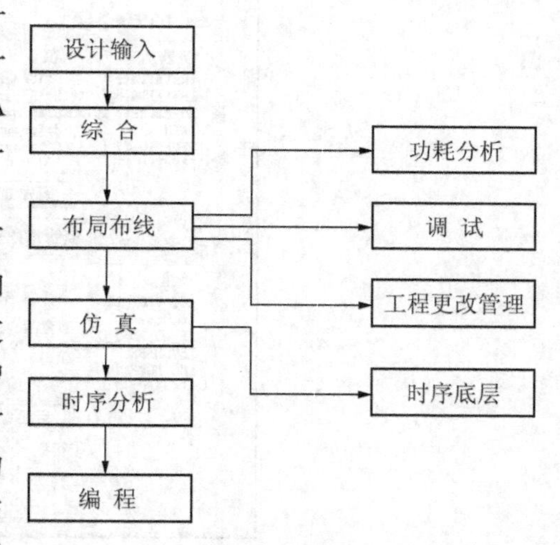

图 5.5.2 Quartus Ⅱ 的设计流程

Quartus Ⅱ 具有数字逻辑设计的全部特性，可利用原理图、结构框图、VerilogHDL、AHDL 和 VHDL 完成电路描述，并将其保存为设计实体文件；芯片(电路)平面布局连线编辑；LogicLock 增量设计方法，用户可建立并优化系统，然后添加对原始系统的性能影响较小或无影响的后续模块；功能强大的逻辑综合工具；完备的电路功能仿真与时序逻辑仿真工具；定时/时序分析与关键路径延时分析；可使用 SignalTap Ⅱ 逻辑分析工具进行嵌入式的逻辑分析；支持软件源文件的添加和创建，并将它们链接起来生成编程文件；使用组合编译方式可一次完成整体设计流程；自动定位编译错误；高效的器件编程与验证工具；可读入标准的 EDIF 网表文件、VHDL 网表文件和 Verilog 网表文件；能生成第三方 EDA 软件使用的 VHDL 网表文件和 Verilog 网表文件。

(2) Quartus Ⅱ 的设计流程

Quartus Ⅱ的设计主要流程是：设计输入、综合、布局布线、仿真、时序分析、编程与配置。

5.5.2 Quartus Ⅱ使用方法

1）在 Quartus Ⅱ软件中建立项目

在 File 选项中选择建立新项目，按照软件提示进行，并选择所用器件型号（如：为 FLEX 系列 EPF10K10LC84－4 芯片）。在第三方工具中可以选择 EDA 仿真工具为 Modelsim（也可以不用 Modelsim 而使用 Quartus Ⅱ自带的仿真工具），如图 5.5.3 所示。

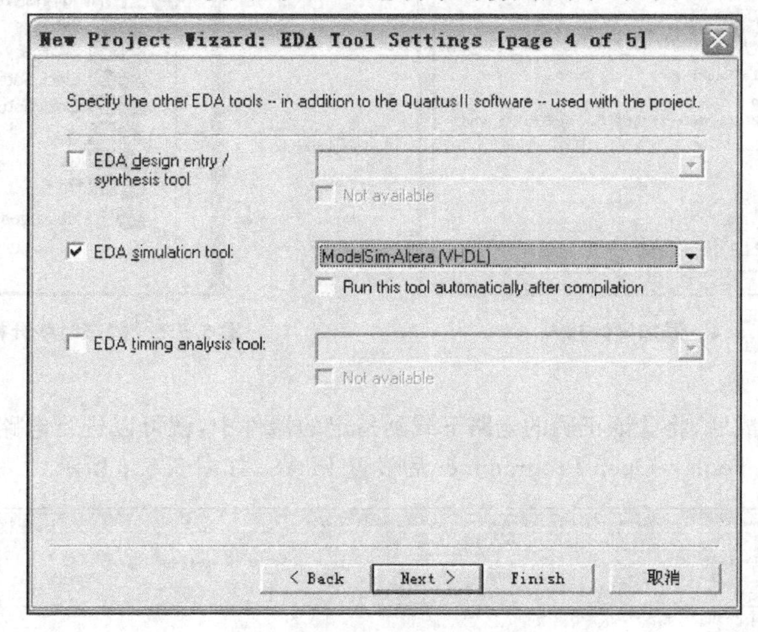

图 5.5.3 建立项目

2）添加设计输入

在 File 表单中添加设计文件如图 5.5.4 所示。

或者通过点击 File⇒New⇒Device Design File 创建 HDL 文件进行设计输入。

3）编译

点击 Processing⇒Start Compilation 进行编译。

4）静态时序分析

如图 5.5.5 所示观察静态时序分析的结果。

5）进行仿真

点击 File⇒New⇒Other Files，创建 Vector Waveform File（波形文件，这与 MAX＋PLUS 的仿真相似）。选择 View⇒ Utility Windows ⇒Node Finder。在 Filter 中选择 Pins：all，然后点击 list 后，选择信号添加进波形文件中。手动输入数据后，点击 Processing ⇒Start Simulation。进行仿真可以在仿真设定中选择功能仿真（Functional）或时序仿真（Timing）。

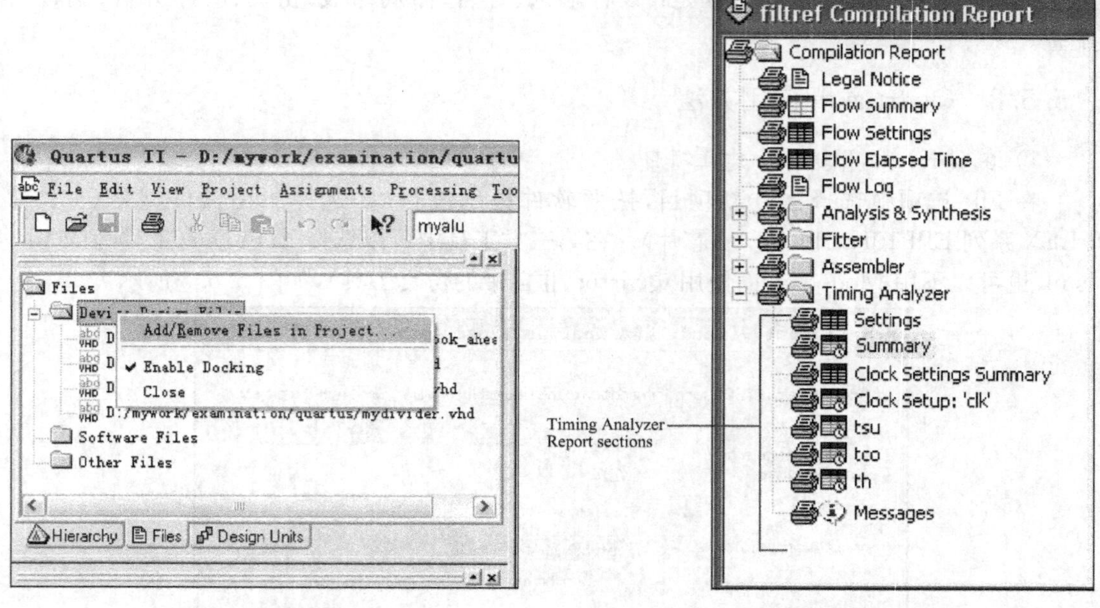

图 5.5.4　添加设计输入　　　　图 5.5.5　静态时序分析

6）编程下载

在仿真完成后，将验证正确的电路下载到指定的器件中，就可以进行电路的硬件测试。打开下载窗口 Tools⇒Open Programmer 后设置 JTAG，如图 5.5.6 所示：

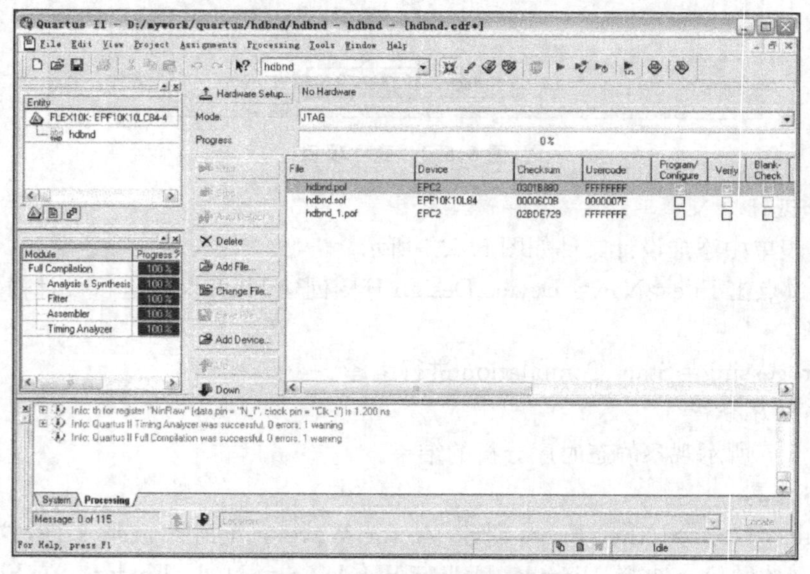

图 5.5.6　编程下载设置

然后进行下载，如图 5.5.7 所示。

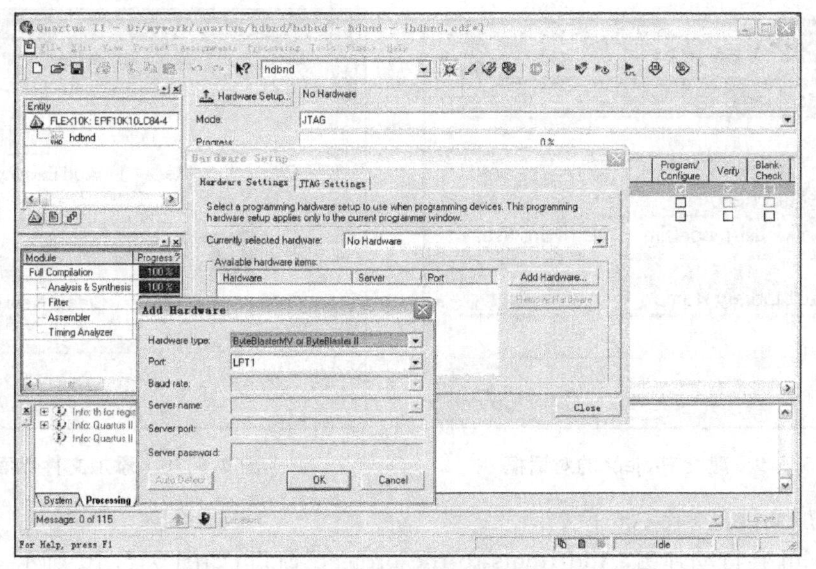

图 5.5.7　编程下载界面

7）利用 Modelsim 进行功能仿真

为避免使用 Quartus Ⅱ软件自带的仿真软件进行功能和时序仿真时，需要手工加入波形文件的麻烦，常采用第三方仿真工具进行仿真。

在 Modelsim 中建立 Project。如图 5.5.8 所示，点击 File⇒New⇒Project，得到 Create Project 的弹出窗口，如图 5.5.9 所示。在 Project Name 栏中填写项目名字，如：myalu，建议和顶层文件名字一致。Project Location 是工作目录，可通过 Brose 按钮来选择或改变。Default Library Name 可以采用工具默认的 work。

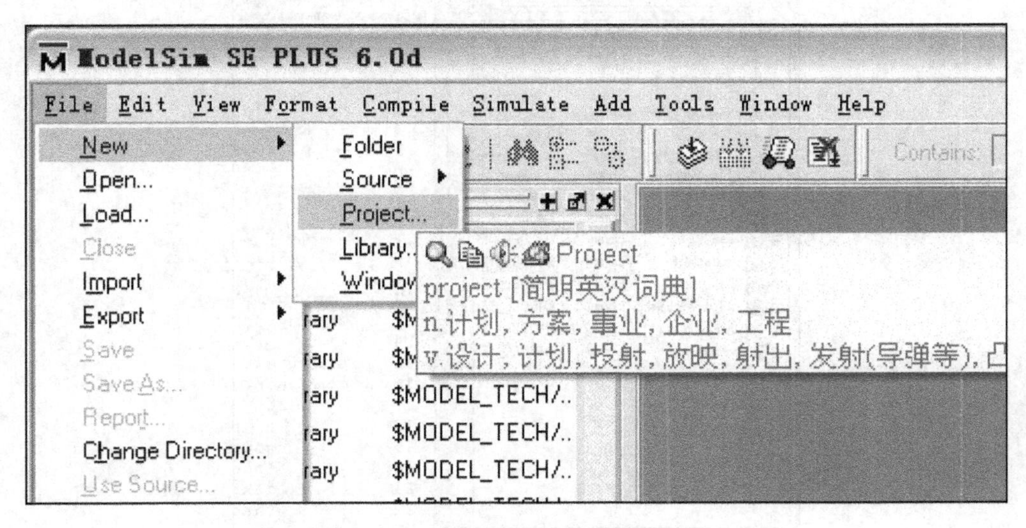

图 5.5.8　在 ModelSim 中建立 Project

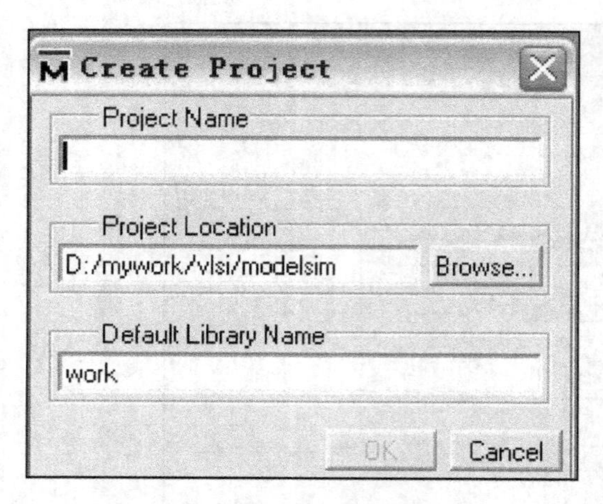

图 5.5.9　建立 Project 的对话框

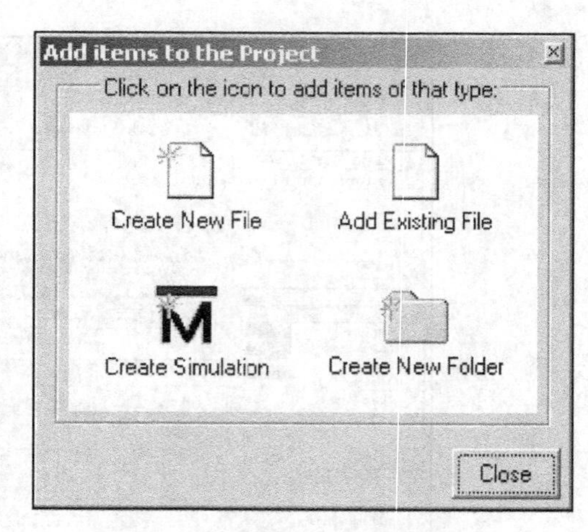

图 5.5.10　添加文件界面

(1) 添加文件到 project 下

Modelsim 会自动弹出“Add Items to the project”窗口，如图 5.5.10 所示。选择“Add Existing File”后，根据相应提示将文件加到该 Project 中。

(2) 编译

编译(包括源代码和库文件的编译)，编译可点击 Compile=>Compile All 来完成。

(3) 装载文件

如图 5.5.11，双击 myalu_tb 库进行装载。

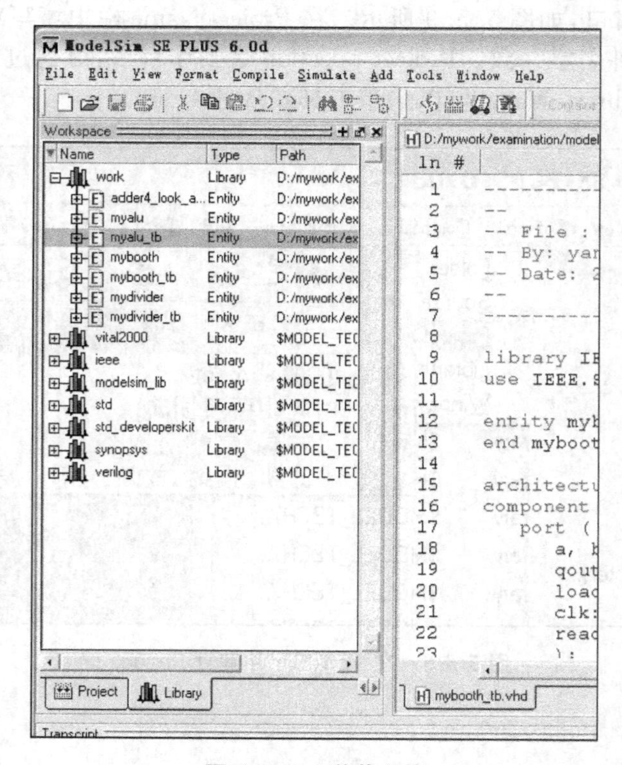

图 5.5.11　装载文件

(4) 仿真

如图 5.5.12 添加信号到仿真波形中。

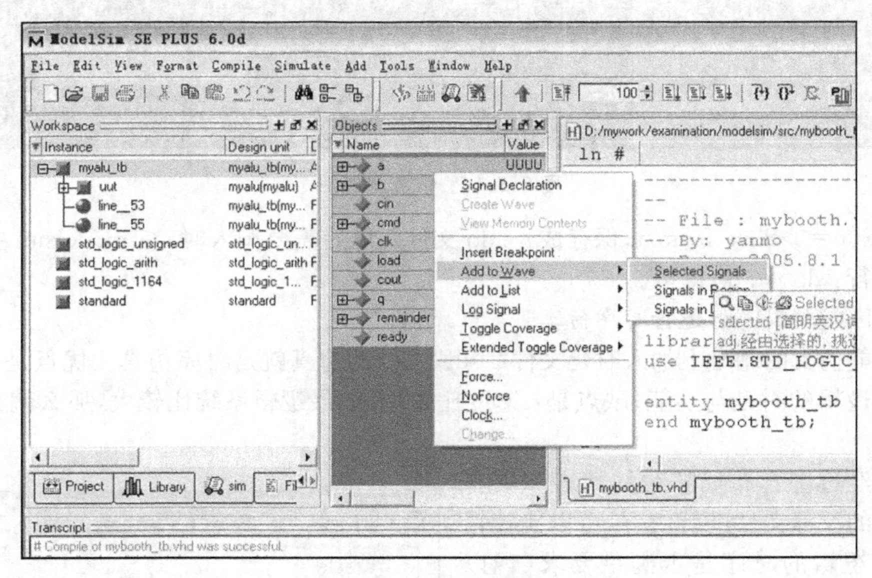

图 5.5.12　添加信号界面

在命令窗口中输入仿真命令“run 5us”,如图 5.5.13 所示。

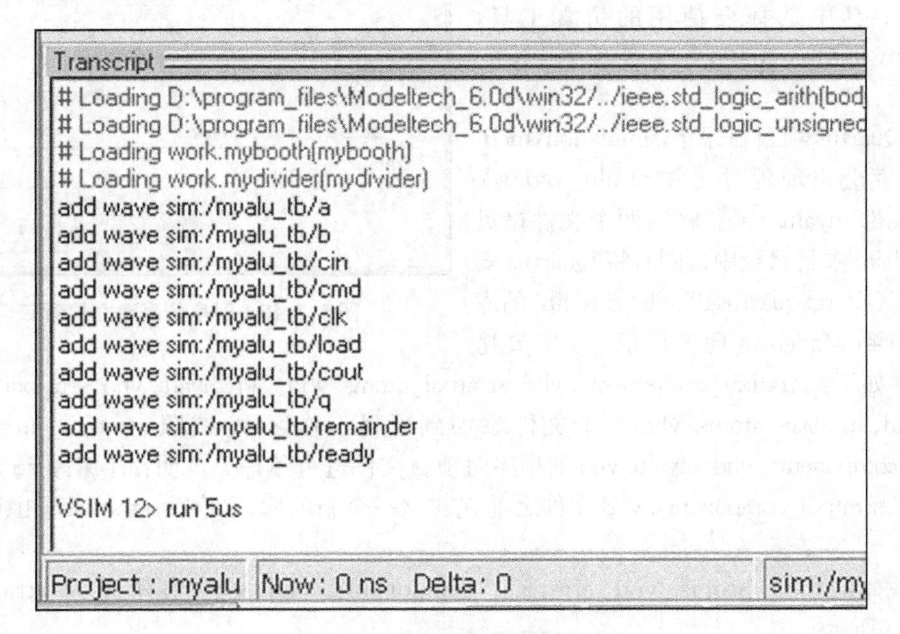

图 5.5.13　仿真命令窗口

仿真波形如图 5.5.14 所示。

(5) 波形信号的保存

有时,在波形窗口内拖放了较多的信号,可以保存起来以便以后调入。在 wave 窗口

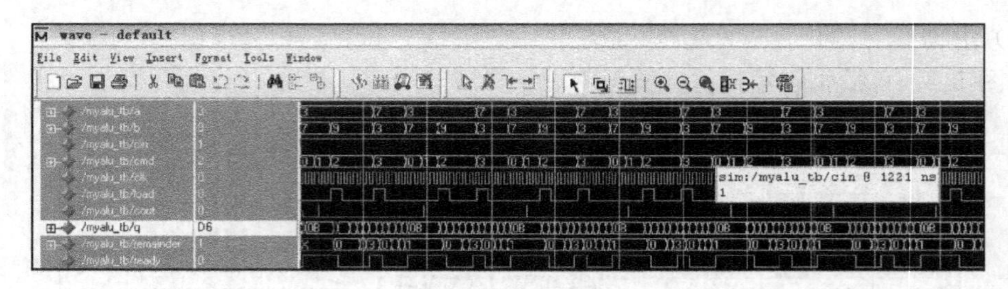

图 5.5.14　仿真波形图

中，选择 File=>Save format，保存成＊.do 文件。以后需要调入时，在 modelsim 主窗口命令行内执行：do ＊.do 即可。

8）*利用 Modelsim 进行时序仿真*

在功能仿真的基础上加入时延文件“.sdf"文件的仿真就是时序仿真。优点是：比较真实地反映逻辑的时延与功能；缺点是：速度比较慢，如果逻辑系统比较大，那么就会需要很长的时间。

利用经过综合布局布线的网表和具有时延信息的反标文件进行仿真，可以比较精确地仿真逻辑的时序是否满足要求（现以 Altera 芯片为例）。为了利用 Modelsim 进行时序仿真，需要在 Quartus Ⅱ项目中第三方仿真工具中选择要使用的仿真工具，Modelsim 在 Quartus Ⅱ中重新编译 myalu 项目。

图 5.5.15　时序仿真建立的新库

在 Quartus 项目目录下 simulation\modelsim\下就会出现延时文件 myalu_vhd.sdo 和网表文件 myalu.vho。将这两个文件拷贝到 Modelsim 项目目录中。同时将 Quartus 安装目录下(altera\quartus42\eda\sim_lib)的库文件拷贝到 Modelsim 项目目录中。需要拷贝的文件如下：stratixii_components.vhd、stratixii_atoms.vhd。将 myalu.vho、stratixii_components.vhd、stratixii_atoms.vhd 三个文件添加到项目工作区中，按照 stratixii_atoms.vhd、stratixii_components.vhd、myalu.vho 的顺序对项目文件进行编译。说明：在编译 stratixii_atoms.vhd、stratixii_components.vhd 文件之前先建立一个新的库，名字为 stratixii，如图 5.5.15 所示。

修改 stratixii_atoms.vhd、stratixii_components.vhd 文件编译库为 stratixii，如图 5.5.16所示。

进行编译，编译结束后，启动仿真，如图 5.5.17、图 5.5.18 所示进行设定。

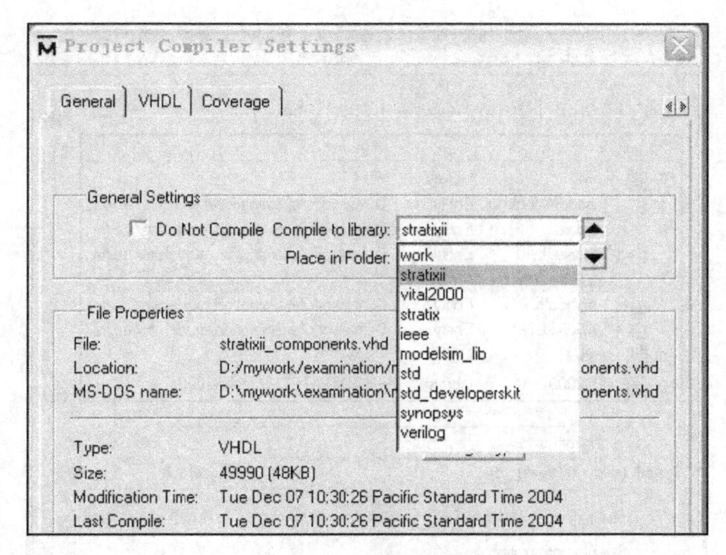

图 5.5.16 编译设置

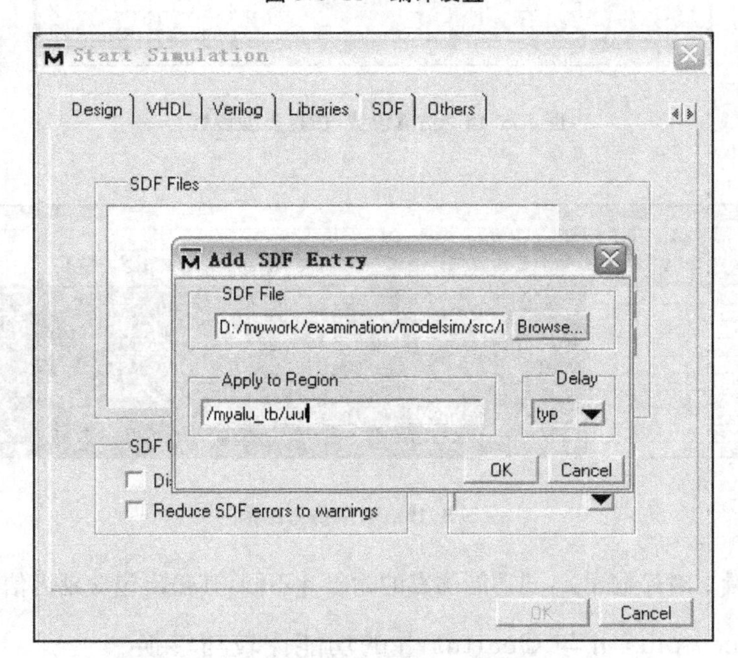

图 5.5.17 仿真设置(加入 SDF 文件)

也可以在命令窗口使用命令进行仿真设定：

vsim －sdftyp /myalu_tb/uut＝D:/mywork/exa mination/modelsim/src/myalu_vhd.sdo \

work.myalu_tb(myalu_tb)

现在可以按前面的方法添加信号进行仿真,仿真结果如图 5.5.19 所示。

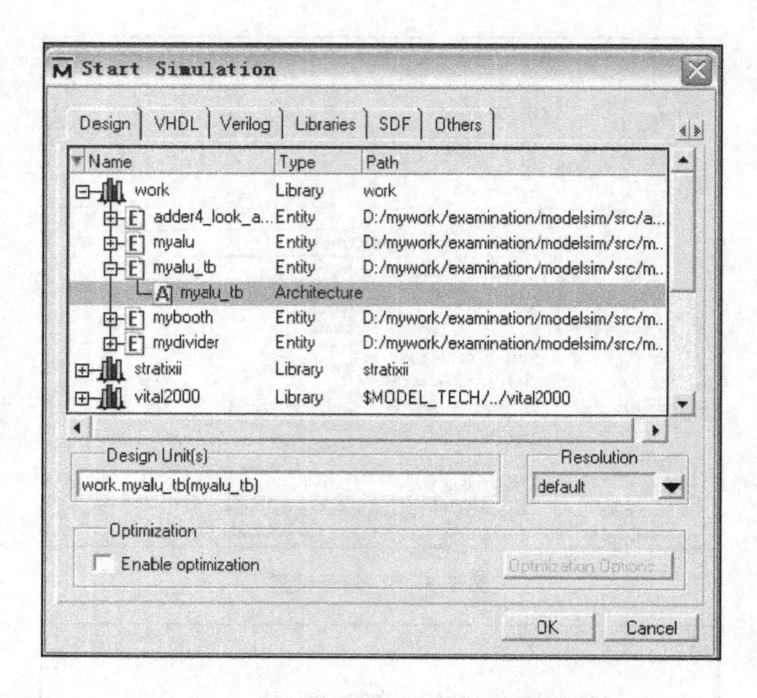

图 5.5.18　仿真设置(仿真类型设置)

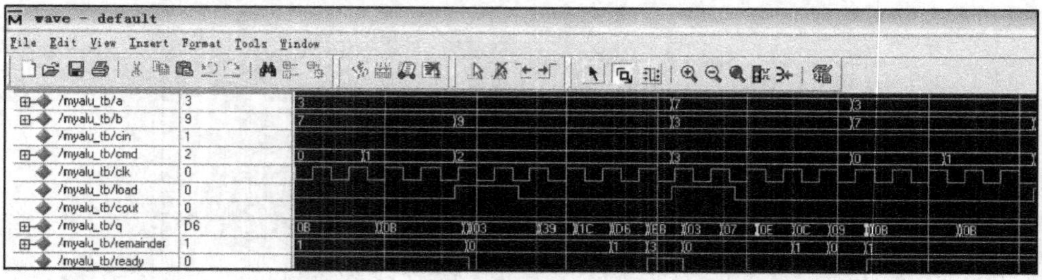

图 5.5.19　时序仿真结果

图中可以看出时序输出 q,同功能仿真的输出 q 不同,其输出包含延迟信息。

5.5.3　Max+plus Ⅱ与 Quartus Ⅱ的功能比较与转换

Max+plus Ⅱ与 Quartus Ⅱ均为 Atera 公司推出的 EDA 设计软件,相比而言,后者新增了许多功能,支持更多器件,是现今使用最为广泛的开发工具。

1) Max+plus Ⅱ与 Quartus Ⅱ的功能比较

(1) 支持的器件

Quartus Ⅱ 支持更多的 CPLD/FPGA 器件,如:Stratix Ⅱ、Stratix GX、Max Ⅱ、Cyclone 等系列器件,提供比 Max+plus Ⅱ更好的设计性能,对于给定的设计平均减少 5%的器件资源,设计速度平均快 15%。

(2) 新增功能

① 在设计输入阶段增加如下功能：

● Block Editor：可在 Quartus Ⅱ中打开 Max+plus Ⅱ图形设计文件并将其另存为原理图设计文件，有助于设计者利用原理图设计文件时连接块与基本单元。

● SOPC Builder 、DSP Builder：SOPC Builder 为设计 SOPC 提供标准化的图形环境，可构建 CPU、I/O 外设等嵌入式微处理系统；DSP Builder：帮助设计者在 Matlab 环境中建立 DSP 的硬件表示。

② 在设计实现与优化阶段增加如下功能：

● Logic Lock：便于设计者对设计进行模块划分，在基于块的从下到上设计流程中，每个块有单独的网表，可独立优化，实现不同的性能，然后整合到最高设计中。

● I/O Assignment Planning Analysis ：可帮助设计者有效地进行管脚分配，检查分配是否正确。

● Assignment Editor：用于建立、编辑 Assignment(Assignment：指定各种包括位置、时序、参数、仿真、引脚分配等选项与设置)的界面。

③ 在系统设计增加如下功能：

● Design Space Explorer：帮助设计者自动寻找合适的设置与算法来使设计达到最好性能。

● Power Estimation：帮助设计者分析、计算器件的功率开支，根据功率预算设计系统的电源电路、制冷系统。

④ 在板级设计调试阶段增加如下功能：

● Singnal Tap Ⅱ、Singnal Probe：Singnal Tap Ⅱ逻辑分析仪可捕捉和显示实时信号行为，观察系统设计中硬件、软件的交互作用。Singnal Probe：允许在不影响设计中的现有布局布线的前提下将特定的信号路由至输出引脚。

● Chip Editor：查看设计布局布线的详细信息。

除了上述新增的功能外，Quartus Ⅱ还有与其他 EDA 软件的无缝连接、更短的编译时间、更好的布局及时序性能等，用户可缩短设计周期、提高效率。

2) Max+plus Ⅱ与 Quartus Ⅱ的转换

在 Quartus Ⅱ环境中很容易使 Max+plus Ⅱ 的设计者过渡到软件设计环境中去。

(1) 改变 GUI 风格

Quartus Ⅱ允许改变操作界面类似于 Max+plus Ⅱ，使 Quartus Ⅱ在菜单、工具栏、图标及控制命令布局等与 Max+plus Ⅱ相似，具体步骤为：

① 启动 Quartus Ⅱ。

② 在主菜单中，执行 Tools|Customize 命令，在打开的 Customize 对话框 General 项的 Look & Feel 栏选中 Max+plus Ⅱ，在 Quick menue 栏的 Max+plus Ⅱ下拉列表选择 Left。单击 Apply 按钮，Quartus Ⅱ弹出一个消息框，提示界面风格已改变，再退出系统，重新启动 Quartus Ⅱ后，设置生效。

(2) 转换 Max+plus Ⅱ工程

Quartus Ⅱ可以自动转换整个 Max+plus Ⅱ工程及其分配信息，Quartus Ⅱ可以导入一个 Max+plus Ⅱ工程的所有文件，但不能将设计文件保存为 Max+plus Ⅱ格式的设计文件，也不能在 Max＋plus Ⅱ中打开 Quartus Ⅱ工程。

在 Max＋plus Ⅱ中，工程指定和配置信息保存在 Max＋plus Ⅱ ACF 文件(.acf)中，当工程转换为 Quartus Ⅱ工程后，Quartus Ⅱ生成一个 Quartus Ⅱ工程文件(.gpf)，保存设计项目的 Assignments。

Max＋plus Ⅱ的顶层设计文件为 GDF 文件(.gdf)，仿真文件为 SCF 文件(.scf)。在转换 Max＋plus Ⅱ工程时，Quartus Ⅱ不修改这些文件，但如果在 Quartus Ⅱ中修改 Max＋plus Ⅱ设计文件，保存这些文件时，Quartus Ⅱ会将这些文件保存为 Quartus Ⅱ格式文件。

详细的转换步骤可查阅有关书籍。

6 数字电路课程设计任务

数字电路是一门理论性强、工程应用广的专业基础课程。为了训练读者对数字电路及系统的设计、安装、调试的实际动手能力，特在数字电路课程中设置了课程设计这一重要的实践环节，以便在实践中掌握数字系统的设计方法。

1) 数字系统设计方法简介

(1) 数字系统设计流程一般为：首先明确设计要求，确定输入、输出信号，其次确定整体设计方案，最后进行自顶向下的模块化设计。

(2) 数字系统的设计方法演进

① 选用通用集成电路构成数字系统，如第 2 章中介绍的计数译码和显示、汽车尾灯的显示电路等，是用 SSI、MSI、LSI 等芯片构成所需的数字系统，这是早期的数字电子系统的设计方法，即所谓的经典设计方法。此方法的设计过程为：书面设计(根据设计任务的要求，用真值表、状态图和布尔代数方程表示，用卡诺图化简，画出逻辑电路图)——选择器件(根据逻辑电路图、经济性等因素选用器件)——电路构建调试——样机制作等几个步骤完成设计，由于芯片的众多连接，造成系统稳定性不高、集成度低。此类方法多用于比较小的简单数字系统。

② 应用可编程逻辑器件实现数字系统，如第 5 章介绍的方法，它以计算机为工具，设计者只需对系统功能进行描述，就可在 EDA 工具的帮助下完成设计。这种设计方法将传统数字系统中的搭建调试用软件仿真代替，对计算机上建立的系统模型，用测试码或测试序列测试验证后，将系统实现在 PLD 芯片或专用集成电路上，这样可以节省开发时间、降低成本、提高系统的可靠性。

2) 数字逻辑(电路)课程设计的目的

通过完成本章所列的一些设计任务，掌握基于可编程器件的 EDA 技术，学习 Max+plusⅡ软件开发工具，明确数字系统的概念与设计的一般流程，训练从事电子系统设计工作必备的基本技能。鉴于课程设计设置的主要目的，同时考虑学习的循序渐进、承上启下的过程，所以在本书的数字系统设计中，采用经典方法设计电路原理图，用 EDA 工具进行仿真，最后用编程逻辑器件实现的方法。当然，也可以采用第 5 章介绍的文本输入法，进行数字逻辑系统设计，如第 5 章的 Quartus Ⅱ应用设计举例中，分析各模块的输入、输出逻辑关系，然后在 Quartus Ⅱ环境中，用 VHDL 语言编程输入各模块的功能，得到相应的数字逻辑系统的电路，实现了从芯片到系统的自底向上的设计过程。

3) 课程设计的一般步骤及要求

(1) 明确设计任务，设计总体方案

首先将设计任务要求转变为明确的、可实现的技术指标要求，在系统级描述系统的功能与技术指标，划分、落实系统功能和技术指标，确定各功能模块之间的接口。在所设计的系统较为复杂时，可采用框图与层次化的设计方法。在系统功能逐步细化以后，从器件、电路和工艺等方面确定总体方案。

(2) 单元电路设计

总体电路化整为零,分解为若干个子系统与单元电路。在逐个设计单元电路时,尽可能选择现成电路,利于今后的调试工作。尤其是在设计控制电路时,控制电路对系统的清零、置数、安排子系统的时序前后等操作,在设计时一定要根据任务的时序关系,画出电路的时序图,反复构思、选用适当的器件,达到系统的要求。

(3) 综合单元电路,得到系统的总体电路

(4) 对可编程逻辑器件编程/配置

在 Max+plus Ⅱ/Quartus Ⅱ环境中将电路原理图输入,编译、仿真和综合后,下载至可编程器件中。

(5) 设计实现

在实验开发系统上,验证所设计的数字系统。直至实验结果正确后,绘制数字系统的电路图。

(6) 撰写设计文档资料

在完成设计以后,需要撰写课程设计总结报告,其中包含:

① 设计过程,即任务分析、原理框图、功能模块设计、仿真、下载等环节。

② 设计结果,即实现任务的数字电路的原理图或调试成功的所编程序代码及测试结果数据等。

③ 课程设计中遇到的问题及解决的方法。

④ 课程设计的心得体会及所进行的设计进一步优化的方案。若需要,撰写相应的使用说明书。

4) 课程设计的时间安排

时间:1 周,具体分配见下表。

课程设计的时间安排

序号	内　容	时　间	备　注
1	学习 EDA 开发软件	1 天	
2	明确设计任务,查阅相关资料	0.5 天	
3	理论设计	1 天	
4	上机仿真,调试	1 天	
5	在实验开发装置上对芯片编程	1 天	
6	撰写课程设计报告	0.5 天	

5)课程设计任务类型

本章列出了一些有关数字电路系统的课程设计任务,考虑到不同层次读者的情况,将提供不同类型、不同复杂程度的设计任务,具体分为如下几类:

(1) 功能扩展型

在叙述设计要求、设计原理、提供参考电路的基础之上,可在验证电路功能以后,对原电路的功能提出增加、改进的新要求,针对新的设计任务,完成相应电路的设计。

(2) 综合应用型

在阐明设计任务的要求、原理以后,提供各部分功能模块的参考电路。读者可以通过将功能模块的电路综合组成一个完整的、符合要求的整体电路。

(3) 创新设计型

在明确设计任务以后，仅提供完成设计任务的功能模块框图，读者可以采用不同的方法实现电路，完成设计以后自行比较各种电路的优劣性。

(4) 自我发挥型

仅提出设计任务，读者根据选择的任务，自行分析任务的逻辑关系，自拟电路系统组成的原理框图、功能模块，自行选择设计方法、设计电路。

6.1 功能扩展型设计任务

6.1.1 声光显示智力抢答器电路的设计

1) 设计目的

该电路是常用于智力竞赛中抢答判断的电路，是进行判断哪一个预定状态优先发生的电路。对于该电路的设计，可以综合应用数字电路中组合逻辑与时序电路的基本知识，进一步掌握各类触发器、门电路的工作原理与使用要点，学会分析数字电路在调试过程中出现的各种问题。

2) 电路原理与参考电路

电路是用按钮表示抢答者的抢答动作，用另一特殊按钮表示主持人的动作。如图6.1.1所示是4人抢答电路的参考电路，是用D触发器和与非门组成的，555电路提供*CP*脉冲，F、D、S、A按钮为抢答者按钮，Space按钮为主持人复位按钮。当无人抢答时，按钮F、D、S、A均为低电平，这时触发器CP端虽然有连续脉冲输入(脉冲频率约10 kHz)，但74LSl75的输出端Q_1～Q_4均为0，发光二极管不亮，蜂鸣器输入端为低电平，所以也不发声。当有人抢答时，例如D键被按下时，在CP脉冲作用下，Q_1立即变为1，发光二极管被点亮，同时4与非门输出端为高电平，蜂鸣器发声，在经反向后，控制从555来的脉冲不能再作用到触发器，即使其他抢答者按下按钮也将不起作用。主持者可通过按Space按钮，使电路恢复正常状态，并为下一次抢答做好准备。

为记录抢答时间，需设计一个计数器计时，由主持人开始抢答信号使能计时，有人抢答后，计时停止。

3) 课程设计任务

现将图6.1.1所示电路功能作相应的改变，即能进行8人在规定的时间内抢答判断的控制电路设计。具体要求为：

(1) 在主持人表示抢答开始时，计时器开始计时，如规定的时间内没有人抢答，表示时间已到，蜂鸣器发声输出，计时器复位，为下一次计时做好准备。

(2) 在主持人示意抢答开始后，计时时间未到时，只要有人抢答，即可显示抢答者的号码(数码管显示)，并同时封锁其他抢答者的抢答信号。

(3) 只要有人抢答，计时器复位。

(4) 只有主持人的操作，将电路复位后，方可结束上一次的抢答，为下一次的抢答做好准备。

(5) 抢答的规定时间可在电路开始工作前，从数据开关输入设定的抢答时间。

4) 设计提示

(1) 图6.1.1电路是在EWB电子工作平台设计仿真的，若需在Max+plus Ⅱ 10.0的模拟仿真,并且在 SE－5M 实验开发系统上实现,实验系统自带不同频率的脉冲,不必设计脉冲产生电路。

(2) 在记录抢答时间的计数器采用减法计数器时,先将数据开关输入的规定抢答时间用置数法输入计数器,然后由主持人开始信号使能计数,减为零后蜂鸣器响且电路输入封锁,不能抢答;若在记录抢答时间的计数器采用加法计数器时,必须将规定抢答时间存入数据寄存器,不断比较计数器的结果与锁存器的结果,两者相等表明时间到,此时蜂鸣器响且不能再抢答。

(3) 要求用数码管显示抢答者号码应在锁存器后,加一编码电路(8—3 编码器),编码器输出信号再用数码管显示,本实验开发系统自带译码驱动电路,否则还需经译码等环节后才可显示。

(4) 抢答时间到与有人抢答的声音输出可采用不同频率的脉冲。

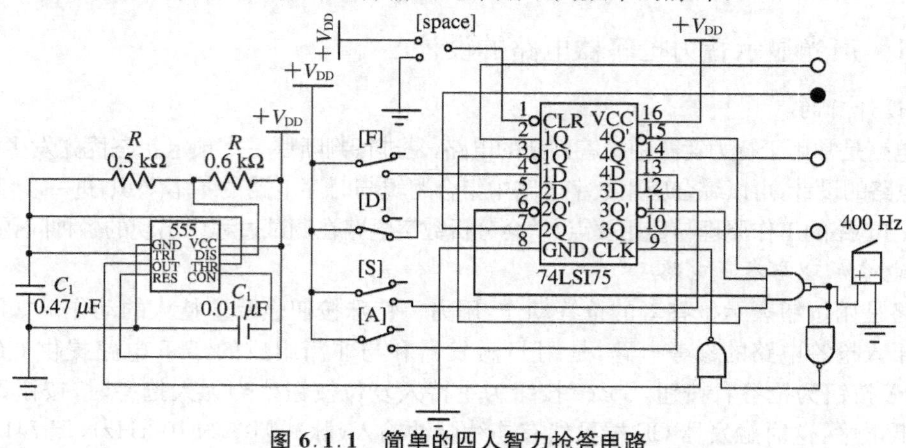

图 6.1.1　简单的四人智力抢答电路

6.1.2　彩灯循环显示控制电路的设计

1) 设计目的

(1) 学会将一个实际情况抽象为逻辑电路的逻辑状态的方法。

(2) 掌握计数、译码、显示综合电路的设计与调试方法。

(3) 掌握实际输出电路不同要求的实现方法。

2) 电路原理与参考电路

设计彩灯循环控制电路,要求该电路彩灯循环显示频率快慢可调,控制器具有多路输出。图 6.1.2 是一个 8 彩灯循环显示的控制电路,彩灯由发光二极管模拟替代。该电路由 555 定时器、7490 计数器和 138 译码器组成。7490 计数器的时钟信号由 555 振荡电路提供,改变 555 的振荡频率,即可改变计数器的计数快慢,即可控制彩灯闪烁的快慢。计数器输出信号输入至 138 译码器,由 138 译码,根据计数器输出不同的计数结果,即可控制 138 译码器译码得到 8 种不同的输出信号,决定控制彩灯的循环变化。显然,不同的计数器与译码器电路,得到的是不同的彩灯循环控制结果。若译码器不变,在计数器的控制端输入不同的控制信号,进行不同的计数,则在输出端可见不同的彩灯循环输出。当然计数器不变,由不同的译码电路产生不同的信号,可以改变彩灯闪烁规律。

3) 课程设计任务

设计一个 16 路彩灯循环电路,使其满足下列要求:

(1) 16 路彩灯输出显示。

(2) 彩灯的闪烁按一定规则变化(至少三种以上),可通过输入开关设置或自动循环彩灯闪烁的规律。

(3) 电路有复位控制,复位按钮闭合时彩灯循环输出,复位按钮断开时彩灯熄灭。

(4) 可设定彩灯的闪烁时间,彩灯闪烁的时间可通过实验箱上的开关输入设定。

4) 设计提示

(1) 设计要求显示 16 路彩灯,需要 16 个发光二极管模拟,实验开发系统上的发光二极管已连接好限流电阻,若自行连接线路需要连接限流电阻。

(2) 如图 6.1.1 电路一样,图 6.1.2 是在 EWB 电子工作平台设计仿真的,若需在 Max-plus+Ⅱ 10.0 的模拟仿真,并且在 SE-5M 实验开发系统上实现,实验系统自带不同频率的脉冲,不必设计脉冲产生电路。

(3) 要完成三种以上彩灯闪烁花样的设计,可以采用不同的计数器与不同的译码输出信号相结合的方法。

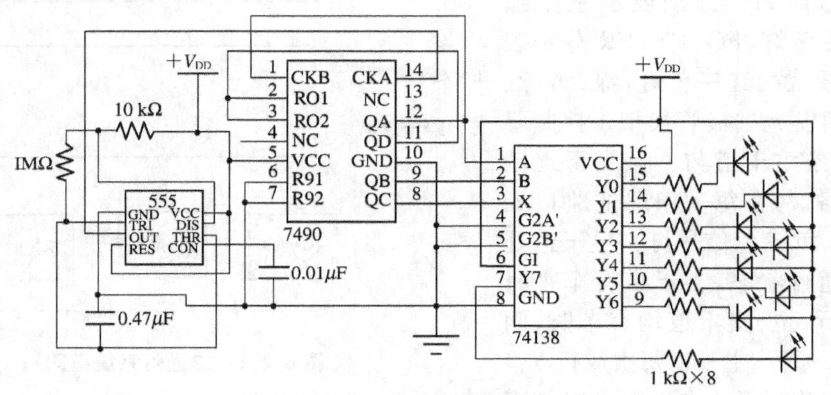

图 6.1.2　八路彩灯循环电路

彩灯图案变换的设计以 4 个彩灯为例,第一种图案变换:彩灯左右摆动,状态图为:0101→1010;第二种图案变换:暗带移动,状态图为:0111→1011→1101→1110;第三种图案变换:彩带一条一条亮,然后再一条一条熄灭,状态图为:0000→1000→1100→1110,上述变化可以用环形计数器、扭环形计数器实现。当然,也可以是:彩灯从右到左,然后从左到右逐个点亮;彩灯从右到左点亮,然后从左到右逐个依次熄灭,全亮全灭;彩灯两边同时亮 2 个逐次向中间移动再散开,彩灯两边同时亮 4 个,4 亮 4 灭。

为完成上述不同的闪烁规律,可手动或自动变化闪烁图案。

(4) 如进一步提高彩灯的观赏性,可改变不同图案的闪烁频率,可以将输入脉冲进行分频。

6.2　综合型设计任务

设计目的:

(1) 通过完成该设计任务,掌握实际问题的逻辑分析,学会对实际问题进行逻辑状态分配、化简。

(2) 掌握一个数字系统问题的控制电路设计要求及信号之间的配合。

(3) 掌握数字电路各分部电路与总体电路的设计、调试、模拟仿真方法。

(4) 掌握一个较复杂电路在实现时,出现问题时的分析思路与解决方法;学会模块化、层次化进行电路设计的方法。

6.2.1 交通灯控制电路

1) 电路原理框图与各模块参考电路

(1) 原理框图

交通灯控制电路是由定时器、控制器、译码器组成的电路,实际交通灯的信号变换是由传感器发出信号实现的。在课程设计中,用数据开关表示传感器的信号。交通灯的系统控制框图如图 6.2.1 所示。

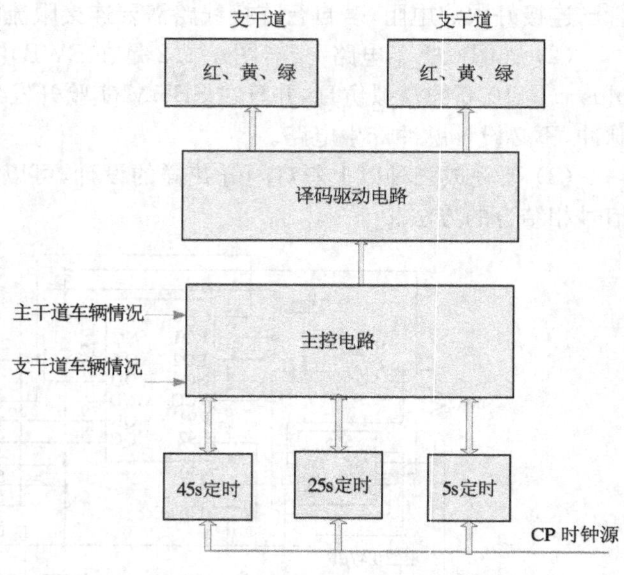

图 6.2.1 交通灯系统框图

HG、HY、HR 分别表示主干道绿、黄、红三色灯,FG、FY、FR 分别表示支干道绿、黄、红三色灯,绿、黄、红三色灯可用发光二极管模拟。控制要求是:由一条主干道与一条支干道汇合成十字路口,在每一条路的路口处设置红、绿、黄三色信号灯。主干道处于常允许通行状态,支干道有车来时才允许通行,主、支干道均有车时,两者交替允许通行,主干道每次放行 T_1,支干道每次放行 T_2,在每次由绿灯亮转换到红灯亮时,要经过黄灯亮的 T_3 时间。现设:T_1 为 45 s;T_2 为 25 s;T_3 为 5 s。

(2) 各功能模块的参考电路

① 定时器。定时器分别产生上述三个时间间隔后,向控制器发出“时间已到”信号,控制器根据定时器与传感器的信号,决定是否进行状态转换。如确定要状态转换,则控制器发出状态转换信号 ST,定时器开始清零,准备重新计时。

定时器由与系统脉冲同步的计数器构成,从系统脉冲得到标准的 1Hz 频率信号,当脉冲上升沿到来时,在控制信号的作用下,计数器从零开始计数,并向控制器提供模 5、模 25、模 45 信号,即 T_1、T_2、T_3 时间间隔信号。(如需表示指示灯的显示时间,可考虑将计数器改为减法计数器,当控制信号脉冲上升沿到来时,计数器从 44 开始减法计数,直至减为 0,这样可以显示 45 s 的时间。如此类推,也可提供 M5、M25 分别显示 5 s、25 s 的亮灯信号)。

定时器电路是由 5 s、25 s、45 s 计数器功能模块构成,这在前面已详述。

② 控制器。交通灯的主控电路是一个时序电路,输入信号为:车辆检测信号(传感器信号)设为 A、B,三个定时信号 5 s、25 s、45 s 设为 E、D、C。控制器的状态转换表如表 6.2.1 所示。

表 6.2.1 状态转换表

状 态	主 干 道	支 干 道	时间(s)
S_0	绿灯亮,允许通行	红灯亮,禁止通行	45
S_1	黄灯亮,停车	红灯亮,禁止通行	5
S_2	红灯亮,禁止通行	绿灯亮,允许通行	25
S_3	红灯亮,禁止通行	黄灯亮,停车	5

逻辑变量的取值含义为：

$A=0$,主干道无车,$A=1$,主干道有车;$B=0$,支干道无车,$B=1$,支干道有车;

$C=0$,45 s 定时未到,$C=1$, 45 s 定时到;$D=0$,25 s 定时未到,$D=1$, 25 s 定时到;

$E=0$, 5 s 定时未到,$E=1$, 5 s 定时到。

状态编码为:$S_0=00$,$S_1=01$,$S_2=10$,$S_3=11$。

赋值后的状态转换表如表 6.2.2 所示。

表 6.2.2 逻辑赋值后的状态表

A	B	C	D	E	Q_2^n Q_1^n	Q_2^{n+1} Q_1^{n+1}	说 明
×	0	×	×	×	0 0	0 0	维持 S_0
1	1	0	×	×	0 0	0 0	
0	1	×	×	×	0 0	0 1	由 $S_0 \to S_1$
1	1	1	×	×	0 0	0 1	
×	×	×	×	0	0 1	0 1	维持 S_1
×	×	×	×	1	0 1	1 1	由 $S_1 \to S_2$
1	1	×	0	×	1 1	1 1	维持 S_2
0	1	×	×	×	1 1	1 1	
×	0	×	×	×	1 1	1 0	由 $S_2 \to S_3$
1	1	×	1	×	1 1	1 0	
×	×	×	×	0	1 0	1 0	维持 S_3
×	×	×	×	1	1 0	0 0	由 $S_3 \to S_0$

将表中的触发器输出化简,并选择 JK 触发器,可得状态方程即驱动方程如下：

$$Q_2^{n+1}=EQ_1^n\overline{Q}_2^n+\overline{E\overline{Q}_1^n}Q_2^n$$

$$Q_1^{n+1}=B\overline{A\overline{C}}\,\overline{Q}_2^n\overline{Q}_1^n+\overline{\overline{B\overline{AD}}Q_2^n}Q_1^n$$

$$J_1=B\overline{A\overline{C}}\,\overline{Q}_2^n \qquad K_1=\overline{B\overline{AD}}Q_2^n$$

$$J_2=EQ_1^n \qquad K_2=E\overline{Q}_1^n$$

三个定时器的 CP 驱动方程为：

$$CP_{45}=[\overline{Q}_2\overline{Q}_1(A+\overline{B})+Q_2\overline{Q}_1E]CP\text{ 脉冲}$$

$$CP_{25}=[\overline{Q}_2Q_1E+Q_2Q_1B]CP\text{ 脉冲}$$

$$CP_5=[Q_1\oplus Q_2]CP\text{ 脉冲}$$

由此可得到控制器、定时器的电路图，分别如图 6.2.2、图 6.2.3 所示。

③ 译码器。系统的输出是由 Q_2、Q_1 驱动下的六个信号灯，可列出各状态与信号灯的逻辑关系真值表如表 6.2.3 所示，得到译码驱动电路的逻辑表达式及电路图，如图 6.2.4 所示。

$$HR=Q_2,FR=\overline{Q_2},HY=Q_1\overline{Q_2},FY=Q_2\overline{Q_1},HG=\overline{Q_1}\,\overline{Q_2},FG=Q_1Q_2$$

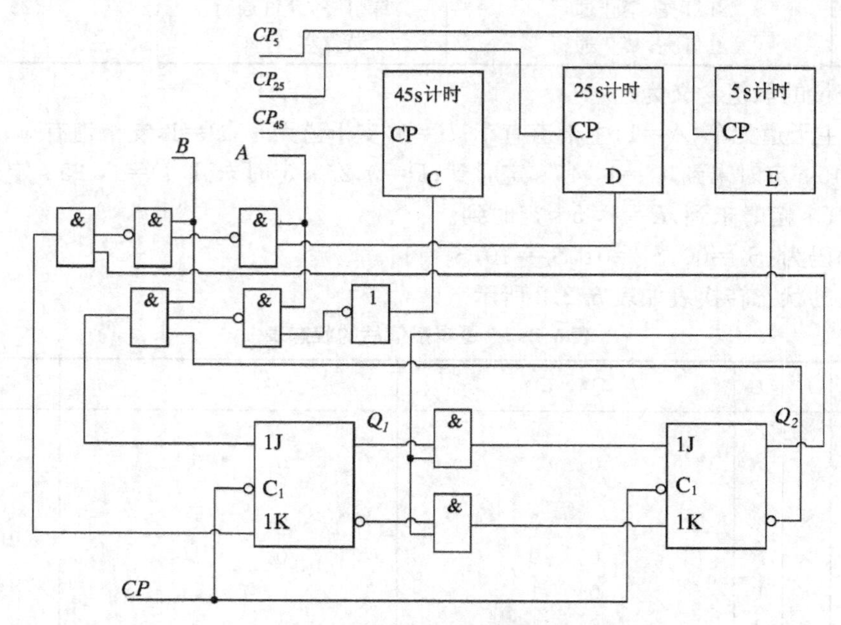

图 6.2.2　交通灯控制器的参考电路

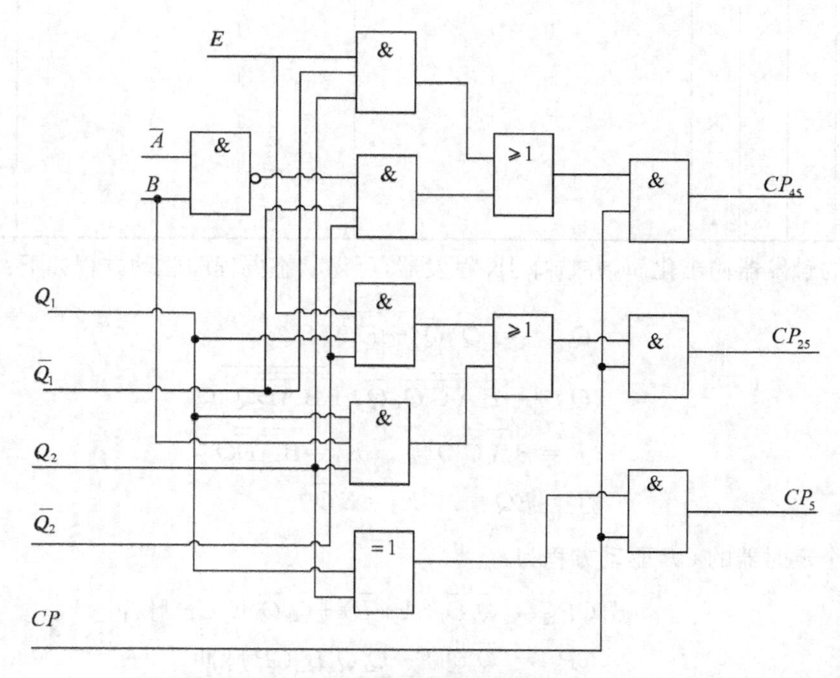

图 6.2.3　定时器的驱动脉冲参考电路

表 6.2.3　译码驱动电路真值表

Q_2	Q_1	HG	HY	HR	FG	FY	FR
0	0	1	0	0	0	0	1
0	1	0	1	0	0	0	1
1	0	0	0	1	0	1	0
1	1	0	0	1	1	0	0

Q1
Q2
Y0
Y1
Y2
Y3
≥1
≥1
HG
FR
HY
HR
FY
FG

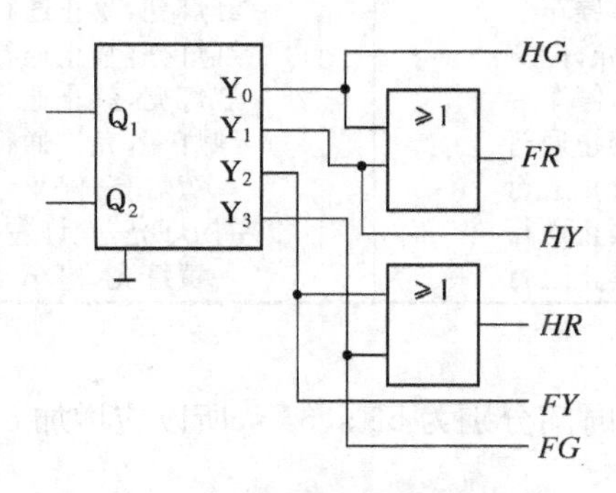

图 6.2.4　译码器的参考电路

2）课程设计任务

设计交通灯控制器，有如下设计任务可供选择(见图 6.2.5)：

(1) 任务一

① 设定十字路口东西、南北两个方向主次干道的交通灯，主干道有优先通行权，用两组红、黄、绿三色发光二极管表示。

② 实现正常的倒计时功能，用两组数码管作为东西(主干道)和南北方向(次干道)的倒计时显示，显示的时间分别为红灯为 T_2 s、绿灯为 T_1 s、黄灯为 T_3 s。

③ 实现总体清零功能，按下"清零"键后，系统实现总清零，计数器由初始状态计数，对应状态的指示灯亮。

④ 用层次化设计的方法设计电路，在进行功能仿真验证，确定电路设计正确以后，用实验系统下载验证。

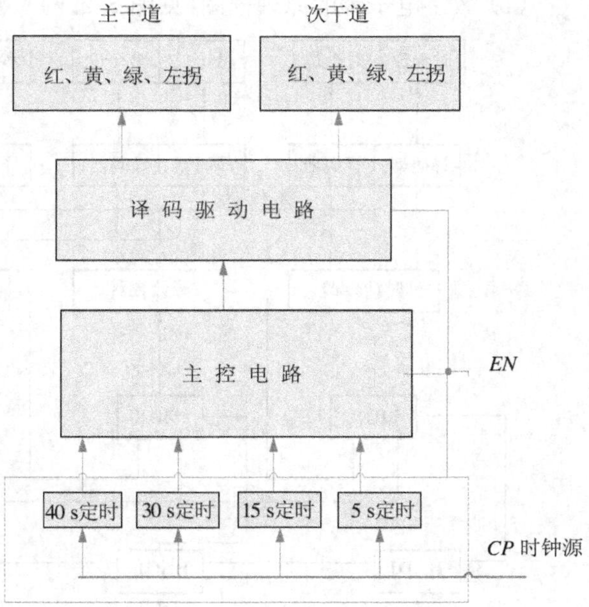

主干道
次干道
红、黄、绿、左拐
红、黄、绿、左拐
译 码 驱 动 电 路
主 控 电 路
EN
40 s定时
30 s定时
15 s定时
5 s定时
CP 时钟源

图 6.2.5　四种交通信号灯的控制器原理框图

(2) 任务二

不考虑主、次干道的通行优先情况，仅对两个道路的交汇路口进行红、绿、黄三色信号灯的控制电路设计，此时绿灯亮时间为 T_1，黄灯亮的时间为 T_2，红灯亮时间为 T_3，并且有 $T_3 = T_1 + T_2$，只要亮灯的时间一到，电路发出信号进行状态转换，这样的交通灯控制电路是目前应用较为普遍的电路。

(3) 任务三

设计一个具有四种信号灯的交通灯控制器。在主次干道汇合的十字路口,设置红、绿、黄及允许左拐的信号灯。其系统的原理框图见图 6.2.5 所示。状态转换表见表 6.2.4。

表 6.2.4 状态转换表

状 态	主干道	支干道	时间(s)
S_0	绿灯亮,允许通行	红灯亮,禁止通行	40
S_1	黄灯亮,停车	红灯亮,禁止通行	5
S_2	左拐灯亮,允许左行	红灯亮,禁止通行	15
S_3	黄灯亮,停车	红灯亮,禁止通行	5
S_4	红灯亮,禁止通行	绿灯亮,允许通行	30
S_5	红灯亮,禁止通行	黄灯亮,停车	5
S_6	红灯亮,禁止通行	左拐灯亮,允许左行	15
S_7	红灯亮,禁止通行	黄灯亮,停车	5

3)设计提示

由于主次干道红灯亮的时间分别为 55 s、65 s,所以应增加 55 s、65 s 计时电路。

6.2.2 多功能数字钟

1) 原理框图与各功能模块的参考电路

(1) 数字电子钟的原理框图(见图 6.2.6)

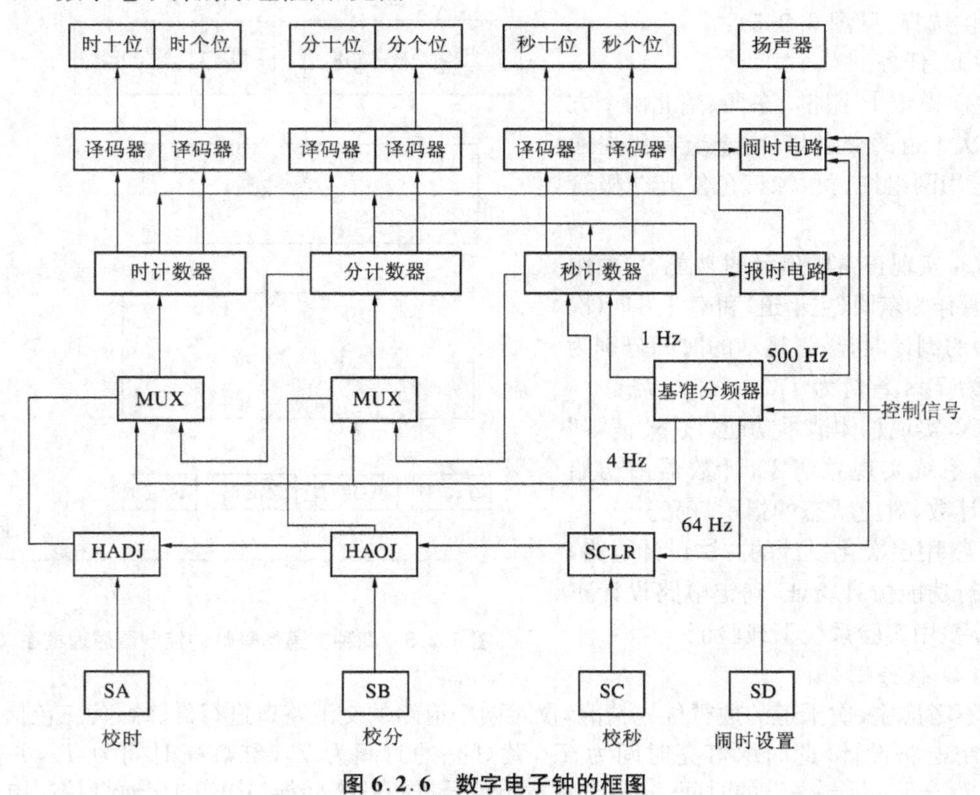

图 6.2.6 数字电子钟的框图

① 秒计数器、分计数器、时计数器组成了最基本的数字钟的计时电路，其输出可送实验系统的数码显示管显示。

② 基准频率分频器可分频出 1Hz 的频率信号，用于秒计数的计数信号；分频出的 4Hz 频率信号，用于校时、校分的快速递增信号。

③ 校时、校分、校秒用按钮表示，MUX 模块是二选一的数据选择器，用于校时、校分与正常计时的选择。

④ 整点报时电路需要 500 Hz 通过一个组合电路完成功能，整点报时在差 10 s 为整点报时产生每隔 1 s 鸣叫一次的报时声，共报时 5 次，每次持续 1 s。

⑤ 闹时电路模块需要 500 Hz 或 1 kHz 音频信号以及来自秒计数器、分计数器、时计数器的输出信号做本电路的输入信号。

⑥ 闹时电路模块的工作原理为：按下闹时设置按键 SD 后，将闹时数据存入 D 触发器内。时钟正常运行时，D 触发器内存的闹时时间与正在运行的时间进行比较，当比较的结果相同时，输出一个启动信号触发一分钟闹时电路工作，输出音频信号。

(2) 参考电路

① 计时电路

多功能数字电子钟的计时电路是前面讲解的二十四(或十二)、六十进制计数器。

② 整点报时电路

当分、秒计数器计至 59 分 50 秒时，“分”计数器十位输出为 $Q_DQ_CQ_BQ_A=0101$，个位输出 $Q_DQ_CQ_BQ_A=1001$；“秒” 计数器个位输出为 $Q_DQ_CQ_BQ_A=0000$，从 59 分 50 秒到 59 分 59 秒，只有“秒”个位在计数，因此可以得到图 6.2.7 所示的整点闹时电路。

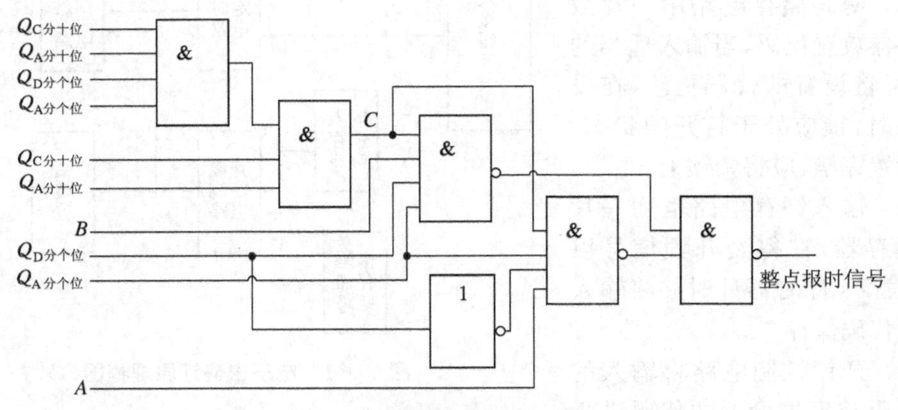

图 6.2.7　整点报时参考电路

图中，B 点接 1 kHz 的信号，A 点接 500 Hz 的信号，这样可听到前四声为低音，最后一声为高音报时的情况。

2) 课程设计任务

(1) 进行正常的时、分、秒计数，分别由四个数码管显示时(24 小时)、分(60 分钟)的计时功能。

(2) 利用实验系统上的按键实现“校时”、“校分”功能：按下“校时”键时，计数器迅速递增，并按 24 小时循环；按下“校分”键时，计数器迅速递增，并按 60 分钟循环；按下“清零”键时，计时器全部清零。

(3) 利用扬声器做整点报时，报时五声。

(4) 实现闹时功能，可用：① 预置固定的闹时时间的方法；② 利用实验系统的输入数据开关随时设定闹时时间。

3) 设计提示

(1) 输入设置闹时，可先用D触发器构成的锁存器将输入的闹时时间保存，然后用比较器比较计时时间与锁存的闹时时间，若相等，输出闹时信号，进行闹时。

(2) 单独设计24、60计数器组成电子钟的计时部件，若采取模块化、多层次的设计方法，并且整体电路的时钟是同一个CP(秒脉冲)，要考虑时、分计时电路与来自分、秒低位的进位关系。

6.3 创新设计电路

6.3.1 电子密码锁的设计(一)

1) 原理框图与各功能模块

本课题要求设计一个密码锁控制电路，在输入正确代码时，输出开锁信号，在规定的时间内没有输入正确代码，则进行声光报警。

由此可得到图6.3.1所示的电子密码锁原理框图。

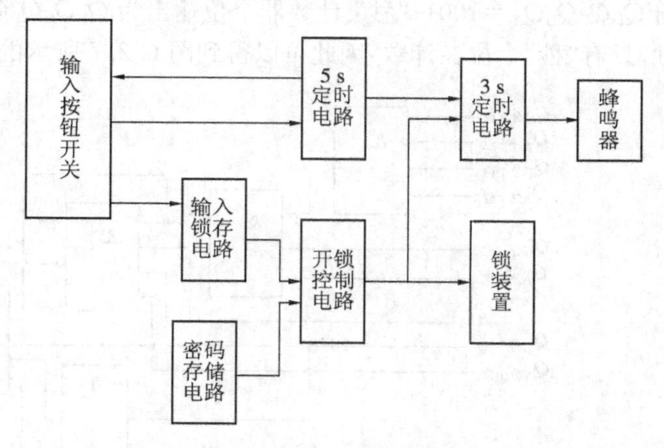

图6.3.1 电子密码锁原理框图(1)

(1) 密码储存电路用一片数据锁存器放置代码，当输入适当的电平，可将设置的代码更改，在设置密码时，锁应处于打开的状态。密码设置完毕，应将锁锁上。

(2) 输入锁存电路也用一片数据锁存器，在得到开锁信号以后，触发5 s计时器计时并将输入的开锁代码保存。

(3) 开锁控制电路将输入的开锁代码与事先设置的代码进行比较、判断，若相等则输出开锁信号，可用点亮一个发光LED表示，若5 s内无开锁信号产生，则让蜂鸣器产生一种特殊响声以示警告，并输出一信号点亮另一个LED。

2) 课程设计任务

设计一个八位代码的密码锁的控制电路，当开锁按钮开关输入代码等于存储的代码时，进入开锁状态，锁打开。从开始开锁的5 s内未将锁打开，则电路自动复位并进入自锁状态，使之无法打开，并有蜂鸣器发出3 s的声光报警信号。

3) 设计提示

(1) 密码锁的控制电路在进行比较时，可将输入后的代码与设置的代码并行比较，也可以每输入一位代码进行串行比较。

(2) 控制电路设计时，可以考虑无论开锁时间是否已到，一旦输入错误代码就报警的情况；也可以仅考虑只有开锁时间到的情况下才报警；也可以增加控制器的功能，记录输入开锁数码的错误次数，达到设定的次数报警，否则以开锁的时间决定是否报警。

6.3.2　电子密码锁的设计(二)

设计一个电子密码锁，在开锁的状态下输入密码，设置四位密码，用数据开关表示十进制数码，用数码管显示输入的密码，并设置一个万能密码，在主人忘记密码时使用。

1) 原理框图及各功能模块(见图 6.3.2)

(1) 输入密码编辑模块接输入数据开关，开关 K_1、K_2、K_3、K_4、K_5、K_6、K_7、K_8、K_9、K_{10} 代表十进制的数码 0～9，输入后用数码管显示。每输入一位代码，代码左移一位，最后输入的代码用最右边的数码管表示，可进行最后输入代码的删除，每删除一位，输入的密码向右移一位，左边空出的位置补"0"，直至四位密码全部输入完毕。

(2) 寄存模块用于寄存输入设置的密码和输入的开锁密码，因此在此设置信号"set"表示密码设置完毕，寄存器锁存密码，并将密码送至比较模块；当信号"check"有效，表示输入开锁代码，锁存该代码。

(3) 比较模块进行两代码比较，若数码相等，D 触发器被置为 1，输出开锁信号，点亮发光二极管，否则 D 触发器为 0，没有开锁信号。

在比较模块中，预先设置一个万能密码(0001)，以便主人随时可开锁。

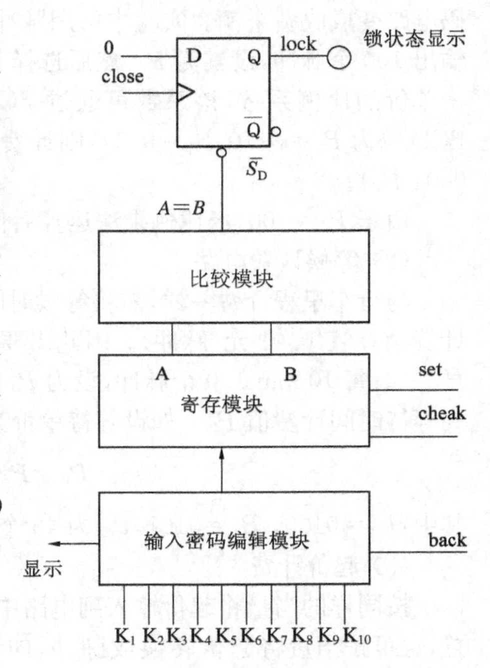

图 6.3.2　电子密码锁框图(2)

2) 课程设计任务

设计一个四位密码的电子锁，要求能密码编辑、设置、显示，在密码锁闭锁以后，输入开锁代码，显示锁状态，并有万能密码功能。在完成上述任务后，可增加一个开锁时间限制功能，即在设定的时间内，输入的数码错误，无法开锁并进行声光报警。

3) 设计提示

(1) 密码设置是在锁打开的情况下进行。对输入的 10 个数据开关，需要进行编码，如：K_1＝0000，K_2＝0001 等等。

密码输入删除控制电路状态为：lock＝1，K_i＝0，back＝1，输入脉冲，数码管左移；lock＝1，K_i 输入脉冲，back＝0，数码管右移。

当输入密码完毕以后，按下 set 键，此时密码显示电路清零。然后按下 close 键，则密码锁被锁上，lock＝0。

(2) 比较模块中，进行两组数的比较，一个是设置的密码与输入开锁代码比较，一个是万能密码与输入开锁代码比较，只要其中之一为相等，则输出开锁信号。

(3) 开锁时间可以用一个计数器计算，当进行开锁时，触发计时。

6.3.3 出租车自动计费电路

出租车自动计费是根据客户用车的实际情况而自动显示用车费用的数字仪表。仪表根据用车起价、行车里程、等候时间三项计费，求得客户用车的总费用，通过数码管显示。

1）设计原理及框图

（1）行车里程计费

行车里程计费电路将汽车行驶的里程数转换成与之成正比的脉冲个数，然后由计数译码电路变成收费金额。实验中可用脉冲模拟，每前进 10 m，输出一个脉冲信号，前进1 km，输出 100 个脉冲，设其为 P_3，然后选择 BCD 码比例乘法器将里程脉冲数乘以一个表示每千米单价的比例系数，该系数可通过 BCD 码拨盘预置。例如，单价 0.65 元/km，则预设的 BCD 码为 $B_2=0110$，$B_1=0101$，则计费电路的里程计费变为脉冲个数：$P_1=P_3(0.1\ B_2+0.01\ B_1)$。

由于 $P_3=100$，经比例乘法运算后使 P_1 为 65 个脉冲，脉冲当量为 0.01 元/脉冲。

（2）等候计费电路

与行车里程计费一样，需将等候时间变成脉冲个数，且每个脉冲所表示的金额应与里程计费额等值(0.01 元/脉冲)。因此需要一个脉冲发生器，产生与等候时间成正比的脉冲信号。如：每 10 min 100 个脉冲，设为 P_4，然后，通过有单价预置的比例乘法器进行运算，即得到等待时间计费值 P_2。如设等待单价为 10 min 0.45 元，则

$$P_2=P_4(0.1\ B_3+0.01\ B_4)$$

其中：$B_3=0100$，$B_4=0101$，P_2 为 45 个脉冲。

（3）起价计费

按同样的当量将起价输入到电路中，其方法是：可通过计数器的预置端直接进行数据预置，也可按当量将起价转换成脉冲，向计数器输入脉冲。如：起价 8 元，则对应的脉冲为 $P_0=8/0.01=800$(个脉冲)。

（4）总行车费用

$$P=P_0+P_1+P_2$$

（5）原理框图

图 6.3.3 是该电路的参考原理框图。

2）课程设计任务

设计一个出租车自动计费电路，具有起价、行车里程、等候时间三项计费，用四位数码管显示总的金额，最大值为 99.99 元。起步价为 5.0 元，在 3 km 之内按起步价计费，超过 3 km，行车里程单价为 1.0 元/km，等候时间为 0.1 元/min。在车辆起动、停止时发出音响信号，以提醒乘客注意。

在完成上述任务后，可进一步扩展该系统的功能，即用数码管显示出租车行驶的里程数，等候时间等参数。

3）设计提示

（1）行车里程数与等候时间均转换为脉冲数表示，现假设每千米输出 600 个脉冲，每

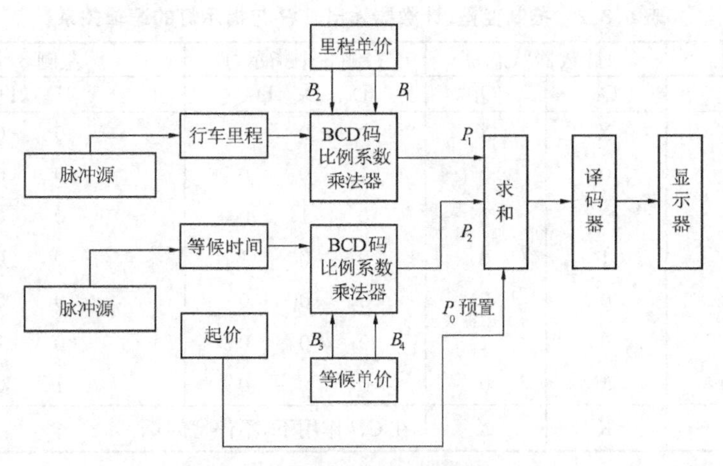

图 6.3.3　自动计费器原理框图

10 min输出 600 个脉冲，故可用一个脉冲源，频率为 1 Hz。

(2) 设置行车、刹车、等候控制信号。3 km 以内，费用是起步价，起价可用异步置数的方法，预置于计费求和模块中。当里程计数达 3 km 以后，每 10 个脉冲计费加 0.1元。

(3) 当刹车、等候信号有效时，等候时间计费，1 min 为 6 元，即 60 个脉冲加 6 元。

6.3.4　汽车尾灯控制器

设计一个汽车尾灯控制器，实现对汽车尾灯显示状态的控制。尾灯左右两侧各用 3 个发光二极管模拟，根据汽车的行驶情况，指示灯采取不同的显示方式：① 汽车正向行驶，左、右两侧的灯熄灭；② 汽车左转弯行驶，左侧 3 个灯按左循环循序点亮；③ 汽车右转弯行驶，右侧 3 个灯按右循环循序点亮；④ 汽车临时刹车时，左、右两侧的灯同时处于闪烁状态。

1) 设计原理及框图

为了表示汽车运行状态与尾灯的关系，设置 2 个控制变量 S_1、S_2，表 6.3.1 表示其相互关系：

表 6.3.1　汽车运行状态与尾灯的关系

S_1	S_2	汽车运行状态	右侧 3 个指示灯 D_{R1}、D_{R2}、D_{R3}	左侧 3 个指示灯 D_{L1}、D_{L2}、D_{L3}
0	0	正向行驶	熄灭	熄灭
0	1	右转弯	按 D_{R1}、D_{R2}、D_{R3} 顺序循环点亮	熄灭
1	0	左转弯	熄灭	按 D_{L1}、D_{L2}、D_{L3} 顺序循环点亮
1	1	临时刹车	左右两侧的灯在 CP 的作用下同时闪烁	

汽车尾灯控制器，在汽车左、右转弯时，3 个指示灯亮，可采用三进制计数器(也可以用双向移位寄存器)，如表 6.3.2 所示控制变量、计数器输出、CP 与指示灯的关系。

表 6.3.2 控制变量、计数器输出、CP 与指示灯的逻辑关系

控制变量		计数器状态		右侧 3 个指示灯	左侧 3 个指示灯
S_1	S_2	Q_1	Q_2	D_{R1}、D_{R2}、D_{R3}	D_{L1}、D_{L2}、D_{L3}
0	0	X	X	0 0 0	0 0 0
0	1	0	0	1 0 0	0 0 0
0	1	0	1	0 1 0	0 0 0
0	1	1	0	0 0 1	0 0 0
1	0	0	0	0 0 0	0 0 1
1	0	0	1	0 0 0	0 1 0
1	0	1	0	0 0 0	1 0 0
1	1	X	X	在 CP 作用下，不停地闪烁	

汽车尾灯控制器的结构框图如图 6.3.3 所示。

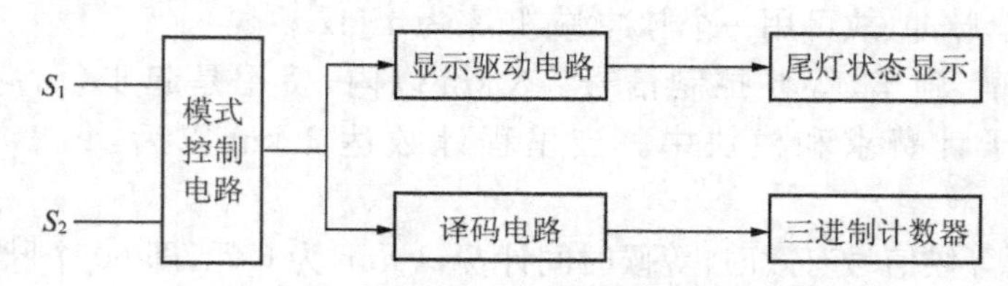

图 6.3.3 汽车尾灯控制器的结构框图

2) 课程设计任务

根据图 6.3.3 所示的系统结构框图设计汽车尾灯控制器，要求采用模块、层次化的设计方法，设计并在实验开发系统上实现汽车尾灯显示电路。

3) 设计提示

(1) 模块控制电路可采用原理图输入法设计，该电路为组合逻辑电路，主要是输入控制信号 S_1、S_2、CP 与译码、显示驱动电路的控制关系。如表 6.3.3 为模式控制电路的逻辑真值表，表中 E_{N1}、E_{N2} 分别表示为译码、显示驱动电路的使能控制信号。

表 6.3.3 模式控制电路的逻辑真值表

控制信号(输入)		CP 脉冲(输入)	使能信号(输出)		电路工作状态
S_1	S_2		E_{N1}	E_{N2}	
0	0	X	0	1	正向行驶
0	1	X	1	1	右转弯
1	0	X	1	1	左转弯
1	1	CP	0	CP	临时刹车

(2) 译码与显示驱动电路

在模式控制电路输出与计数器状态的作用下，提供每侧 3 个指示灯共计 6 个控制信号，当 $E_{N1}=E_{N2}=1$ 时，表示车转弯且由 $S_2=1$ 表示右转，$S_2=0$ 表示左转，此时可根据 S_2 的值及计数器输出，译码输出合适的电平，分别使 D_{R1}、D_{R2}、D_{R3} 或 D_{L1}、D_{L2}、D_{L3} 点亮；当 $E_{N1}=0$、$E_{N2}=1$，译码器输出全为高电平(发光二极管低电平有效)，此时指示灯全部不亮；当 $E_{N1}=$

0、$E_{N2}=CP$ 时，指示灯随 CP 的频率而闪烁。

6.4 自行选题

6.4.1 拔河游戏机

1) 设计任务

设计一个能进行拔河游戏的电路。电路用15个发光二极管表示拔河的电子绳，开始游戏时，只有中间的LED点亮，电子绳处于中点。游戏后，双方各执一个按钮，谁按得快，亮点就向那方移动，每按一次，亮点移动一次，直至到达任一方的端点，亮点不再移动，表示该方取胜得分。具体要求为：

(1) 由裁判下达比赛口令，双方才可进行输入信号，否则输入信号无效。

(2) 用数码管显示比赛结果，比赛结束自动给获胜方加1分。

(3) 设置系统复位信号，可将双方得分清零处理。

2) 设计提示

(1) 双方参赛按钮输入信号可作为一个可逆加/减计数器的计数脉冲，一方进行加运算，使亮点向右移，另一方进行减运算，亮点向左移。

(2) 采用4-16译码器，使得在比赛开始前，译码信号为1000，中间的LED点亮。

(3) 置裁判的"开赛"信号，只有"开赛"有效时，可逆计数器才可以工作。

(4) 当亮点到达一方终端，应产生使可逆计数器停止工作的信号。

(5) 每一方应设置一个得分计数器及显示器，当一方取胜时，计数器加1并显示。得分计数器应设置总清零信号，当比赛结束时，计分器清"0"，为下一次比赛做好准备。

6.4.2 电话键显示电路

1) 设计任务

设计一个具有八位显示的电话按键显示电路。具体要求为：

(1) 能准确反映按键数字，如：按下"3"，则显示器显示"3"。

(2) 显示从低位向高位移动，逐位显示按键数字，最低位为当前输入位。

(3) 重按键时，能首先清除显示。

(4) 所有数字输入完毕以后，电话接通，发出"嘟……嘟"，直到有接听信号输入，如无接听信号，10 s后自动挂断。

(5) 在挂机5 s后或按熄灭键，显示器关闭，同时扬声器停止发声。

2)设计提示

此电路应设置接听、挂机、灭灯信号，其按键用数据开关表示，8个按键用三位二进制数码编码表示，当输入完毕以后，扬声器发声，同时触发10 s计时电路，若定时时间到还没有接听信号输入，显示器灭灯，扬声器停止。在任何时刻有挂机信号时，触发5 s定时电路，5 s后使整个电路系统复位。

6.4.3 量程可变的频率计

1) 设计任务

设计一个能测量方波信号频率的频率计，测量结果用十进制显示，量程为 1～100 kHz。具体要求为：

(1) 测量分为两个频段，1～999 Hz，1～99.9 kHz，量程频段用两个 LED 表示，用四位数码管以 8421BCD 码形式显示方波信号的频率。

(2) 手动按键切换。

(3) 当输入的信号频率大于实际量程时，有超量程报警功能，在超出当前量程时，发出声、光信号。

2) 设计提示

(1) 测量脉冲信号的频率即为计算在给定时间内产生的脉冲个数，$f=N/T$。为方便设置时间 T 为 1 s，计算 1 s 内被测信号送入计数器的脉冲数。

(2) 设置量程开关，在小量程测量时，计数器只要进行 3 位十进制计数(0～999 Hz)；在大量程测量时，进行 4 位十进制计数，显示高 3 位，读数需扩大 1 000 倍(0～99.9 kHz)。在两个量程测量时，均能进行超量程报警。

6.4.4 洗衣机控制电路

1) 设计任务

设计一个洗衣机洗涤程序控制电路，洗衣机电动机的控制要求见图 6.4.1 所示。

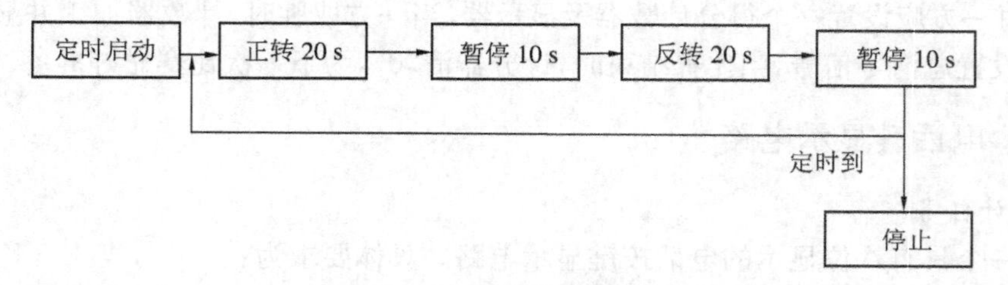

图 6.4.1 洗衣机洗涤控制要求

用两位数码管显示预置的洗涤时间，在洗涤时间输入以后，洗衣机开始工作，按倒计时方式显示洗涤过程，分别用两个发光二极管 LED 表示洗衣机的正反转，一旦定时时间到，则停机并发出音响信号。

2) 设计提示

(1) 本设计的洗涤时间输入可用数据输入开关实现，需对表示 0～9 共 10 个数码的开关进行编码。

(2) 设置洗涤信号，洗涤信号有效后，则洗涤计时电路进行减法计数(本设计中有 10 s、20 s 两个计时电路)。

(3) 对洗涤过程的状态进行逻辑赋值、编码，设计时序电路。

(4) 对时序电路的输出进行译码，可得到洗衣机工作状态的输出信号，传送至 LED 显示。

(5) 当洗衣机定时时间到，对控制电路进行异步复位。

6.4.5 电梯控制器

1）设计任务

设计一个 8 层楼房电梯控制器，用 8 个 LED 显示电梯行进过程，并用数码管显示电梯当前所在楼层的位置，每层电梯入口处设有请求按钮，按下按钮，则相应楼层的 LED 亮。

电梯到达请求的楼层，该层的指示灯灭，电梯门打开，开门 5 s，电梯自动关门，继续运行。

电梯运行中，响应最早的请求，再响应后续的请求。若无请求，则停在当前层；若遇两个请求，先响应请求信号离当前层近的请求，再响应较远的请求。

2）设计提示

(1) 设置 8 个开关电平信号表示各楼层的请求信号，每次最多允许两个请求信号。

(2) 设置 8 个 LED 表示当前楼层位置及请求楼层（当前楼层用 A，请求楼层用 B 表示），当电路接到请求信号时，须进行比较，即：若 $A>B$，电梯下行时，移位寄存器右移，$A<B$，电梯上行时，移位寄存器左移；$A=B$，电梯开门，保持开门信号 5 s。电梯初始位置为 1 层。

(3) 若有两个请求信号时，电路能进行比较，选出与当前楼层距离近的楼层先响应。

附录

附录 1　Multisim 软件使用简介

EWB 的升级版是 Multisim，它提供了一个非常大的元件库，原理图输入接口、全部的 Spice 仿真功能、VHDL/Verilog 设计接口与仿真功能、FPGA/CPLD 综合、RF 设计能力和后处理功能，还可以进行从原理图到 PCB 布线工具包的无缝隙数据传输，是一个完整的设计工具系统。

附 1.1　Multisim 的基本界面

Multisim 用户界面如图附 1.1 所示：

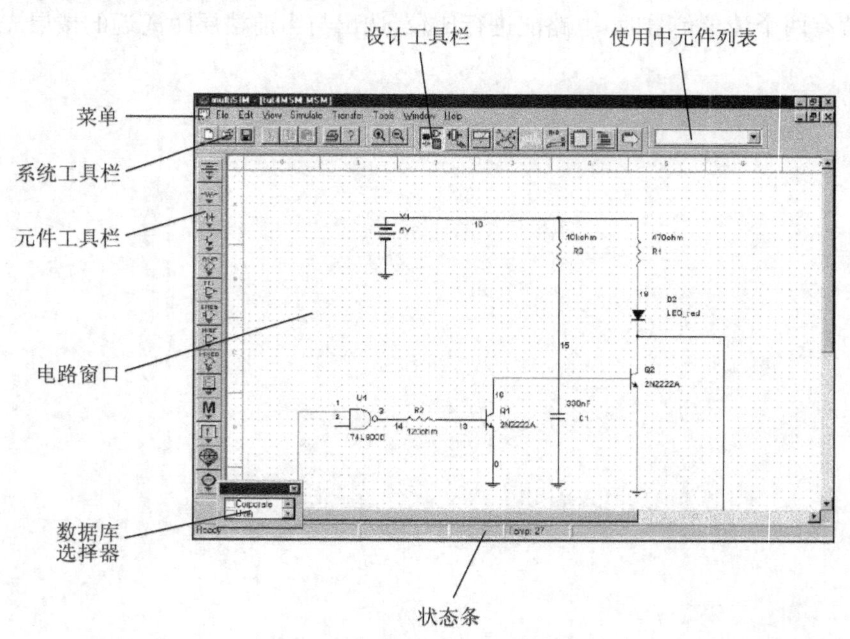

图附 1.1　Multisim 用户界面

在菜单(Menus)中找到所有功能的命令。

系统工具栏(system toolbar)包含常用的基本功能按钮。

设计工具栏(Multisim design Bar)是 Multisim 的一个完整部分。

使用中元件列表(In Use)列出了当前电路所使用的全部元件。

元件工具栏(component toolbar)包含元件箱按钮(Parts Bin)，单击它可以打开元件族工具栏。

数据库选择器(database selector)允许确定哪一层次的数据库，以元件工具栏的形式显示。

状态条(status line)显示有关当前操作以及鼠标所指条目的有用信息。

1）Multisim 系统工具栏

这部分与 windows 操作系统一样，可以进行文件存储、打印等操作，不在赘述。

2）设计工具栏(Design Bar)

设计是 Multisim 的核心部分，使用户能容易地运行程序所提供的各种复杂功能。

元件设计按钮(Component)缺省显示，因为进行电路设计的第一个逻辑步骤是往电路窗口中放置元件。

元件编辑器按钮(Component Editor)用以调整或增加元件。

仪表按钮(Instruments)用以给电路添加仪表或观察仿真结果。

仿真按钮(Simulate)用以开始、暂停或结束电路仿真。

分析按钮(Analysis)用以选择要进行的分析。

后分析器按钮(Postprocessor)用以进行对仿真结果的进一步操作。

VHDL/Verilog 按钮用以使用 VHDL 模型进行设计(不是所有的版本都具备)。

报告按钮(Reports)用以打印有关电路的报告(材料清单，元件列表和元件细节)。

传输按钮(Transfer)用以与其他程序通讯，比如与 Ultiboard 通讯。也可以将仿真结果输出到像 MathCAD 和 Excel 这样的应用程序。

附 1.2 Multisim 的基本操作

本节通过建立并仿真一个图附 1.2 的电路，学习该软件的使用方法。

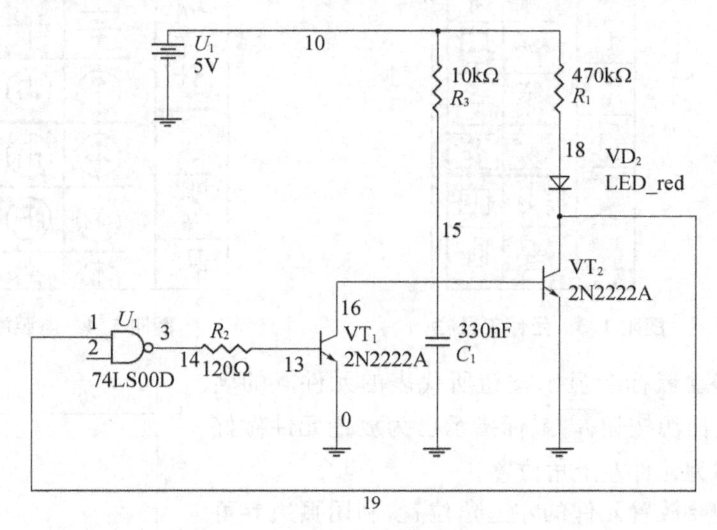

图附 1.2 仿真电路

1）建立仿真电路

第一步 建立电路文件

运行 Multisim，自动打开一个空白的电路文件，建立电路文件。电路的颜色、尺寸和显示模式基于以前的用户设置，也可以用菜单根据需要改变设置。

第二步　放置元件

Multisim 提供三个层次的元件数据库（Multisim 主数据库“Multisim Master”、用户数据库“User”，有些版本有合作/项目数据库“corporate/project(corp/proj)”）。

元件工具栏

元件工具栏是缺省可见的，如果不可见，请单击设计工具栏的 Component 按钮，出现元件工具栏见图附 1.3。

元件被分成逻辑组或元件箱，每一元件箱用工具栏中的一个按钮表示。将鼠标指向元件箱，元件族工具栏打开，其中包含代表各族元件的按钮。

一般利用元件工具栏放置元件，当不知道要放置的元件包含在哪个元件箱中时，可以用 Edit/Place Component 放置元件。

(1) 放置电源元件

将鼠标指向电源工具按钮（或单击该按钮），电源族工具栏如图附 1.4 显示：

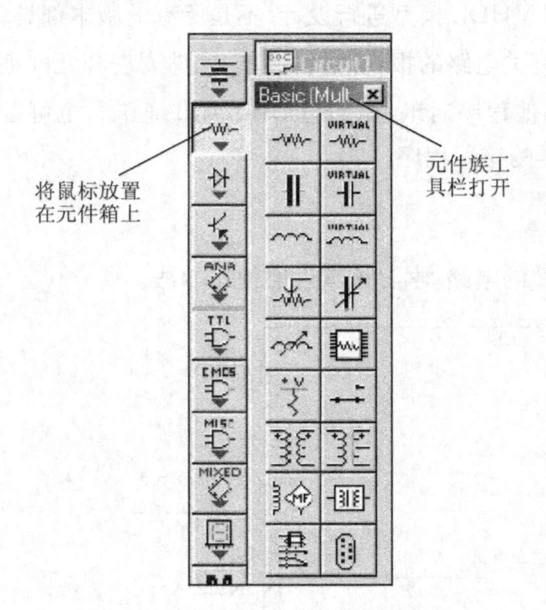

图附 1.3　元件工具栏

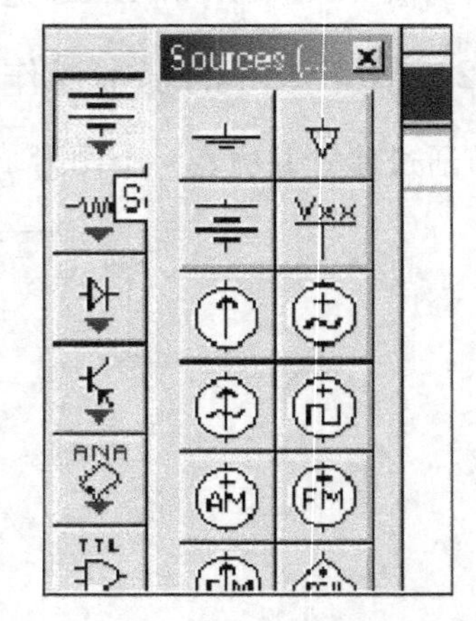

图附 1.4　电源族

在按钮上移动鼠标会显示按钮所代表的元件族的名称。单击直流电压源按钮鼠标指示已为放置元件做好准备鼠标所指即为元件左上角位置。

将鼠标移到要放置元件的左上角位置，利用页边界可以精确地确定位置，单击鼠标，电源出现在电路窗口中，如图附 1.5 所示。

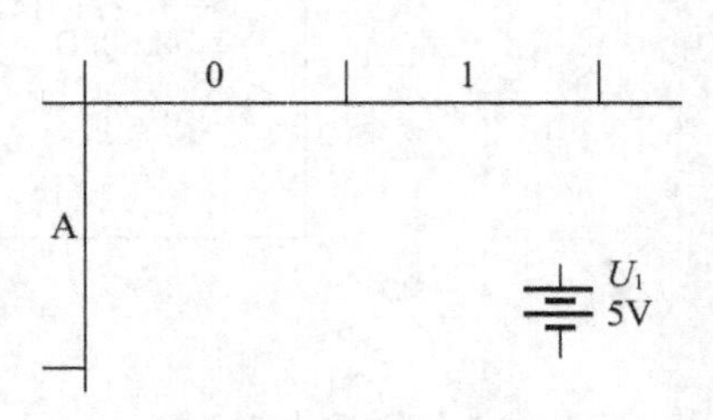

图附 1.5　放置一个电源的电路

双击电源出现电源特性对话框，如图附 1.6 所示（电源的缺省值是 12 V），将 5 改为 12，单击 OK。

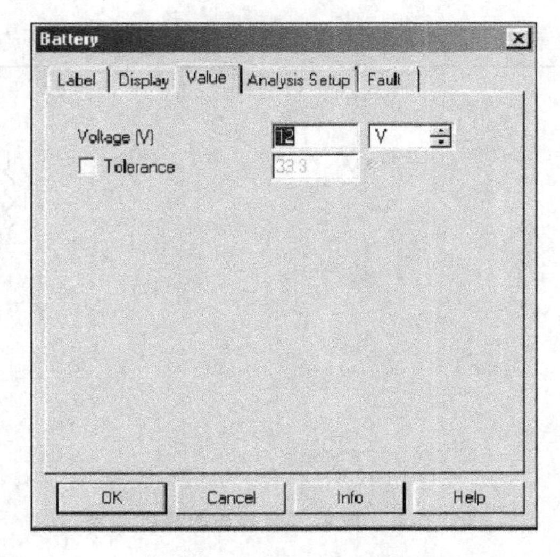

图附 1.6　电源属性对话框

（2）放置电阻

放置鼠标于基本元件工具箱上 ，单击电阻按钮，出现电阻浏览器，如图附 1.7 所示。

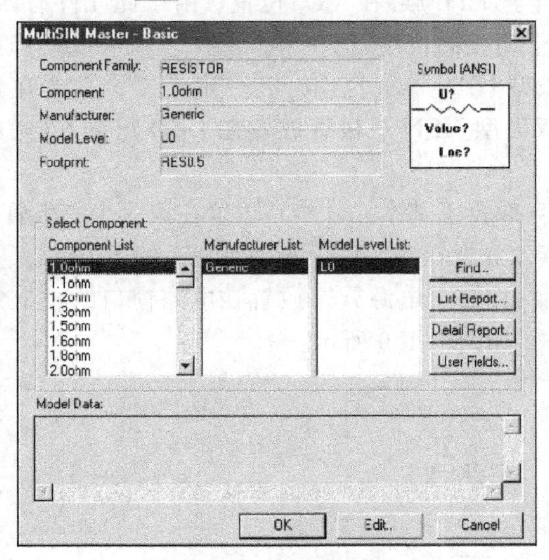

图附 1.7　电阻浏览器

此时显示主数据库中所有可能得到的电阻。滚动 Component List 找到 470 Ω 的电阻。也可以输入电阻值，快速滚动 Component List，如输入 470 后，浏览器会滚动到相应的区域。选择 470 Ω 电阻，然后单击 OK。将鼠标移动到电路规定的位置，单击鼠标放置元件。注意电阻的颜色与电源不同，它是实际的元件（可以输出到 PCB 布线软件）。

为了连线方便，需要旋转电阻。此时：右击电阻，出现弹出式菜单。选择菜单中的 90CounterCW 命令，可实现电阻的旋转。

（3）增加电阻

方法同前，此时，电阻的参考 ID 是“R2”与“R3”。设计工具栏右边的“In Use”列出了已经放置的所有的元件，单击列表中的元件可以容易地重用此元件，如图附 1.8 所示。

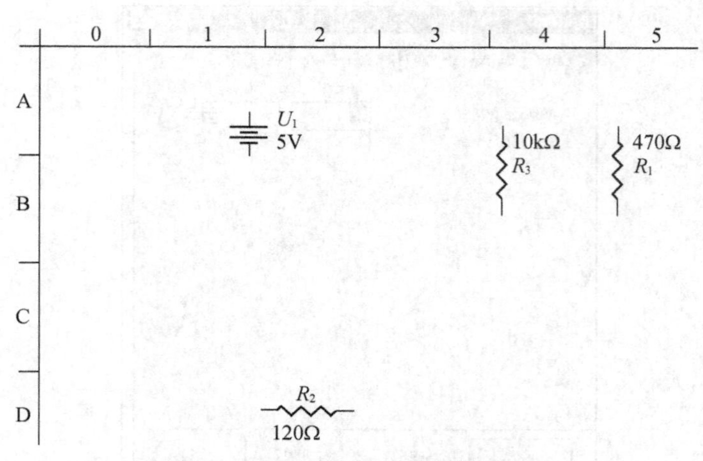

图附 1.8　放置了电源与电阻的电路

(4) 放置其他元件

一个红色的 LED(取自于 Dioeds 族)放置在 R_1 的正下方。

一个 74LS00D(取自于 TTL 族)在 VD_1 位置。由于此元件有四个门,所以程序将提示您确定使用哪个门。四个门相同,可任选一个。

一个 2N2222A 双极型 NPN 三极管(取自于三极管族),放置在 R_2 的右方。

另一个 2N2222A 双极型 NPN 三极管放置在 LED 正下方(拷贝并粘贴前面的三极管到新位置即可)。

一个 330 nF 的电容(取自于基本元件族),放置在第一个三极管的右方。

接地(取自于电源族),放置在 U_1、VT_1、VT_2 和 C_1 的下方。

一个 5 V 的电源 V_{CC}(取自于电源族),放置在电路窗口的左上角;一个数字地(取自于电源族)放置在 V_{CC} 下方。如图附 1.9 所示:

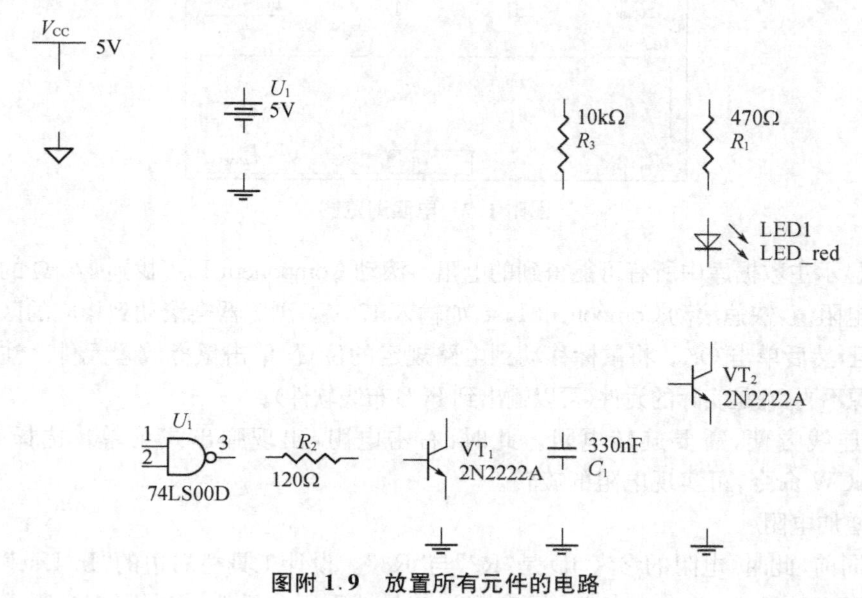

图附 1.9　放置所有元件的电路

3）存储文件

将电路所有元件及参数都设定放置好后，选择 File/Save As 菜单命令，给出存储位置与文件名，保存输入的设计电路。通常将元件排成一条直线便于连线，双击元件出现元件特性对话框。单击标号 Label 标签，输入或调整标号（由字母与数字组成，不得含有特殊字符和空格）。

4）电路连线

Multisim 有自动与手工两种连线方法。自动连线选择管脚间最好的路径自动完成连线，避免连线通过元件和连线重叠；手工连线要求用户控制连线路径。

(1) 自动连线

U_1 和地自动连线：单击 U_1 下边的管脚，单击接地上边的管脚。两个元件就自动完成了连线。结果如图附 1.10 所示：

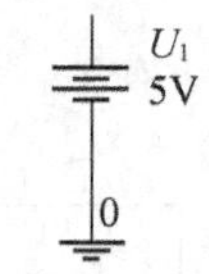

图附 1.10　地与电源自动连线

用自动连线完成图附 1.11 连线。

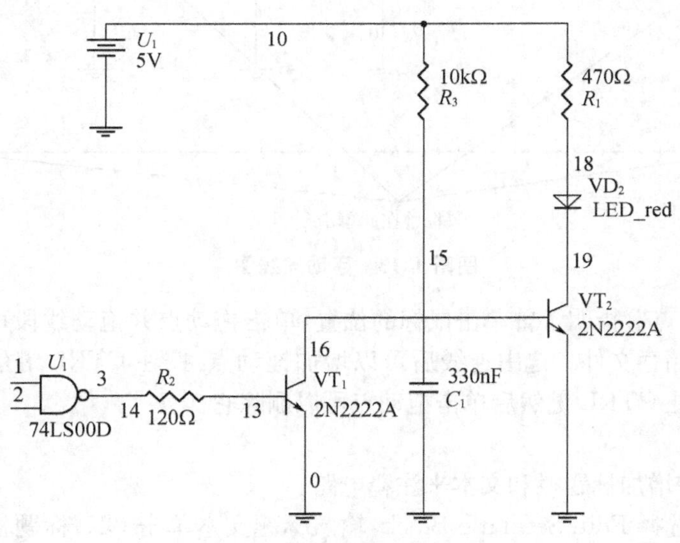

图附 1.11　自动连线图

按 ESC 结束自动连线。要删除连线，右击连线从弹出式菜单中选择 Delete 或按 DELETE键。

(2) 手工连线

手工连线可以精确地控制路径。

增加节点：选择 Edit/Place Junction 菜单命令，鼠标指示已经做好放置节点准备。单击 U_1 输入间的连线放置节点。出现节点特性对话框，保持节点特性为缺省状态，单击 OK。节点出现在连线上，右击电路窗口，从弹出式菜单中选择 Grid Visible 命令以显示格点。如图附 1.12 所示：

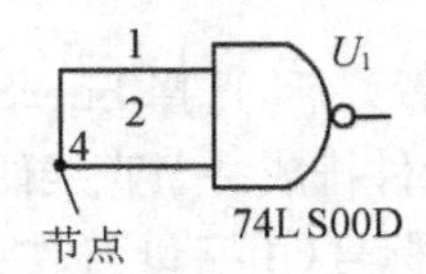

图附 1.12　节点手动连线

手工连线:单击刚才放置在 U_1 输入端的节点。向元件的下方拖动连线,连线的位置是"固定的"。拖动连续至元件下方几个格点的位置,再次单击。向上拖动连线到 LED1 和 VT_2 间连线的对面,再次单击。拖动连线至 LED1 与 VT_2 间的连线上,再次单击。结果如图附 1.13 所示:

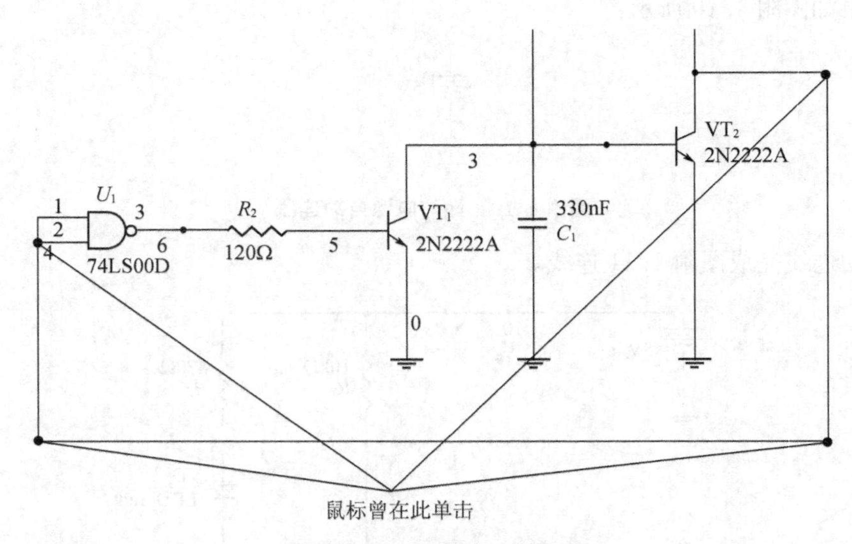

图附 1.13　手动连线图

小方块("拖动点")指明了曾单击鼠标的位置,单击拖动点并拖动线段可以调整连线的形状,操作前请先储存文件。选中连线后可以增加拖动点:按住 CTRL 键然后单击要增加拖动点的连线,按住 CTRL 键然后单击拖动点可以删除它。

5) 文本增加

Multisim 允许增加标题栏和文本来注释电路。

增加标题栏:选择 Edit/Set Title Block,输入标题文本单击 OK,标题栏出现在电路窗口的右下角。

增加文本:选择 Edit/Place Text;单击电路窗口,出现文本框;输入文本——比如"My tutorial circuit";单击要放置文本的位置。

6) 电路测试

为了测试电路的工作状态,Multisim 提供一系列虚拟仪表,使用虚拟仪表显示仿真结果是检测电路行为最好、最简便的方法。

单击设计工具栏中的 Instruments 按钮,会出现仪表工具栏,每一个按钮代表一种仪表。各种仪表视图如图附 1.14 所示。

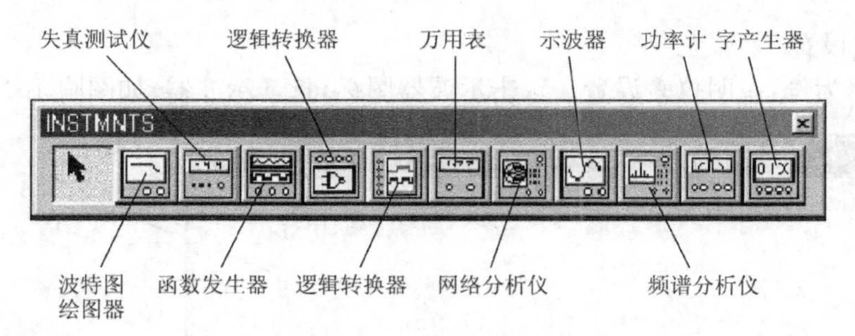

图附 1.14 仪表栏视图

虚拟仪表有两种视图：连接于电路的仪表图标；打开的仪表，如图附 1.15 所示。

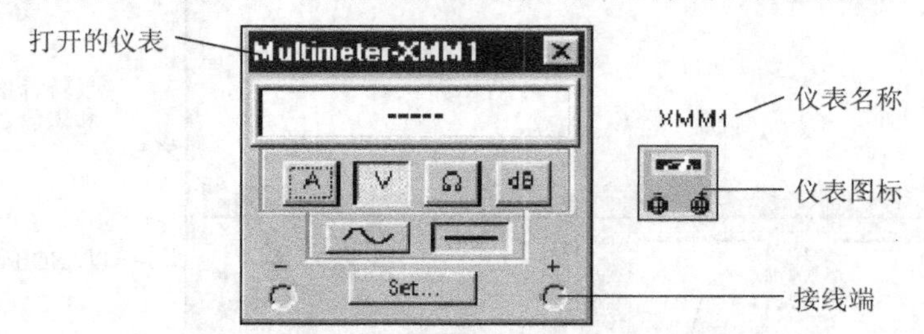

图附 1.15 仪表显示的方法

(1) 添加仪表

打开已建立的电路文件，单击设计工具栏的 Instruments 按钮出现仪表工具栏。

单击示波器 按钮，移动鼠标至电路窗口的右侧，然后单击鼠标，示波器图标出现在电路窗口中。

单击示波器的 A 通道图标，拖动连线到 U_1 与 R_2 间的节点上。

单击 B 通道图标，拖动连线到 VT_2 与 C_1 间的连线上。示波器接入电路结果如图附 1.16 所示。

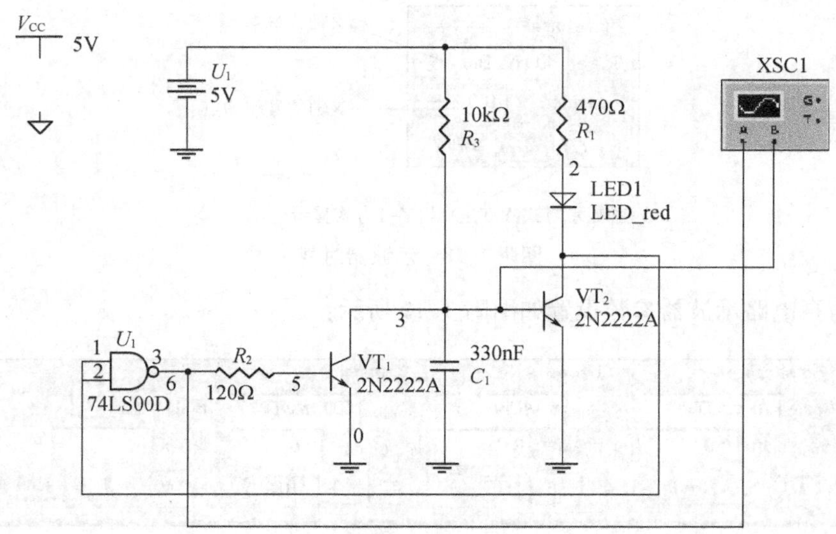

图附 1.16 接入示波器后的电路

(2) 仪表设置

以示波器为例，说明仪表设置。双击示波器图标，打开示波器，如图附 1.17 所示：

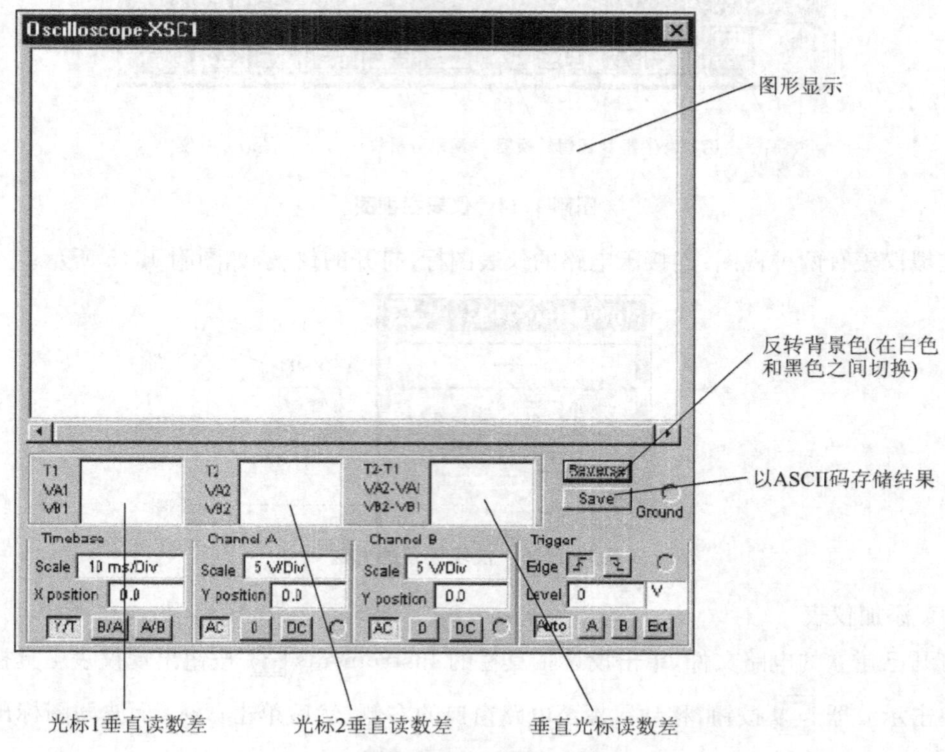

图附 1.17 示波器面板

选择 Y/T 时，时基(Timebase)控制示波器水平轴(X 轴)的幅度，如图附 1.18 所示。为了得到稳定的读数，时基设置应与频率成反比——频率越高时基越低。

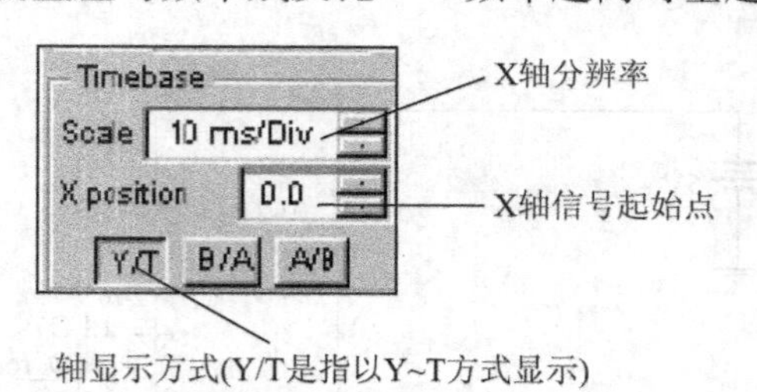

图附 1.18 示波器时基

本次仿真电路示波器参数设置如图附 1.19 所示：

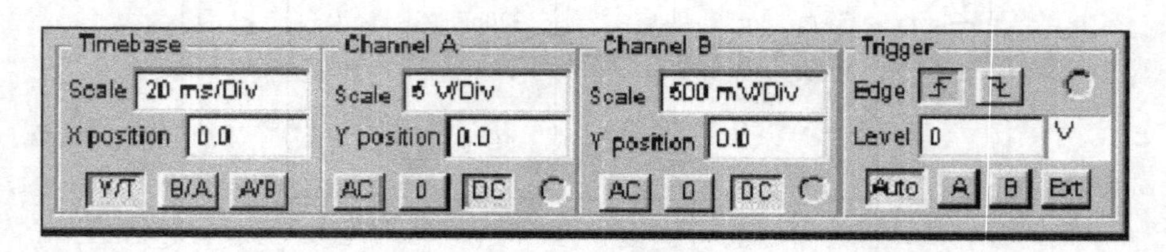

图附 1.19 示波器参数设置

(3) 电路仿真

将电路中所有的元件、连线与仪表均已正确连接并设置好,保存电路文件。

单击设计工具栏中的 Simulate 按钮,或选择弹出式菜单中的 Run/Stop 命令。

采用电路中的示波器进行观察,如果仪表不处于“打开”状态,可以双击图标“打开”仪它。

如果正确地设置了示波器,呈现图附 1.20 所示结果,同时电路中的 LED 在闪烁。

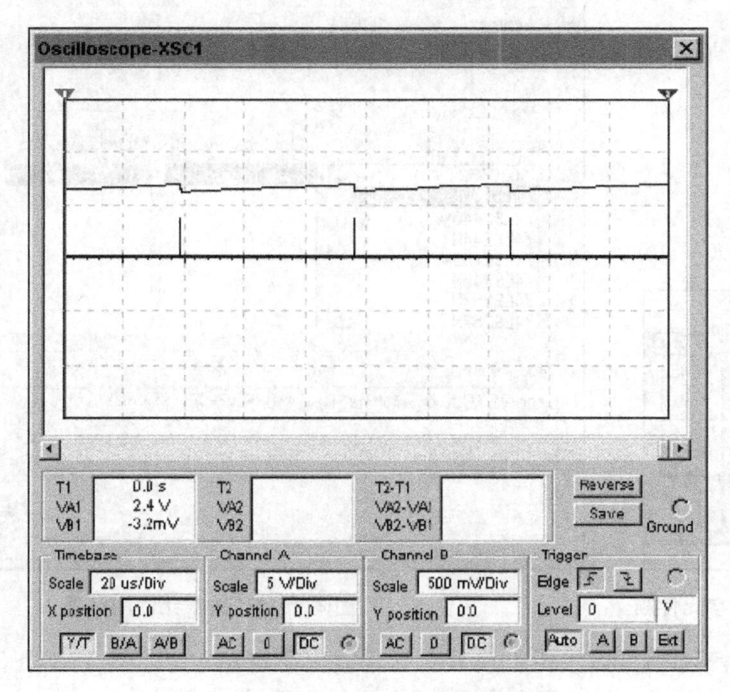

图附 1.20 示波器显示仿真结果

单击设计工具栏中的 Simulate 按钮,或选择弹出式菜单中的 Run/Stop 命令,可停止仿真。

(4) 电路分析

Multisim 提供多种不同的分析类型,分析结果会在 Multisim 绘图器中以图表的形式显示。

单击设计工具栏的 Analysis 按钮 选择分析种类:时域分析与运行分析。

(5) 混合仿真

Multisim 支持 SPICE、VHDL、Verilog 仿真,以及任何这几种仿真的混合。HDL 是专为描述复杂数字器件的行为设计的,所以它们被称为“行为层”语言,为 SPICE 难以建模的复杂数字 IC 建模,设计可编程逻辑电路。它们使用行为层模型(不是 SPICE 中的晶体管/门层)描述这些器件的行为。Multisim 都支持常用两种 HDL 语言 VHDL 和 Verilog。Multisim 允许进行混合仿真(比如 SPICE 和 VHDL),既可以用已有的 VHDL 模型也可以用自编的 VHDL 码。

在上述电路中加入 VHDL 元件,从杂项数字元件箱如图附 1.21 中选择 VHDL 族,并在图附 1.22 中选择元件。

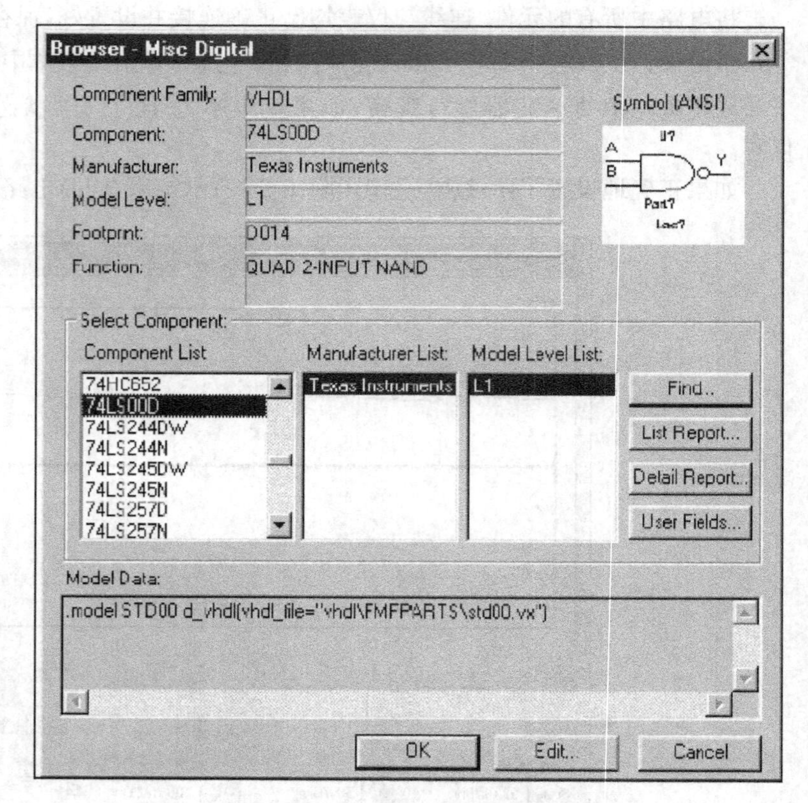

图附 1.21　数字元件箱　　　　图附 1.22　数字元件浏览器

滚动并选择 74LS00D，单击 OK 放置元件。由于电路中已经有了一个 SPICE 与非门，需要删除它为 VHDL 与非门腾出位置，选中此与非门，单击 Delete，

下面要连接 VHDL 模型与非门。将此元件放置在原来 74LS00D 的位置上，连线方式与原来相同。完成后如图附 1.23 所示。

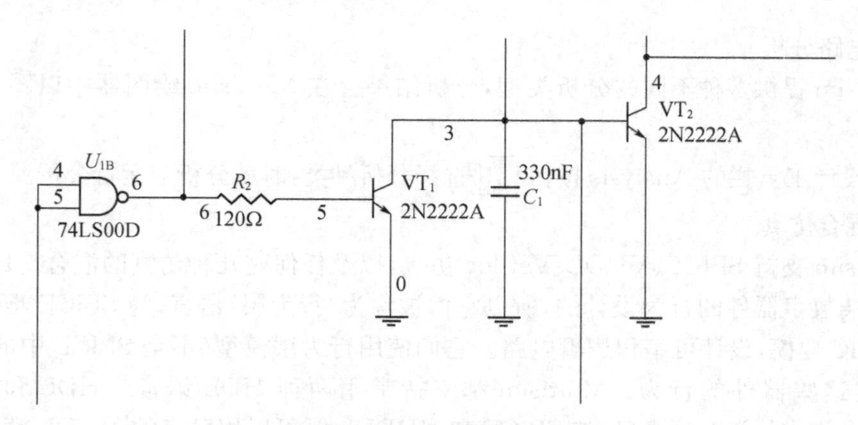

图附 1.23　混合仿真电路图

混合仿真的方法与仿真纯 SPICE 电路相同。

7) 输出报告

Multisim 可以产生材料清单、数据库族列表、元件细节报告。

单击设计工具栏中的 Reports 按钮，从出现的菜单中选择 Bill of Material，出现报告(BOM)如图附 1.24 所示。材料清单列出了电路所用到的元件，提供了制造电路板时所需元件的总体情况。提供的信息包括：

● 每种元件的数量；

● 元件描述。包括元件类型(如：电阻)和元件值(如：5.1 Kohm)；

● 每个元件的参考 ID；

● 每个元件的封装或管脚图。

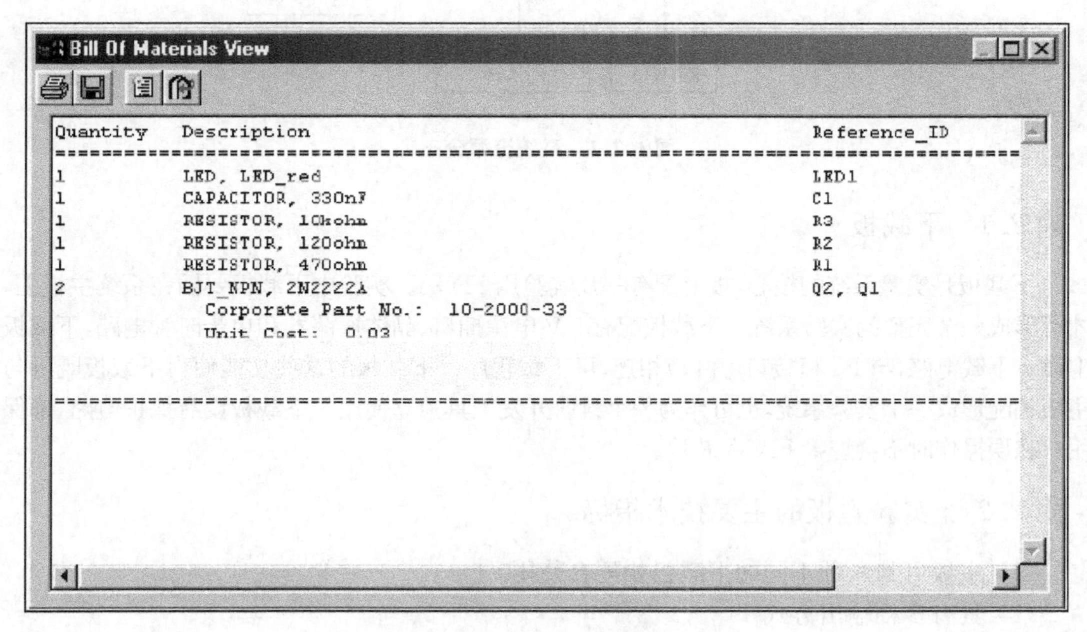

图附 1.24 BOM 报告

单击 Print 按钮，打印 BOM 出现标准打印窗口，可以选择打印机、打印份数等等。

单击 Save 按钮，出现标准的文件储存窗口，可以定义路径和文件名。

因为材料清单是帮助采购和制造的，所以只包含"真实的"元件。要观察电路中的一虚拟元件，单击 Others 按钮，出现的另一个窗口只显示这些元件。

附录 2 SE-5M 型 EDA 实验开发系统

SE-5M 型 EDA 实验开发系统是一种多功能、高配置、高品质的 EDA 教学与开发设备。图附 2.1 为系统的结构资源分布图。

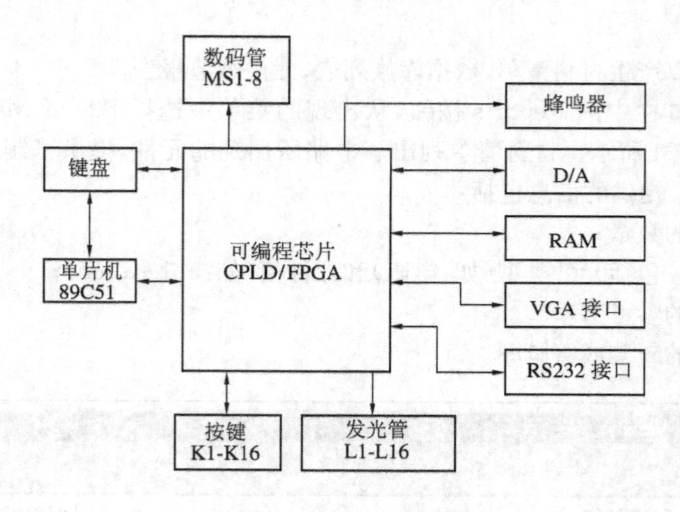

图附 2.1　系统资源分布

附 2.1　下载板

下载板是实验系统的核心，板上配有一片实验用 FPGA。实验中下载板要插在系统主板上，才可形成一个完整的实验系统。下载板配有 5 V 电源插口、晶体振荡器和单步时钟电路，下载板上设有下载电路，与 PC 机接口(并口)相连，可下载程序。下载板的这些功能使得下载板既可与主板相配形成一个实验系统，也可作为一个科研开发工具独立使用。下载板设有保护电路，确保用户在误操作时不会烧毁 FPGA 芯片。

附 2.2　实验主板的主要技术指标

(1) 主板可与六种不同的下载板相配合使用。

(2) 具有多种输出方式

① 七段 LED 显示器：动态显示(M1～M 8)，静态显示 4 位(M1～M4)；

② 发光二极管输出：32 位。

(3) 多种输入方式

① 输入拨动开关：16 位；

② 输入按键开关：16 位。

(4) 多种时钟信号

① 单步信号：用于调试；

② 有晶体振荡器产生并通过分频获得 1Hz～4.19 MHz 等 12 个连续标准方波信号；可用短路帽进行选择，并分成两组时钟信号 CP_1、CP_2。

(5) 多种接口

① 配有 RS232 接口；

② 配有 VGA 接口；

③ 2 个 YJ_1、YJ_2 液晶显示接口；

④ 16 个 I/O 转接扩展插口。

(6) A/D 转换器

① 配有串行 A/D 转换器 TL C549；

② 并行 D/A 转换器 TL C7528。

(7) 存储功能

配有存储器 62256。

(8) 配有 1 片单片机系统（AT89C51)。

(9) 1 片管理芯片 EPM712 8。

与 SE－5M 型 EDA 实验开发系统配套使用的下载板，其芯片 FPGA 是 Altera 公司的 EPF10K10LC84－4/EP1K10QC208－3，其资源为：10 000/300000 门，I/O：52/132 个。

附 2.3 下载板与主板的连接

下载板中央放置一块可插拔的 PLCC 封装的 FPGA 芯片。

下载板右侧有一个 IDC26 分装的插座（称编程通信口)，通过一根 26 芯排线（也称下载电缆）将该插座与 PC 机并口连接，即完成 PC 与 FPGA 通信。

下载板上下两侧分别有双排焊点（正面）和双排插针（反面）。焊点旁边的数字即为与 FPGA 芯片相连管脚号，管脚旁的括号内的符号名为主板上的主要信号名（见附表：下载板与主板器件连接关系表)。下载板背面装有一排电阻，该电阻连接双排焊点与 FPGA 芯片 I/O 口之间起限流保护作用，以防止实验时误操作将 FPGA 的 I/O 误接 V_{CC} 或 GND，或两个 I/O 互连造成的短路现象。确保在误操作时不损坏 FPGA 芯片。

上下两排焊点的最左边的焊点为 VCC，最右边的焊点为 GND，分别与 FPGA 芯片 VCC 和 GND 的相连，插在主板上可从主板获得＋5 V 电源。下载板与主板配合使用，可形成一个完整的实验系统。

下载板也可作为一个开发工具独立使用。下载板左上角设有直流＋5 V 电源插座，设有一路单步 STEP 信号（按一下“STEP”按键，其上方指示灯亮，表明输出一个单次脉冲，该脉冲已经过消抖处理）CP_1 和一路 10 MHz 晶振时钟信号 CP_2，通过插接 JPI 插座上的短路帽与 FPGA 的时钟输入端相连，使下载板上的 FPGA 获得时钟信号（注意：与主板配合使用，JPI 上不能插短路帽)。表附 2.1 表示主板与下载板主要器件连接关系。

表附 2.1 下载板与主板主要器件连接关系

器件名称	信号名	兼容器件名	兼容信号名	对应下载板 EP1K10QC208－3 引脚	对应下载板 EPF10K10LC84－3 引脚
电源正极	V_{CC}			V_{CC}	
输出发光管	L16		D4 / TX205	25	
	L15	/RS232	D5	203	24
	L14	/RS232	WR / RX	202	23
	L13	RAM	D7	200	22
	L12		D6	199	21
	L11		WR	198	19
	L10	89C51	RD	197	18
	L9		ALE	196	17

(续表附 2.1)

器件名称	信号名称	兼容器件名	兼容信号名	对应下载板 EP1K10QC208 - 3 引脚	对应下载板 EPF10K10LC84 - 3 引脚
数码管 M4	M4D	M1 - M8 动态	A	195	16
	M4C		B	193	11
	M4B		C	192	10
	M4A		D	191	9
数码管 M3	M3D		E	190	8
	M3C		F	189	7
	M3B		G	187	6
	M3A		Dp	179	5
数码管 M2	M2D		MS_8	177	3
	M2C		MS_7	176	83
	M2B		MS_6	175	81
	M2A		MS_5	174	80
数码管 M1	M1D		MS_4	173	79
	M1C		MS_3	172	78
	M1B		MS_2	170	73
	M1A		MS_1	169	72
小键盘	V1	89C51/RAM /549	P10 / A8	168	71
	V2		P11 / A9	167	70
	V3		P12 / A10	163	69
	V4		P13 / A11	160	67
	H1		P14 / A12	150	66
	H2		P15 / A13	149	65
	H3		P16 / A14	148	64
	H4		P17 / CLK	147	62
发光管	L8		P07	144	61
	L7		P06	143	60
	L6		P05	142	59
	L5		P04	141	58
	L4		P03	136	54
	L3		P02	135	53
	L2		P01	92	52
	L1		P00 / CS	90	51
电源	V_{CC}		92256RAM	V_{CC}	V_{CC}
扬声器	SP			63	27

（续表附 2.1）

器件名称	信号名称	兼容器件名	兼容信号名	对应下载板 EP1K10QC208－3引脚	对应下载板 EPF10K10LC84－3引脚
开关	K1	RAM/VGA	A0 / RED	64	28
	K2		A1 / GREEN	65	29
	K3		A2 / BLUE	67	30
	K4		A3 / H－SYNC	68	35
	K5		A4 / V－SYNC	69	36
	K6	A/D	A5	70	37
	K7		A6	71	38
	K8		A7 / DTAT	73	39
	K9	RAM	D0	74	47
	K10		D1	75	48
	K11		D2	83	49
	K12		D3	85	50
	K13			86	44
	K14			87	84
	K15			88	2
	K16			89	42
时钟信号	CP2			183	1
	CP1			79	43
公共端	GND			GND	GND

附录 3　伟福公司开发的 EDA 实验系统

EDA6000 实验系统可完成 SOPC/FPGA/DSP 等各种实验，并且板上自带仿真器 EDA6000，具有以下特点：

(1) 软开放：采用软开放式结构，对于用户而言，可以用软件方式按设计要求连接各 IO 引脚。在软件上连接好线路后，下载到实验系统中实现硬件连线，如连线过程有错误，软件会发出提示，有效避免接错线可能导致的设备损坏。另外，软件连线可将定义好的接线保存在磁盘上，下次实验与设计时可从盘上读出，便于再次使用。

(2) 逻辑分析仪：EDA6000 实验系统提供八种逻辑分析仪。

(3) 智能译码：与软件连线技术相似，软件上设置好译码方式后，下载到实验系统中可实现所要求的译码电路。

(4) 软、硬结合：可在 PC 机上连线，下载到实验板上，实验运行结果可在软件上观察。

(5) 模式可变：采用软件配置技术，可设置不同的模式。

(6) 适配板独立：实验系统所用的显示译码、键盘输出均不占用适配板的资源。

(7) 多种外部设备：并、串行 ADC、DAC、VGA、USB、PS_2 鼠标等。

(8) 用户控制电路：用户 CPU、外围键盘、液晶显示屏、八段数码显示等电路。

下面以前面设计的计数器为例，说明 EDA6000 实验系统的使用方法。因为在 Max＋plusⅡ 10.0 进行设计、仿真步骤与前述完全相同，在此不再赘述，主要介绍器件编程的设计步骤。

1）选择器件

在较为简单的电路模拟仿真通过以后，就可以进行器件编程。首先选择器件，Max＋plusⅡ10.0 支持 Altera 公司的多种器件，本次采用的目标器件为 ACEX1K 系列中的 EP1K10TC144－1，器件选择步骤如下：

从图形输入编辑窗口的菜单下选择“Assign”，再选择“Device”项，可打开器件选择对话框；单击“Device Family”区的下拉按钮，可进行器件系列选择，选择 ACEX1K 系列。选择器件系列后，在具体器件型号列表区双击所要选择的器件 EP1K10TC144－1 即可。单击“OK”，关闭对话框，完成器件选择，下面进行管脚锁定。

2）选择相应管脚

选择的器件 EP1K10TC144－1 共有 144 个管脚，因此选择哪个管脚进行输入输出就需要一定的依据。故根据 EDA6000 中的管脚使用情况来确定对器件 EP1K10TC144－1 的管脚锁定。通过开始菜单或桌面上的快捷方式打开 EDA6000，如图附 3.1。

单击左边列中的新建模式，创建一个模式。在弹出的对话框中输入模式名称，如：“pj1”，然后选择也保存到 Max＋plusⅡ文件所在的位置。

单击窗口第一行中的“IO 管脚定义”按钮，得到图附 3.2 所示界面。首先在“选择 FPGA/EPLD 板”中选择与 Max＋plusⅡ文件中选用一致的设备，即 EP1K10TC144－1。在下面的各组管脚中，有与所有管脚相对应的 IO 号。注意，在对 Max＋plusⅡ文件中的设备进行管脚锁定时用的是管脚号而非 IO 号。EDA6000 有 64 个 IO 脚，分别对应不同的 EDA 适配板上的 FPGA 的管脚，在 IO 管脚定义窗口中，可用下拉菜单选择 EDA 适配板。当选好适配板后，IO 脚与 FPGA 芯片的管脚的对应关系以分组的方式表示出来，当实验系统运行时，可以实时观察到该管脚的状态。

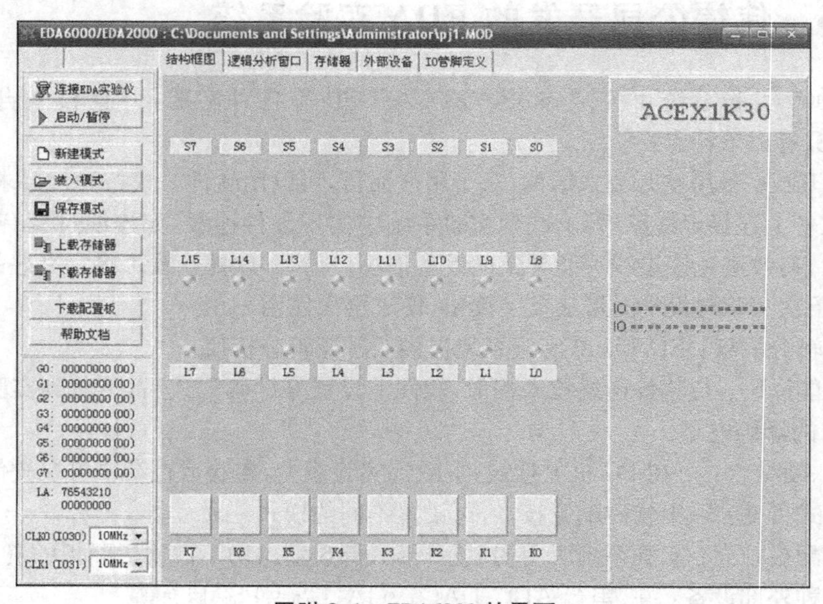

图附 3.1　EDA6000 的界面

回到第一行中的结构框图界面，如图附 3.1。图中 S0～S7 是 8 个提供使用的数码管，L0～L15 是 16 个发光二极管，K0～K7 则是 8 个按钮。

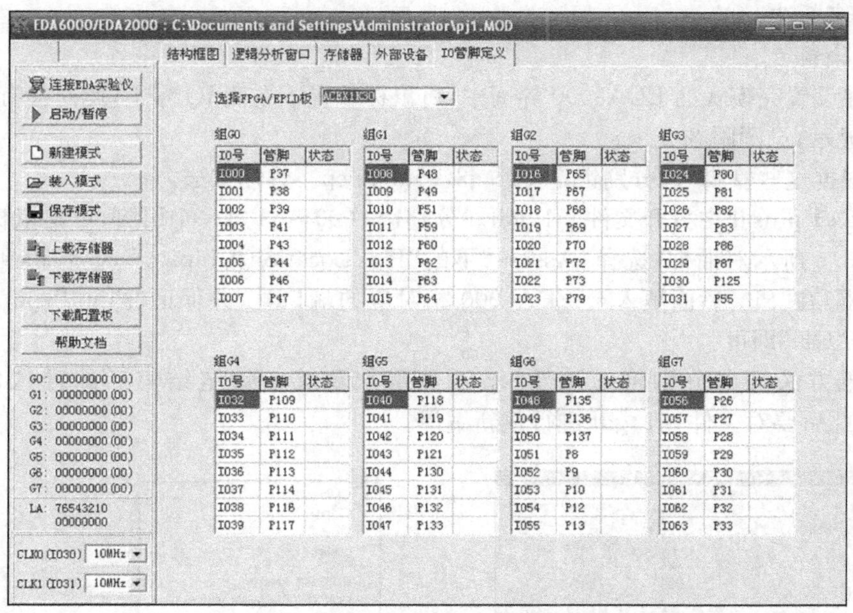

图附 3.2　EDA6000 中 IO 管脚定义界面

本实验选择 S0 来显示 q0～q3 的输出结果，用 L0 来显示 cout 的输出，先选用系统自带的时钟脉冲信号来作为 CP 输入。（系统自带的时钟信号输入只有 IO30 和 IO31 两个，即 125 和 55 管脚）

在 S0 处单击鼠标右键，弹出如图附 3.3 所示对话框，在连接类型选项中选择 6－16 译码器，且为 Bit0～Bit3 从低位到高位确定对应的 IO 号，点击“OK”即可。

在 L0 处单击鼠标右键，弹出如图附 3.4 所示的对话框，在连接类型处选择“连接到 IO”，并确确定所使用的 IO 端口，注意，前面已经使用过的 IO 号和系统分配的时钟脉冲信号 IO 端口就不能再使用了。另外还可以选择发光二极管要发出的光的颜色，再点击“OK”完成设置。

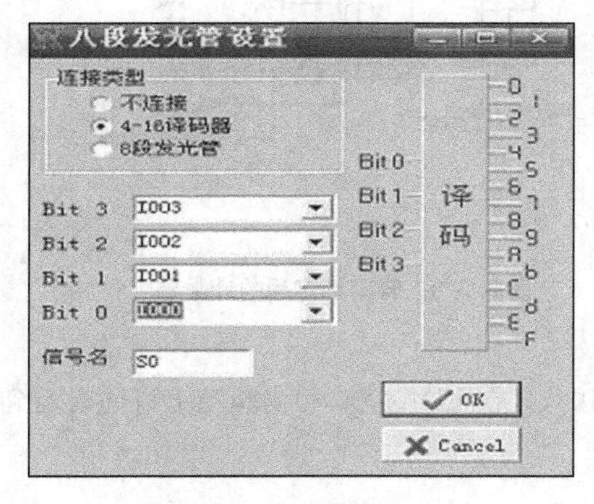

图附 3.3　数码管设置界面

图附 3.4　发光二极管设置界面

设置好连接模式后，点击“保存模式”按钮，完成设置，界面如图附 3.5。

注意：关闭 EDA6000 时，软件不会提示是否保存，所以，设置好模式以后一定要点击保存模式，避免丢失。

3）管脚锁定

（1）在设置完模式的 EDA6000 界面中，将鼠标放置于右侧 IO 号上，此时会有相应的芯片管脚号显示，见图附 3.5。

（2）根据这些管脚号，分别锁定 q0～q3，cout 和 cp。具体方法为：

在 Max＋plusⅡ中打开文件 pj1.gdf。分别选中 q0～q3 每一个引脚，单击鼠标右键，弹出如图附 3.6 所示对话框，选择“Assign”下的“Pin/Location/Chip...”选项，得到图附 3.7 所示对话框，在“Pin”后面填入与 EDA6000 相对应的端口号，并保证“Pin_Type”类型选择正确，单击“OK”即可。

同样的方法可以分别将 cout 和 cp 引脚管脚锁定。锁定结束后的计数器电路见图附 3.8，此后要对文件 pj1.gdf 进行重新编译。

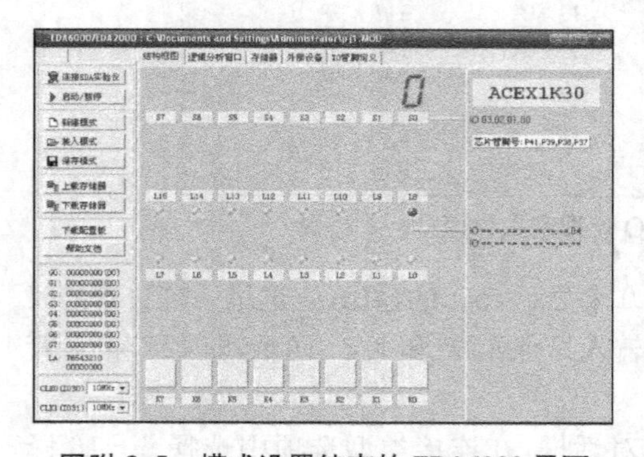

图附 3.5　模式设置结束的 EDA6000 界面

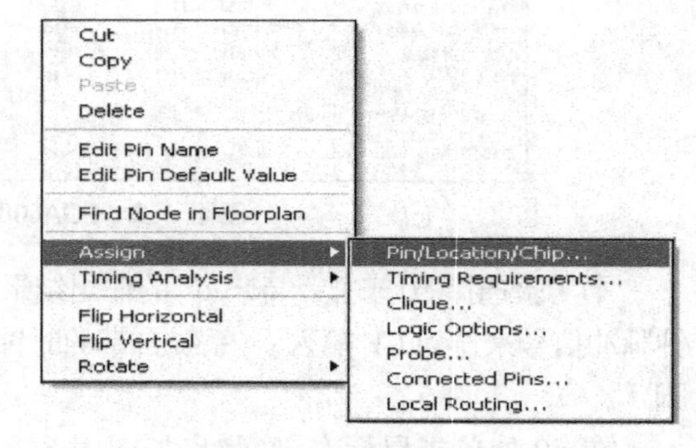

图附 3.6　管脚锁定对话框

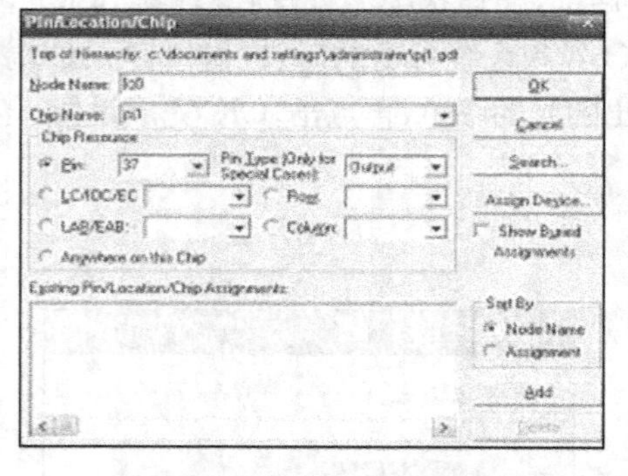

图附 3.7　管脚锁定对话框

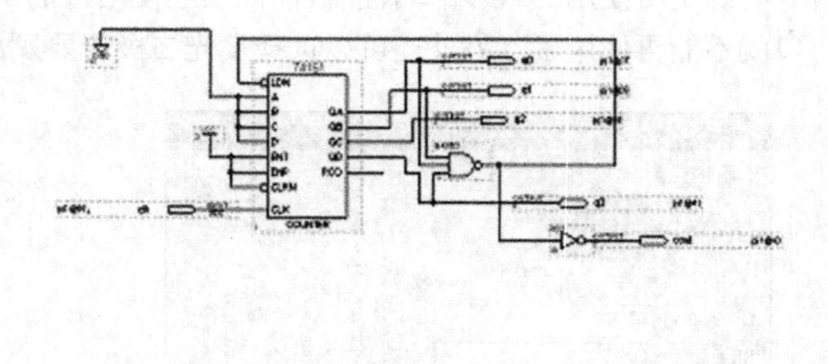
图附 3.8　管脚锁定后的计数器

4）硬件编程/配置

通过项目编译后的文件，可以下载到实验箱中，且在 EDA6000 和实验箱上可同时看到该计数器的计数结果。

（1）设置硬件编程/配置

① 将下载电缆一段插入 LTP1（并行口），另一端插入实验箱的系统板，打开系统板电源。

② 若第一次运行编程器，必须在弹出的对话框或“Option”菜单下的“Hardware Setup”

中进行硬件选择。本实验选择“ByteBlaster(MV)”选项。

(2) 创建编程器日志文件

从 Max+plusⅡ菜单中选择“Programmer”可打开编程器对话框,单击“Configure”键即可完成下载。此时再次转到 EDA6000 中的模式,单击界面左列的“连接 EDA 实验仪”,然后再单击“启动/暂停”,就可在 EDA6000 中定义的数码管和发光二极管观察十二进制计数器的计数过程,同时在实验箱上,也会有同样的结果显示。

附录 4 常用逻辑符号对照表

表附 4.1 常用逻辑符号对照表

名称	国标符号	电路软件所用符号	名称	国标符号	电路软件所用符号
与门	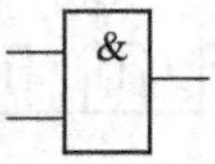 &	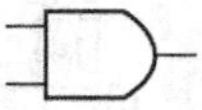	或门	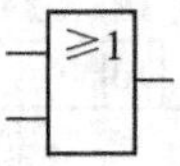 ≥1	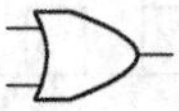
非门	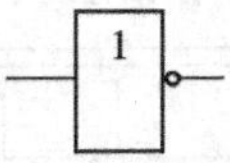 1	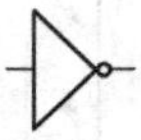	与非门	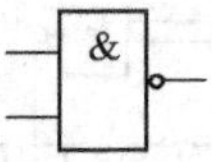 &	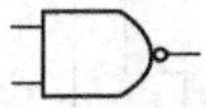
或非门			异或门	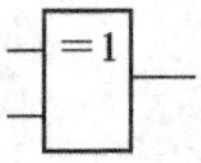 =1	
同或门	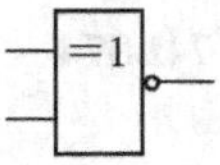 =1	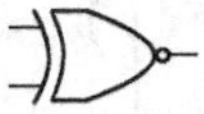	半加器	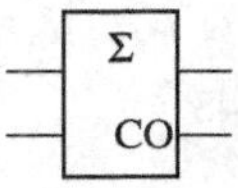 Σ CO	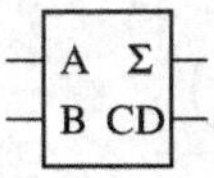 A Σ B CD
全加器	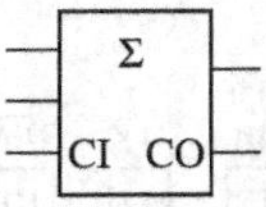 Σ CI CO	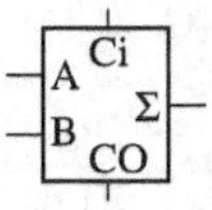 Ci A Σ B CO	基本 RS 触发器	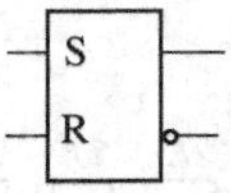 S R	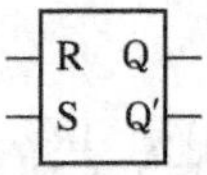 R Q S Q′
D 触发器(上升沿触发)	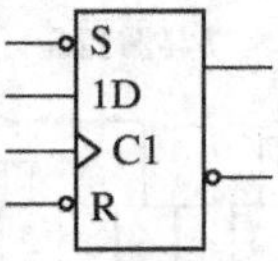 S 1D C1 R	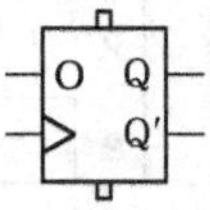 O Q Q′	JK 触发器(下降沿触发)	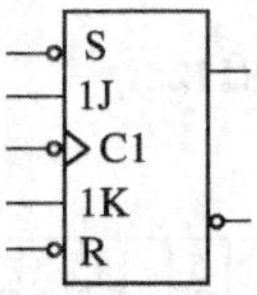 S 1J C1 1K R	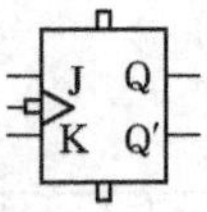 J Q K Q′

附录 5 常用集成电路的型号及引脚排列图

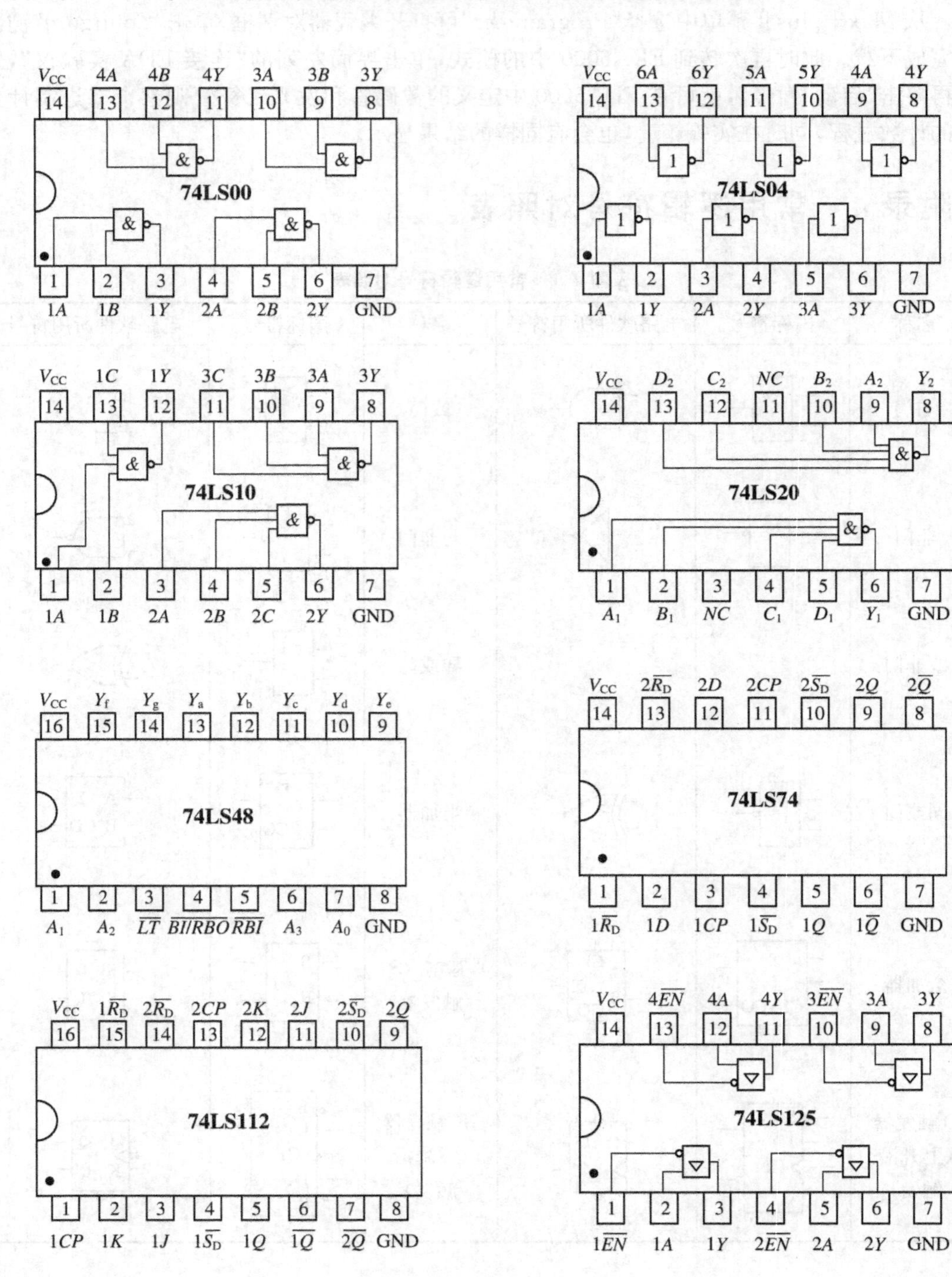

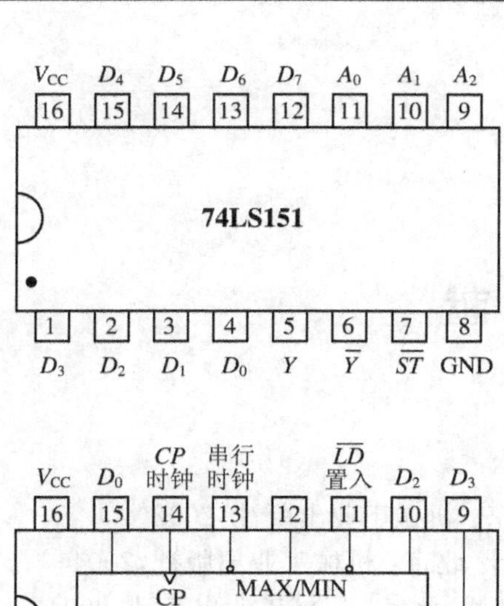
VCC D4 D5 D6 D7 A0 A1 A2
16 15 14 13 12 11 10 9
74LS151
1 2 3 4 5 6 7 8
D3 D2 D1 D0 Y Y ST GND

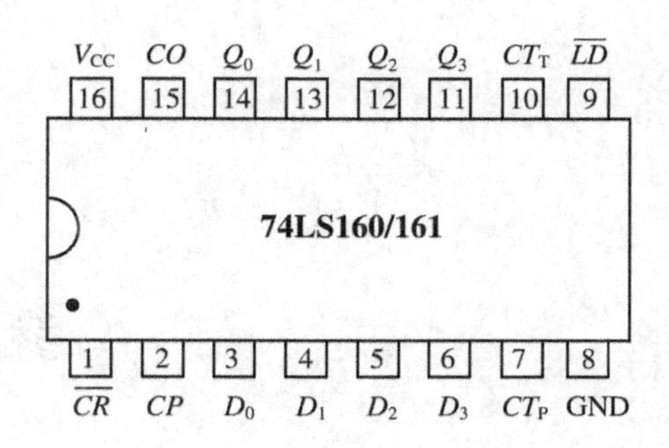
VCC CO Q0 Q1 Q2 Q3 CTT LD
16 15 14 13 12 11 10 9
74LS160/161
1 2 3 4 5 6 7 8
CR CP D0 D1 D2 D3 CTP GND

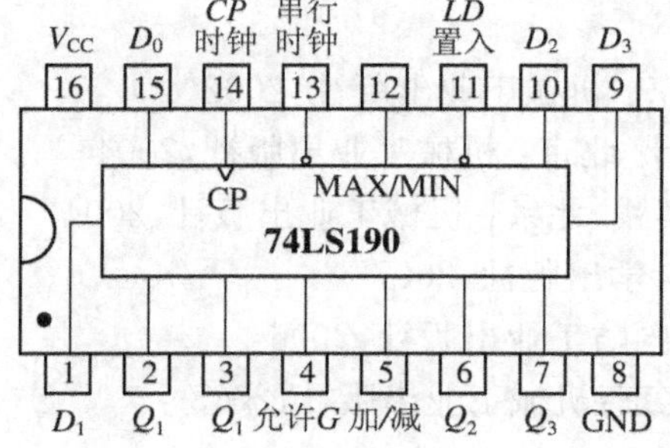
VCC D0 CP 时钟 串行 时钟 LD 置入 D2 D3
16 15 14 13 12 11 10 9
CP
MAX/MIN
74LS190
1 2 3 4 5 6 7 8
D1 Q1 Q1 允许G 加/减 Q2 Q3 GND

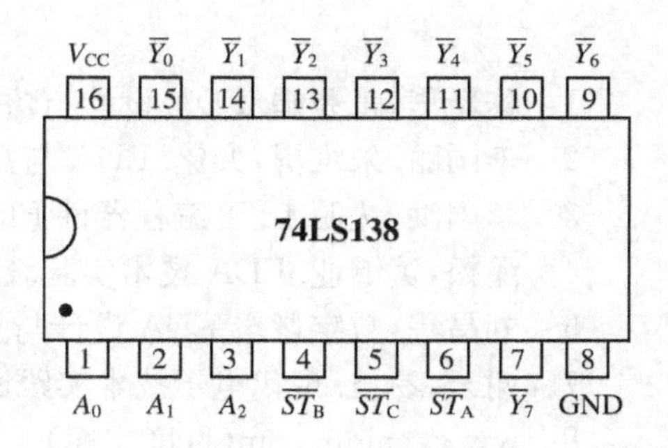
VCC Y0 Y1 Y2 Y3 Y4 Y5 Y6
16 15 14 13 12 11 10 9
74LS138
1 2 3 4 5 6 7 8
A0 A1 A2 STB STC STA Y7 GND

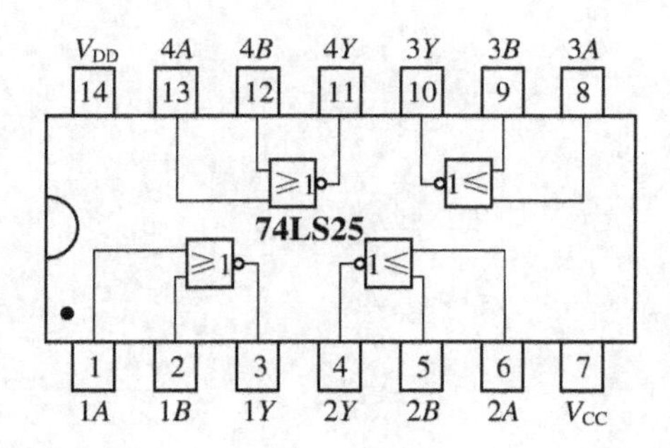
VDD 4A 4B 4Y 3Y 3B 3A
14 13 12 11 10 9 8
≥1
1≤
74LS25
≥1
1≤
1 2 3 4 5 6 7
1A 1B 1Y 2Y 2B 2A VCC

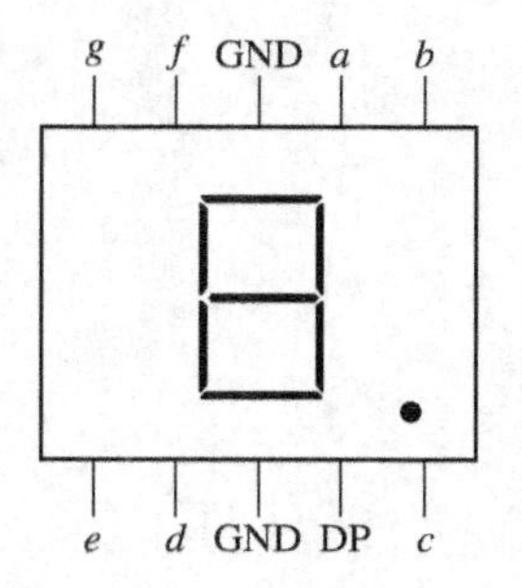
g f GND a b
e d GND DP c

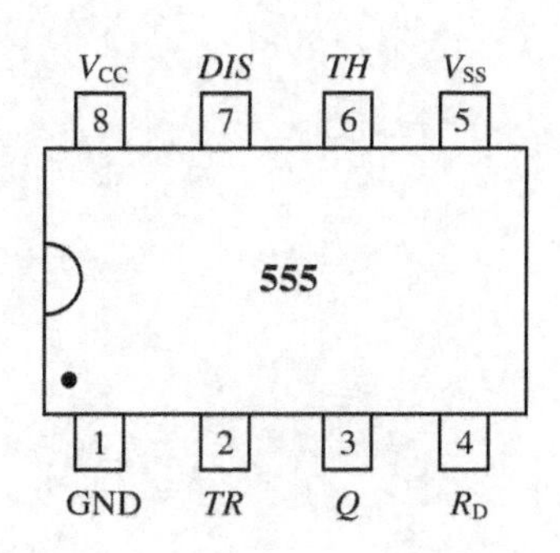
VCC DIS TH VSS
8 7 6 5
555
1 2 3 4
GND TR Q RD

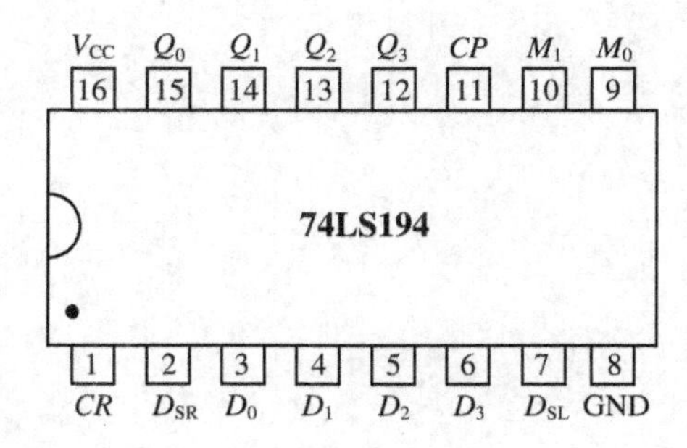
VCC Q0 Q1 Q2 Q3 CP M1 M0
16 15 14 13 12 11 10 9
74LS194
1 2 3 4 5 6 7 8
CR DSR D0 D1 D2 D3 DSL GND

参 考 文 献

1 陈新华，张秀娟. EDA设计与仿真实践. 北京：机械工业出版社，2002
2 李国丽，朱维勇，栾铭. EDA与数字系统设计. 北京：机械工业出版社，2004
3 李国洪，沈明山. 可编程器件EDA技术与实践. 北京：机械工业出版社，2004
4 潘松，黄继业. EDA技术实验教程. 北京：科学出版社，2007
5 刘昌华. 数字逻辑EDA设计与实验. 北京：国防工业出版社，2006
7 谢云，易波. 现代电子技术实践课程指导. 北京：机械工业出版社，2003
8 www. baidu. com（百度文库）